服装高等教育"十二五"部委级规划教材

女装结构设计

（理论篇）

李莉莎　郭思达　著

中国纺织出版社

内 容 提 要

女装款式千变万化，它的结构虽然复杂，但万变不离其宗。本书对女装结构进行了系统的分类和总结，逻辑性强，结构设计过程分析详细，可使学生在学习过程中更好地理解女装不同款式变化的实质。

女装的灵魂是省和褶，它们既可以很好地体现女性人体的曲线与特点，又具有很强的装饰效果。本书围绕省与褶的结构原理，从理论阐述和实例分析来说明女装结构的实质，通过分析结构图的构成原理，展示从女性人体、服装款式到平面结构，再到立体成衣的"立体→平面→立体"的思维过程，探讨省和褶的设计、变化、转移、量的选取以及它们在服装造型设计与结构设计中的作用。本书在服装理论方面有很多独特的见解和深入的分析，可以使读者更好地理解女装结构。

本书是服装专业本科学生、服装行业从业人员的一本实用教材与参考书，同时也是服装爱好者深入了解服装结构理论的必备书籍。

图书在版编目（CIP）数据

女装结构设计. 理论篇／李莉莎，郭思达著. --北京：中国纺织出版社，2015.4

服装高等教育"十二五"部委级规划教材

ISBN 978-7-5180-1403-3

Ⅰ. ①女… Ⅱ. ①李… ②郭… Ⅲ. ①女服—结构设计—高等学校—教材 Ⅳ. ①TS941.717

中国版本图书馆CIP数据核字（2015）第033663号

策划编辑：华长印　　责任编辑：华长印　　特约编辑：刘丽娜
责任校对：王花妮　　责任设计：何　建　　责任印制：储志伟

中国纺织出版社出版发行
地址：北京市朝阳区百子湾东里A407号楼　邮政编码：100124
销售电话：010—67004422　传真：010—87155801
http://www.c-textilep.com
E-mail: faxing@c-textilep.com
中国纺织出版社天猫旗舰店
官方微博 http://weibo.com/2119887771
北京通天印刷有限责任公司印刷　各地新华书店经销
2015年4月第1版第1次印刷
开本：787×1092　1/16　印张：21
字数：318千字　定价：39.80元

出版者的话

《国家中长期教育改革和发展规划纲要》中提出"全面提高高等教育质量""提高人才培养质量"。教育部教高[2007]1号文件"关于实施高等学校本科教学质量与教学改革工程的意见"中，明确了"继续推进国家精品课程建设"，"积极推进网络教育资源开发和共享平台建设，建设面向全国高校的精品课程和立体化教材的数字化资源中心"，对高等教育教材的质量和立体化模式都提出了更高、更具体的要求。

"着力培养信念执着、品德优良、知识丰富、本领过硬的高素质专业人才和拔尖创新人才"，已成为当今本科教育的主题。教材建设作为教学的重要组成部分，如何适应新形势下我国教学改革要求，配合教育部"卓越工程师教育培养计划"的实施，满足应用型人才培养的需要，在人才培养中发挥作用，成为院校和出版人共同努力的目标。中国纺织服装教育学会协同中国纺织出版社，认真组织制订"十二五"部委级教材规划，组织专家对各院校上报的"十二五"规划教材选题进行认真评选，力求使教材出版与教学改革和课程建设发展相适应，充分体现教材的适用性、科学性、系统性和新颖性，使教材内容具有以下三个特点：

（1）围绕一个核心——育人目标。根据教育规律和课程设置特点，从提高学生分析问题、解决问题的能力入手，教材附有课程设置指导，并于章首介绍本章知识点、重点、难点及专业技能，增加相关学科的最新研究理论、研究热点或历史背景，章后附形式多样的思考题等，提高教材的可读性，增加学生学习兴趣和自学能力，提升学生科技素养和人文素养。

（2）突出一个环节——实践环节。教材出版突出应用性学科的特点，注重理论与生产实践的结合，有针对性地设置教材内容，增加实践、实验内容，并通过多媒体等形式，直观反映生产实践的最新成果。

（3）实现一个立体——开发立体化教材体系。充分利用现代教育技术手段，构建数字教育资源平台，开发教学课件、音像制品、素材库、试题库等多种立体化的配套教材，以直观的形式和丰富的表达充分展现教学内容。

教材出版是教育发展中的重要组成部分，为出版高质量的教材，出版社严格甄选作者，组织专家评审，并对出版全过程进行跟踪，及时了解教材编写进度、编写质量，力求做到作者权威、编辑专业、审读严格、精品出版。我们愿与院校一起，共同探讨、完善教材出版，不断推出精品教材，以适应我国高等教育的发展要求。

中国纺织出版社

教材出版中心

前言

  我国自20世纪80年代初期开始设置服装设计专业以来，服装结构设计课程经过30多年的发展，各学校和教师都积累了丰富的教学经验，各出版社所出版的女装结构教材也较多，各有所长。但女装结构作为服装专业中难度最大的课程之一，其教学内容的科学总结、教学方法的改革是学科发展中势在必行的。本书本着现代服装企业和人才市场对人才需求的特点，站在流行的前沿，总结女装结构设计的规律，以递进式的教学方式，使学生更快、更深入地掌握女装结构设计的规律，提高学生的学习兴趣。

  本教材具有以下特点：

  1．开创性地将女装按照结构原理进行了合理的分类，分成下装、上装以及上下装结合三大类，并对上装与下装如何结合、具有怎样的特点等进行了理论探讨，并由浅入深地建立了一套完整的理论体系。

  2．从结构设计原理上讲，本书对女性人体不同部位曲面的特点以及在运动中曲面的变化等与服装之间的关系进行了详尽的讨论，通过深入分析结构图的构成原理，使学生更好地理解人体和服装之间的"立体→平面→立体"结构关系，以达到更深刻认识服装结构原理的目的，使学生在学习过程中能更好地理解女装结构的核心。

  3．"省"是女装的灵魂。本书扩大了"省"概念的范围，将"省"推广为所有需要"省略"的结构余量，并对以不同方式处理"省"进行了详尽的分析，可以使学生更好地理解女装结构变化的实质。

  4．在实例分析中，对每个款式的结构变化逐步进行解析，每一步结构都给予详尽的分析和阐述，使学生能够很好地掌握所学内容。

  5．本书在理论上给出了女装结构设计的旋转、平移、倾倒量、前领起翘、胸高量、调节量、标准上平线、切线原则、对称法、中点原则等概念。这些内容在服装结构设计中占据着大量篇幅，有着举足轻重的地位，本书对这些概念进行了规范、总结并提出了独到的见解。

  本人出身于数学专业，对女装结构的研究更注重规律性的挖掘和逻辑思维的强化，这是本教材的重要支撑。作者郭思达是毕业于英国Kingston Unversity

时装设计专业的硕士研究生，现正在攻读时装管理专业，并兼职星尚频道海外记者，主要参与时尚专题节目的策划与拍摄，参加各大时装周活动，并与国际著名设计师有过多次的深入交流，对时尚前沿有独特见解。

本书每一部分的实例分析中有些结构非常复杂，可以视教学情况作为选修内容，或作为学生课外学习的补充。

书中有三百多幅图，这些图片由研究生张月晰、吕曼两位同学依据服装的实操性进行精心绘制，在此向两位同学表示感谢。

内蒙古师范大学　李莉莎

2014年2月

教学内容及课时安排

章/课时		课程性质	节	课程内容
第一部分 女装结构设计 基础 (8课时)	第一章 (2课时)	基础理论		·女性人体特征与服装
			第一节	女性人体体型特征
			第二节	现代女性人体与服装
	第二章 (6课时)			·服装结构设计基础
			第一节	人体测量及结构设计常用符号
			第二节	服装结构设计常用概念
第二部分 女下装结构设 计原理 (64课时)	第三章 (34课时)	基础理论		·半身裙结构设计原理
			第一节	半身裙结构设计原理
			第二节	基本型半身裙的结构原理
			第三节	半身裙的腰省转移
			第四节	半身裙褶的结构原理
	第四章 (30课时)			·裤子结构设计原理
			第一节	裤子基础结构图
			第二节	基本裤型的结构设计
			第三节	裤子的腰省转移
			第四节	裤子褶的结构原理
			第五节	裤子侧缝转移结构原理
第三部分 上装结构设 计原理 (54课时)	第五章 (6课时)	基础理论		·女性人体上身特点与衣身基础结构原理
			第一节	女性人体上身特点
			第二节	衣身基础结构原理及省的确立
	第六章 (26课时)			·女装衣身省与褶的基础结构原理
			第一节	衣身胸省转移原理
			第二节	衣身褶的结构原理
			第三节	女装三开身与侧缝转移
	第七章 (10课时)			·领子结构设计原理
			第一节	脖子与领子
			第二节	立领结构设计原理
			第三节	平领结构设计原理
			第四节	驳领结构设计原理

章/课时		课程性质	节	课程内容
第三部分 上装结构设计 原理 (54课时)	第八章 (12课时)	基础理论		·袖子结构设计原理
			第一节	一片袖结构设计原理
			第二节	袖窿结构变化
			第三节	一片袖的结构变化
			第四节	一片袖褶的结构设计
			第五节	两片袖结构设计原理
			第六节	连袖结构设计原理
第四部分 衣、裙相连与 衣、裤相连的 结构设计原理 (36课时)	第九章 (24课时)	基础理论		·连衣裙结构设计原理
			第一节	连衣裙直身结构与断腰结构的原理探讨
			第二节	力对服装结构的影响
			第三节	连衣裙省转移的结构设计
			第四节	连衣裙褶的结构设计
	第十章 (12课时)			·大衣、风衣和连衣裤结构设计原理
			第一节	大衣和风衣的结构设计原理
			第二节	连衣裤的结构设计原理

注　各院校可根据自身的教学特色和教学计划对课程时数进行调整。

目录

第二部分 女下装结构设计原理

第三部分　上装结构设计原理

第四部分 衣、裙相连与衣、裤相连的结构设计原理

第一部分
女装结构设计基础

基础理论——

女性人体特征与服装

课程名称： 女性人体特征与服装

课题内容： 女性人体体型特征以及与服装之间的关系是女装结构的基础。在女装中，"省"是最重要的概念，而女装能体现女性人体的特点即是"省"作用的结果。

课程时间： 2课时

教学目的： 分析女性人体的体型特征、现代内衣对女性人体的调整以及对女装结构，尤其对放松量的影响，使学生掌握服装"立体→平面→立体"的转换关系中"省"的作用。

教学方式： 理论讲授

教学要求： 以人台为基本教具，分析女性人体的特征，使学生较好掌握女性人体与服装的关系。

第一章　女性人体特征与服装

服装是为人服务的。在款式设计时，需要考虑人体特征、服装与人体之间的关系以及视觉审美需求等。在进行结构设计时，女性人体表面的凹凸、曲线的转折、活动时表面的变化以及作为平面的服装面料如何准确转化为符合人体穿着需要的服装是必须要考虑的问题。因此，在女装结构设计前，需要认真分析女性人体的特征，为结构设计奠定基础。

第一节　女性人体体型特征

女性人体曲面起伏大，丰乳、细腰、翘臀是现代女性追求的目标，但不同女性人体的特征有较大的差别，因此很好地了解女性人体的特点是女装结构设计的前提。

一、女性人体表面特征

女性人体表面起伏大，胸部突起、腰部纤细、臀部丰满，三部分构成女性人体典型的侧面S型、正面X型特征。不同女性体型差别很大，理想体型较少，而梨形、胖体则成为许多女性的烦恼（图1-1）。对于并不理想的身材，在服装设计时，需要利用服装对人体

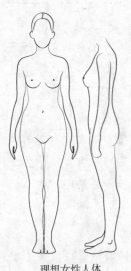

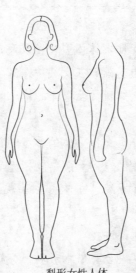

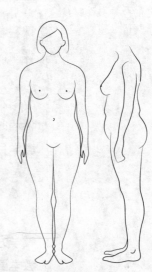

理想女性人体　　　　　　梨形女性人体　　　　　　胖形女性人体

图1-1

进行修正，如适当提高上装腰节线的位置，可以在视觉上增加腿的长度掩盖体型缺点（图1-2），裤子中裆位置适当提高也可以有拉长腿部的效果。当然，这些都是建立在对人体有较好了解的基础上，才可以使服装更好地修饰人体。

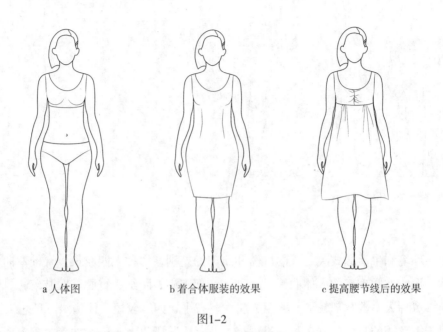

a 人体图　　　　　　　　b 着合体服装的效果　　　　　　　c 提高腰节线后的效果

图1-2

二、女性人体的骨骼、肌肉与脂肪

　　人体的肌肉和脂肪要依靠骨骼来支撑，体型及活动的主导也是骨骼作用的结果。人体的外形依骨骼的形状、组合而定，人的活动也主要依靠骨骼的运动而变化。骨骼的凹凸是决定人体外形的主要因素。人体在活动时，头的转动、上肢的抬起与摆动、腰肢的扭动、下肢的蹲坐与行走等也是由骨骼所决定的，而这些活动对于包裹人体的服装而言，是必须要考虑的内容。

　　肌肉组织对于人体的外部廓型起着重要作用，包裹骨骼的肌肉组织可以使人体线条柔和、凹凸有致，如臀部曲线主要由肌肉组织所决定。

　　脂肪层可以使女性人体丰满、圆润，乳腺及脂肪是形成女性胸部曲线的重要元素；女性腹部的突起主要由脂肪的堆积而成，因此想要腹部平坦，通过锻炼来减肥、去脂是重要的方法。一般来说，年龄越大脂肪堆积越厚，肌肉越不明显。

三、人种、年龄与体型

　　按照现代审美观点来看，就体型而言黑种人的体型最符合现代人对人体美的需求，其次是白种人，黄种人的体型最不理想（图1-3）。

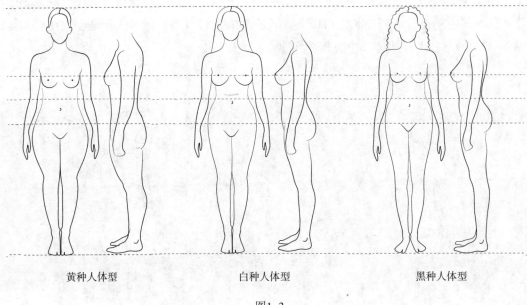

黄种人体型   白种人体型   黑种人体型

图1-3

生活环境和生活方式决定人的骨骼和肌肉的差别，黑种人四肢长、脊椎弯曲大、臀大肌发达，形成非常理想的人体曲线。白种人胸部丰满、腰细、臀肥、四肢较长，体型也较为理想。黄种人多数胸部较平、腰粗、胯大、臀平、四肢较短，体型最不理想。

对于不理想的身材，许多人通过锻炼、节食、减肥以及丰胸、抽脂等整容手术来修正自己的体型；更多人则通过紧身衣、腹带勒出腰臀曲线，穿戴加厚文胸调整胸部造型，还可以穿有臀垫的内裤增加臀翘。不论采用何种方式，主要是对脂肪层的调整，而对肌肉的调整幅度较小，对骨骼的再塑是很难或无法办到的。

虽然白种人的体型较为理想，但到一定年龄时，同样会有脂肪堆积、体型改变的问题。黄种人随着年龄的增长，体型会逐渐发生变化（图1-4）。非洲黑人由于饮食习惯和运动较多，中老年妇女的体型保持较好，很少有白种人和黄种人的肥胖、梨型的身材。

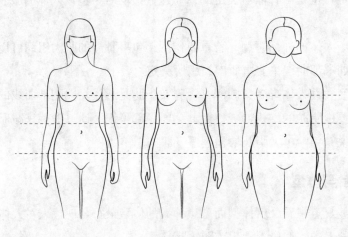

图1-4

第二节　现代女性人体与服装

现代服装不仅要御寒、遮羞，更重要的是修饰、美化人体，使人体更符合现代审美标准。在服装造型设计及结构设计时，除了要很好地理解女性人体的体型特征外，了解现代内衣对女性体型的调整也是非常重要的内容。对这些内容有充分认识，才能使服装更好地突出人体的体型特征，使女性曲线更为理想。另外，人体在运动中对服装的牵扯、拉拽也是结构设计时必须要考虑的内容。

一、人体与运动

人在日常生活中运动无时不在，服装也随着人体的运动而变化。人体扭转时，服装在扭转处会出现褶皱；人体的关节部位在弯曲时，同样会对服装的相应部位产生较大的作用，最典型的是人体关节部位在伸直与弯曲时的围度有较大的变化。因此，在进行服装结构设计时，需要对人体以及在运动中的体型变化有较深刻的了解，才可以对服装结构设计过程有一定预见，使女装结构设计更符合人体的需要，同时也可以达到现代人的审美需求。

在关节的屈、伸变化时，围度的变化量较大，如果袖子或裤子很瘦，且面料没有弹性，人体关节部位在活动时，围度的变化会使得穿着非常累。另外，腰围、臀围在站与坐时也有很大的变化，这些都是在结构设计时必须要考虑的问题（表1-1）。

表1-1　人体主要着装部位活动时围度差

部　位	状　态	差　量
胳膊肘	伸直与90°弯曲时的围度差	+3~+4cm
膝　盖	伸直与90°弯曲时的围度差	+2~+3cm
腰　围	站立与坐时的围度差	+3~+4cm
臀　围	站立与坐时的围度差	+3.5~+5cm
肩　围	上肢自然下垂与上举时的围度差	-8~-10cm

需要注意的是，上肢自然下垂时肩部一周的围度与胳膊上举时同样位置的围度差：将胳膊上举、肩膀内收，肩部围度可以减少8~10cm，有些甚至较胸围值还小。所以，在连衣裙设计时，如果腰围的放松量比较大时，可以不装拉链或拉链短一些，均能保证穿着方便。

二、现代内衣对女性体型的调整

现代女性或多或少都穿戴具有调整功能的内衣，如有胸垫和钢托的文胸，腹带、塑身内衣、带臀垫的内裤等。这些内衣对女性人体具有较强的修饰作用，可以调整女性身体的胸部、腰腹部、臀部等部位的外形，使其符合现代审美的需求（图1-5）。

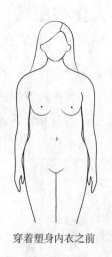 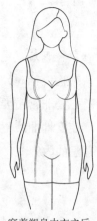

穿着塑身内衣之前   穿着塑身内衣之后

图1-5

在结构设计时，首先需要对人体进行测量，而人体测量的基础则是穿着适当内衣后的结果。尤其对合体与较合体的服装来说，调整女性形体是非常重要的。合体型服装的放松量很小，在自然状态下，胸部有可能下垂，有可能不够丰满，也有可能向外扩，所测量的胸围结果与穿着加厚文胸的胸围尺寸相差2～4cm，甚至更多。腰部在自然状态下测得的值与穿着束身内衣后的值相差的量至少有2cm以上，有些可以达到6cm左右。对于一般女性而言，对臀部曲线的修饰较少，塑身内衣可以调整臀部的曲线，能提起下垂的臀部线条，但对臀部围度的，变化并不大，而穿着有臀垫的内裤可以从外形上调整臀翘的量，但同时也增加了臀围的值。总之，在进行结构设计前应该按照日常习惯或穿着场合的需求，在一定内衣的基础上测量人体，将其作为结构设计的净尺寸，以免测量人体时的尺寸与穿衣的尺寸有较大的出入而影响穿衣效果，甚至无法穿着。

三、服装"立体→平面→立体"的关系

服装是用来包裹人体的，可以宽松，也可以合体，但与人体之间的关系不能改变。为使女装结构更易于理解，可以将人体的不同部位分解为简单的基础几何体，这些几何体的表面就成为相应部位服装结构的基础。

1. 人体各部位的数学模型

人体是由许多很复杂的立体相互衔接、转换、交织而构成的。在服装结构中，我们讨论的是将三维的人体表面过渡为二维平面的结构图，再通过缝制技术转换为三维立体的服装。虽然服装与人体之间在外形轮廓上有很大差异，但服装离不开人体，它以人体这个特殊的立体为基础而构成，因此了解人体表面展开及分解后的平面图形，可以对女装结构原理的理解有很大的帮助。

与服装有关的、常用的人体部位可以看成是由简单的几何体所构成，这些几何体表面展开后即可成为服装平面结构的基础。从图1-6可以看出，人体与服装有关的部位主要由圆台和圆柱构成。虽然每一个局部看起来都比较简单，但在服装结构上最难理解的是不同部位之间的过渡关系，如颈与肩之间的过度是领窝，躯干与胳膊之间的袖窿和袖山，臀、腿之间的裆等。

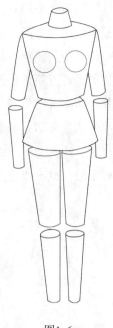

图1-6

2. **圆柱与圆台的平面展开**

圆柱体的表面展开形式非常简单，假设圆柱的高为h、底的周长为l时，展开得到一个矩形，其长和宽分别是h与l（图1-7）；圆台表面展开后成为一个扇面形（图1-8）。

在服装结构中，并不会直接使用简单的几何体确定服装相关部位的结构图，但服装结构原理离不开它的数学模型。由于人体本身不是一个规则的几何体，加之服装面料有一定伸缩性、可塑性较强以及服装缝制上的特殊手法，在结构制图上有其特定的手段进行绘制，可以使服装达到更好地着装效果。

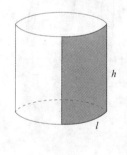 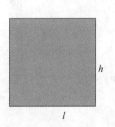

图1-7

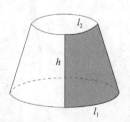 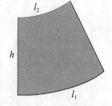

图1-8

3. **两个几何体相连部位的平面展开**

当两几何体之间有分割线时，所展开的表面为两个独立的平面图形，重叠量对两部分平面无任何影响（图1-9）。

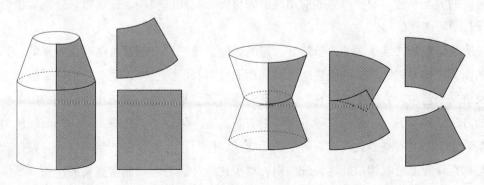

图1-9

但当两个相对圆台之间无分割线时，从数学的角度来说，平面展开是不成立的，但在服装中这种情况却非常多见。此时，可以使用一些特定的方法加以修正、调整，使其满足服装结构的需要。最常用、最重要的方法便是"省"的设置，如人体胸、腰、臀之间的凹凸关系可以简单地用两个圆台小口相对组成。当将面料围绕人体胸、腰、臀一周时，为使其合体，可以将多余的部分收回，展开后即成为所需裁片的简单数学模型（图1-10）。这些收回部分即是需要省略的内容，也就是服装结构中的"省"。服装中需要"省"的部位很多，达到"省"的目的可以使用许多结构技法：将不需要的部分裁剪掉就是"省"的重要手段，也可以将多余的量车缝起来，或者用褶的形式收回等。

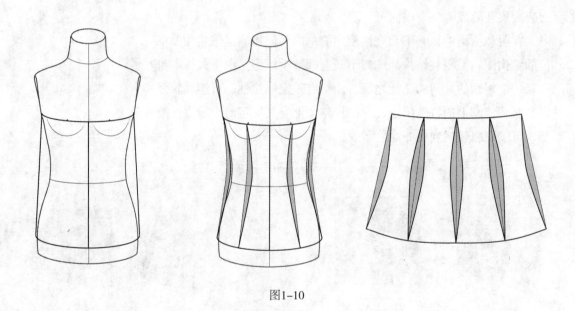

图1-10

四、平面向立体的转换及"省"的作用

服装款式、面料以及缝制工艺等的局限性都赋予服装结构设计特有的要求、制图方法和独特的解决手法，如省与褶的应用及不同位置分割线的使用等，可以很好地解决服装结构设计中所遇到的问题。

服装面料是二维平面的，虽然有一定的弹性和伸缩性，但其可塑性是有限的。当将平面的面料转换为三维立体的服装时，除利用面料本身的特性外，更多使用的是服装结构设计及缝制工艺中特有的手法，它们的合理应用可以使平面的面料转化为立体的服装。最常用的方法就是"省"，通过"省"可以使服装具有立体效果，合身、舒适，曲线优美。现代服装中不同的省略方式既具有特定的功能性，同时也具有很强的装饰效果。设计合理的省与褶在外观上可起到很好地装饰作用，对美化一件服装起到非常重要的作用。人体是一个非常复杂的、由许多立体交织而成的复合体，所以将立体表面转化为平面的结构图，再将其车缝为立体的服装时，就不是简单的平面图形的组合，要将平面转化成立体，涉及各个部位立体化的手法，越合体的服装要求转化的部位就越多，结构制图及缝制工艺要求就越精细，技术要求也就越高。

如图1-11所示，利用一块布围裹在人的腰臀间，纤细的腰部需要将人体前、后、左、右多余的面料省略，体侧可以将多余量剪掉，前、后多余的部分可以车缝收回，这样即构成一款半身裙，而这些利用剪掉、车缝等技术手段省略的手法即为"省"。这就是平面的服装面料向立体服装转化的具体例子。但不同款式、体型、面料对结构设计有不同的要求，如何满足这些要求，即是服装结构设计研究的主要内容。

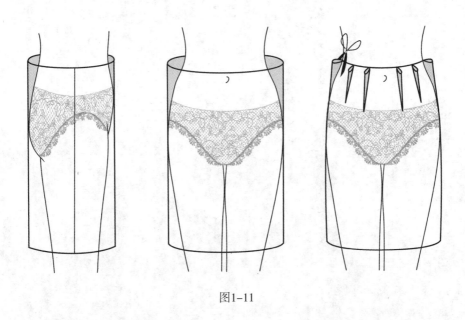

图1-11

课后思考题：

1. 搜集女性不同体型图片，分析女性体型特征的规律。

2. 实践练习：以人台为基础，用坯布围绕胸围至臀围之间，将多余部分用珠针收回，并用划粉标记，展开坯布，观察所构成人体表面的曲线形式。通过实践，可以更好地理解女性人体特点、"省"的作用以及与服装之间的关系。

基础理论——

服装结构设计基础

课程名称：服装结构设计基础

课题内容：人体测量、结构设计常用符号、女装主要类型服装结构图的各部位名称等是女装结构设计的必要基础知识。女装结构设计中的几个重要概念，特别是褶的不同形式，可以为后面的学习奠定基础。

课程时间：6课时

教学目的：掌握女性人体测量的基本方法，对女装结构设计中常用的概念有深刻的理解。

教学方式：理论讲授

教学要求：1. 掌握人体测量的要点，准确定位人体测量的位置点，可以得到较准确的测量数据。

2. 了解不同类型女装结构图的形式。

3. 分析女性人体表面的凹凸特点，深刻理解"省"的概念以及所包含的内容。

4. 掌握放褶的基本方法以及修正褶和省的边缘线的对称法、中点原则等。

第二章 服装结构设计基础

结构设计首先需要了解人体、服装与人体之间的关系、结构图绘制的符号以及服装各部位的名称，这些都是结构设计的基础。

第一节 人体测量及结构设计常用符号

服装为人服务，是包裹人体的第二肌肤。因此在进行服装的结构设计时，首先需要对人体进行测量，掌握人体各部位的尺寸、人体的特点以及服装与人体之间的宽松关系等。

一、人体测量

人体测量、服装结构制图均使用厘米（cm）为单位。

人体测量的部位与服装的款式有直接关系，上装需要测量与其有关的衣长、胸围、腰围、臀围、肩宽、袖长等；半身裙只需要测量腰围、臀围、裙长这几个部位的尺寸。对于较为复杂或款式特别的服装，测量的部位应视情况而定。

在进行人体测量时，被测量人应立正站立，身体自然放松，避免扭动、身体直绷或随测量部位转动观看等不正常状态。测量人左手抓住软尺长度的起点，以右手调节测量尺度进行测量。测量围度时，要保证软尺水平，长度测量时软尺应垂直。对初学者来说，尤其避免围度测量时身后软尺滑落、不水平。人体测量应准确定位各部位的测量基准点，才能得到准确的测量数据。

1. 测量基点（图2-1）

（1）颈侧点：人体脖子与肩的交点，是测量衣长、腰节、颈围等的基础点。

（2）肩点：肩关节点，是测量肩宽、袖长的基础点。

（3）胸宽点：前身躯干与上肢的交点，是测量人体胸宽的基础点。

（4）背宽点：后背躯干与上肢的交点，是测量人体背宽的基础点。

（5）颈前中点：颈窝点，是测量颈围、确定前领窝的基础点。

（6）颈后中点：第七颈椎处，是测量颈围、确定后领窝的基础点。

（7）胸点：乳头的位置，是测量胸围、乳距及胸高的基础。

（8）尺骨下凸点：标准袖长在该点以下手腕处。

（9）膝点：是确定裤子中裆的基础。

（10）外踝骨头：标准裤长在该点以下的脚腕窝处。

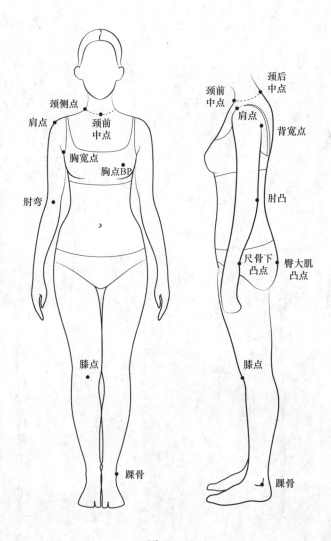

图2-1

2. 围度的测量（图2-2）

（1）胸围B：以胸点BP为准，用软尺绕体一周测得的长度。

（2）腰围W：腰部最细处一周的长度。

（3）臀围H：臀部最丰满处一周的长度。

（4）颈围N：颈根一周的长度（过颈后中点、颈侧点、颈前中点）。

（5）胸宽：两胸宽点之间的距离。

（6）背宽：两背宽点之间的距离。

（7）肩宽S：从人体后测量两肩点之间的距离。

（8）乳距：两胸点BP之间的距离。

（9）袖口宽：设计量，以穿脱方便为准。

（10）裤口宽：设计量，以穿脱方便为准。

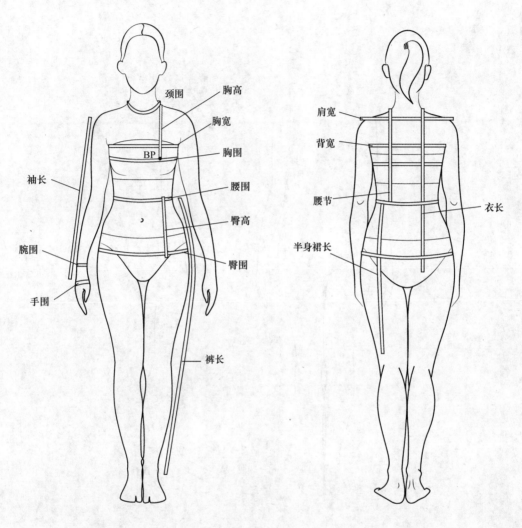

图2-2

3. **长度的测量**

（1）衣长：从体后测量，颈侧点量至衣下摆的长度。

（2）腰节：从体后测量，颈侧点至腰围W的长度。

（3）胸高：从身前测量，颈侧点至胸点BP的距离。

（4）袖长：从肩点量至所需部位的长度，标准袖长测量至尺骨凸点以下的位置。

（5）臀高：腰围W至臀围H的距离。

（6）半身裙长：从腰围W至裙摆的长度。

（7）裤长：从腰围W量至所需裤口之间的长度，标准裤长测量至外踝骨头以下的位置。

二、服装结构设计常用符号

服装结构图由许多线构成，这些线有不同的含义，其中有直线、曲线，还有绘制结构图时的辅助线；同时以不同符号标注了特定的内容，这些成为结构制图的基础。

1. 常用部位的英文缩写

在结构图中，常使用一些英文缩写表示某一部位，有些部位也直接使用汉字，可以使表达更清楚（表2-1）。

表2-1　服装结构设计各部位的符号

身高	衣长	胸围	腰围	臀围	肩宽	颈围
h	L	B	W	H	S	N
袖长	胸点	裤口	袖口	胸宽	背宽	袖笼曲线长
SL	BP	SB	WR	FW	BW	AH

2. 结构设计常用符号（表2-2）

表2-2　结构设计符号

序号	名称	符号	说明
1	结构线	粗线：————	衣片或零部件的轮廓线（成品线）
2	辅助线（基础线）	细线：————	制图时各部位的基础线或辅助线
3	对折线	—·—·—·—	衣料对折的部位
4	等分符号	⌒⌒⌒	表示将线段等分
5	距离符号	├—6—┤ 2	表示该部位的长度（两点之间的距离）
6	省		表示省及省的长度、省量、省的形状等
7	褶及褶的倒向符号		表示褶的大小、长短、形状及褶的折叠方式，小斜线表示以褶的边缘线从高向低叠压
8	虚线	— — — — —	表示被压在后面的衣片轮廓线或其他辅助性线段
9	重叠符号		在同一画面中，两衣片重叠部分的标记
10	吃进符号	∿∿∿	在车缝过程中需要缩回的部位

续表

序号	名称	符号	说明
11	扣子、扣眼		表示钉扣、扣眼的位置及扣子的大小、扣眼的长度
12	省略符号		将较长的平行部件省略
13	直角符号		表示两条线（包括直线之间、曲线之间或直线与曲线）成直角（90°）
14	夹角符号	α	表示两线间的夹角
15	拼接符号		将两裁片的纸样拼接为一体
16	剪开符号		制图或纸样设计时需要剪开的部位
17	纱向符号		表示衣片、部件的经纱（直丝缕）方向
18	明线符号		表示该部位缉明线

三、服装结构设计常用点与线的名称

1. 上装辅助线的名称（图2-3）

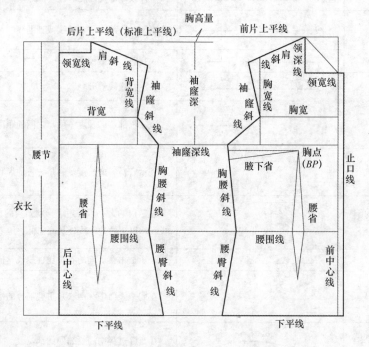

图2-3

2. 上装结构线与点的名称（图2-4）

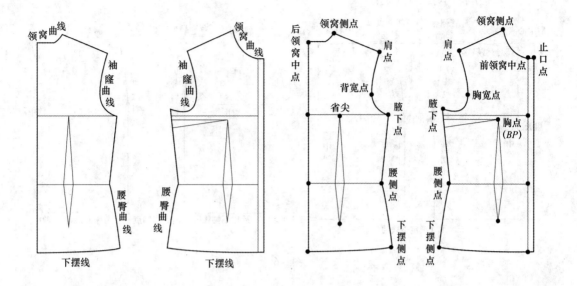

图2-4

3. 袖片与领片的名称（图2-5）

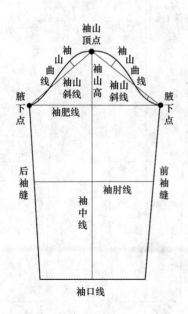

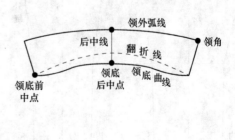

图2-5

4. 半截裙的辅助线与结构线（图2-6）

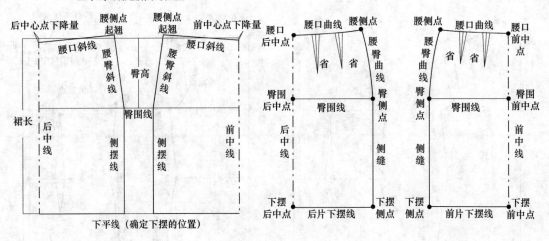

图2-6

5. 裤子的辅助线与结构线（图2-7）

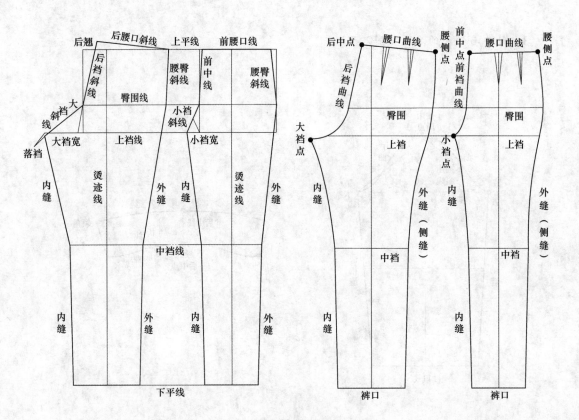

图2-7

四、服装号型

服装号型是服装设计、生产、销售的重要衡量参数，是衡量服装大小、肥瘦的标准。不同国家标准不一。我国现行服装号型标准《中华人民共和国国家标准　服装号型》1991年由国家技术监督局发布，1992年正式执行。国家服装号型标准根据人体变化规律经常进行修正。

号，指人的身高；型，在上装中（包括上衣、连衣裙、大衣等）指胸围，在下装中（包括半身裙、裤子）指腰围。

书写表示：号/型

体型分类代号（表2-3）：

表2-3　　　　　　　　　　　　　　　　　　　　　　　（单位：cm）

体型代号	Y	A	B	C
胸腰差	19～24	14～18	9～13	4～8

例：上装160/86Y，表示该人体身高160cm，胸围86 cm，胸腰差在19～24cm。

第二节　服装结构设计常用概念

一、"省"的概念

"省"即省略之意，服装中的"省"也具有同样的含义。服装中的"省"有两种理解，即广义"省"和狭义"省"。广义的"省"是指在服装结构中所有多余、需要省略的部分，处理这些多余量需要通过不同的技术手段：可以将其裁剪掉、也可以将多余的部分车缝起来或者抽褶，其中的车缝技术即为狭义的"省"（有些服装技术人员读为sǎng）。在服装中，"省"是必不可少的结构要件，女性人体表面起伏明显，面料围绕后需要省略的部分很多，因此，在女装结构中对"省"的讨论占用了相当大的篇幅，可以说，"省"是女装的灵魂。下面所讨论的是服装中应用非常广泛的狭义的"省"。

1. 省的形式

女装中常见的"省"有三角形和菱形两大类（图2-8）。面料上经过车缝以后形成"省"，在省尖附近会形成凸起，所收省量越大，凸起量也越大。因此，在女装结构设计时，应该按照人体相应部位的凹凸情况设计适当的收省量。

"省"虽然只是一个简单的三角形或近似棱形的形式，车缝后只留下一条缝儿，但其中包含有八个元素（图2-9）：省位（省的位置）、省量（省的大小）、省的中心线、省道（构成省的基础线）、省角（两省道之间的夹角）、省尖（两省道的交点）、省长（省中心线的长度）和省的边缘线。

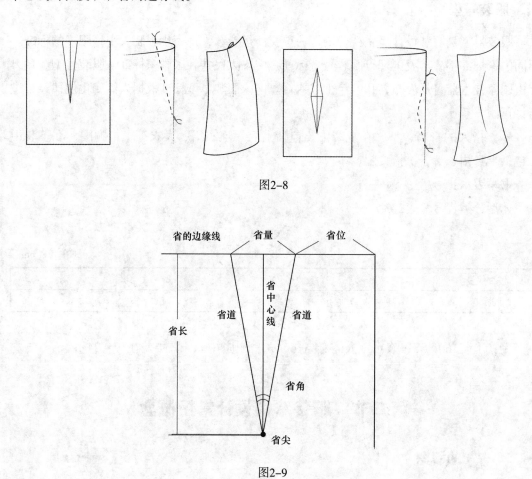

图2-8

图2-9

省的形式或省道的曲直由人体相应部位的曲线所决定。由于服装面料柔软、具有一定伸缩性，可塑性较强，一般女装中省道多为直线，当省量较大或服装较为贴身、面料厚实挺硬时，省道应以符合体型为准，往往设计为曲线。曲线形式的省与人体在该部位的侧面曲线为基础（图2-10）。

2. 省量与省角的关系

省的实质就是需要省略的三角形或菱形（省道为直线或曲线）的形式，它具有三角形及菱形的性质与特点，那么对"省"的讨论就归结成对相应三角形或菱形的讨论。以三角形省为例，省角是指两条省道之间的夹角，省量则是省角对边的长度。省量的大小是衡量省的一个重要指标，对于同一长度的省来说，可以用省量来描述它，但在很多情况下，省量并不能准确地说明省的大小。如图2-11所示，假设省1的省道长为AB及AC，省量=BC，省角为α；若将省1合并，将省转移至省2的位置，此时省道长为AD和AE，省角为β，省量=DE。可以看出，省的长度发生了变化，省量$DE>BC$，但省角并没有变化，即$\beta=\alpha$。由此

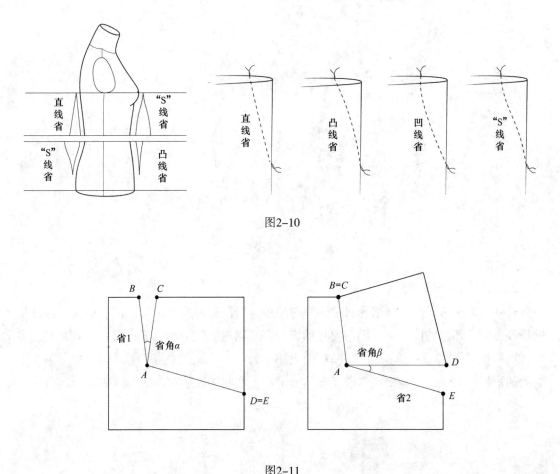

图2-10

图2-11

可见，省角才是省的核心。在省角不变的情况下，省道的长短决定了省量的大小。所以说在结构设计的很多情况下用省角来描述省的大小才最为准确。如在省的转移中，将一个省转移到另一个所需的位置，由于省的长短不同，省量发生了变化，但省角却是一个固定不变的值。

二、褶的不同形式

从广义上讲，"省"除了以车缝固定的形式之外，褶也是女装中常使用的省略手法。不论服装中褶出现在什么位置，也不论褶的外观多么复杂，从结构上分类，有自然褶、规律褶、悬垂褶三大类。

1. 自然褶（图2-12）

自然褶也称为"胖褶"，是将面料抽回所形成的褶。由于抽褶后面料不规则相叠，形成一定体积感，因此在设计中使用自然褶时，应注意面料软硬、薄厚及褶的部位等因素，避免腰腹部丰满的人穿着在该部位设计有"胖褶"的裙装。设计应突出人体优点，掩盖不足之处。

图2-12

2. 规律褶（图2-13）

有规律的褶可以分为顺褶和对褶，在对褶中又有阴褶和阳褶之分。制图时需要标注褶的折叠方向（即褶的倒向），倒向符号的斜线表示以边缘线为准的叠压关系。顺褶是由多个方向一致的褶组成，单褶的褶量=褶的大小×2，褶距≥褶的大小（简称"褶大"），对褶的褶量=褶大×4。规律褶多数需要熨烫定型，有些还需要在局部车缝固定。

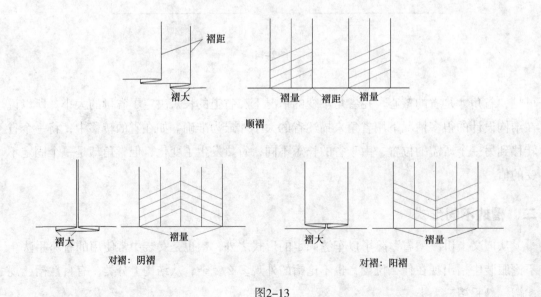

图2-13

3. 悬垂褶（图2-14）

悬垂褶是由于面料自然悬垂而形成的褶。多数悬垂褶设计为纵向，以突出面料自然悬垂的效果，也有部分悬垂褶设计为横向，为保持所设计的效果，往往要对褶进行必要的固定。

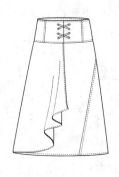

图2-14

4. 剪开放褶的理论探讨

褶是将较长的面料缩短所形成面料重叠的效果。在服装结构上，需要根据款式设计增加有褶的部位面料的长度。放褶方法有平移与旋转，或将这两种放褶方法结合使用。

（1）平移：将纸样剪开，平行移动，放出设计的褶量。平移的特点是褶的两条边缘线增加的长度相同。平移后可以单侧抽褶，也可以两侧均抽褶（图2-15）。

（2）旋转：一侧需要增加褶量，而另一侧长度不变时，可采用旋转的形式（图2-16）。

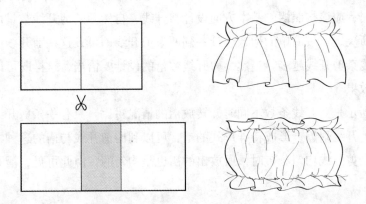

图2-15

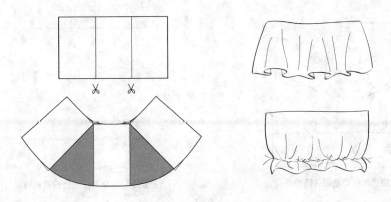

图2-16

（3）平移与旋转结合使用：当剪开线两边放出的褶量不同时，应将平移与旋转结合使用（图2-17）。

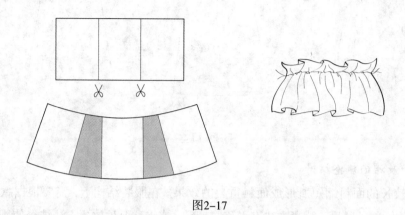

图2-17

（4）剪开放褶的原则：绘制结构图前首先要分析款式中褶的形式、方向、褶量的大小等基本元素，这些都是剪开线设置的基础。剪开线的设置必须遵循以下原则：

①剪开线的数量：平移放褶时，对于均匀、规则的自然褶，剪开线的数量可以少一些；旋转放褶时，应该按照褶的基本方向设计剪开线，自然褶的剪开线数量由褶的范围大小和分布形式所决定。较简单的褶，设计一到两条剪开线即可，这些剪开线应覆盖褶的分布范围。褶越复杂剪开线越多。当然，剪开线数量的设计要恰当，这样既可以减少工作量又可达到好的效果。

如图2-18所示是剪开线条数不同时旋转放褶的情况对比。只有一条剪开线时，所放出的褶量集中在剪开线附近，形成特殊形式的褶，可以利用剪开线与褶的这种特性进行具有特点的设计。当剪开线均匀分布时，所放出的褶也是均匀的，由此可见，褶只会出现在剪开线附近。

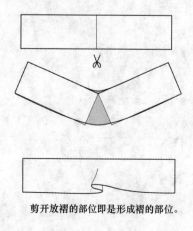

剪开放褶的部位即是形成褶的部位。

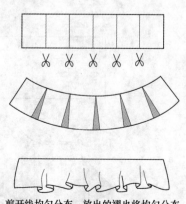

剪开线均匀分布，放出的褶也将均匀分布。

图2-18

②剪开线的位置：剪开线的位置由褶的位置所决定。如果是固定位置的褶，剪开线就设置在褶的位置上。自然褶的剪开线应位于褶位的等分处，将剪开线处所放出的量进行抽褶，所形成的褶只能在该剪开线的左右。

如图2-19所示是常使用的两种剪开线设置方式，假设总褶量为a，第一种方式（图2-19a）：设计三条剪开线，每条剪开线所放出的量为$\frac{a}{3}$。确定剪开线的位置时，可将抽褶范围6等分，如图中形式的剪开线设置，褶在它的左右各一份的范围内形成。这种情况下，当剪开线数量为x时，等分数为2x。第二种方式（图2-19b）：设计两条剪开线，每条剪开线所放出的褶量为$\frac{a}{3}$，边缘另增加一半的褶量$\frac{a}{6}$，总褶量保持不变。以上这两种剪开线设置的方法所放出的褶具有相似的效果。

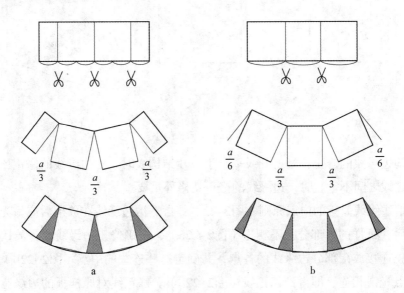

图2-19

③剪开线的方向：褶的方向决定剪开线的方向。放射状的褶，其剪开线也为放射状分布。图2-20中的褶可以分成三个方向，上面的褶指向斜对面的边缘线，中间的褶指向对

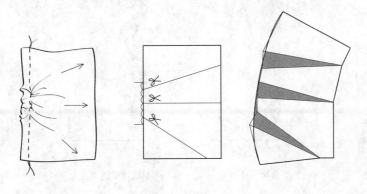

图2-20

面，下面的褶指向相邻的边缘线，因此，可以设计三条剪开线，分别指向这三个方向。将这三条剪开线所放出的褶抽回后，可以得到所设计的褶的形式。

④褶量的分配（图2-21）：以旋转放褶为例，款式设计的褶长，抽褶所需的面料也多，所放出的褶量就大；反之，如果褶相对较小，所需的褶量也小。因此，在进行结构设计时，应严格按照款式所设计的褶的长短来确定褶量。

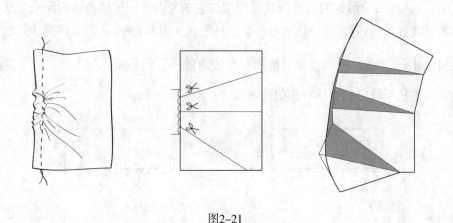

图2-21

⑤褶的边缘线的修正：当剪开线垂直于裁片结构线时，对边缘线的修正比较简单；剪开线与边缘线之间不垂直时，边缘线的修正就格外重要。

自然褶边缘线修正的中点原则（图2-22）：自然褶边缘线在放褶后应呈光滑曲线。但剪开放褶后，纸样的各部分互不相连（图2-22a），正确修正边缘线成为放褶过程的重要一步。首先连接放褶部分边缘线的各点，并确定这些连线的中点（图2-22b），将原端点与这些中点光滑相连，即得到修正线（图2-22c）。修正线对原样板的边缘有补充、有舍去，符合所放褶部位的要求。

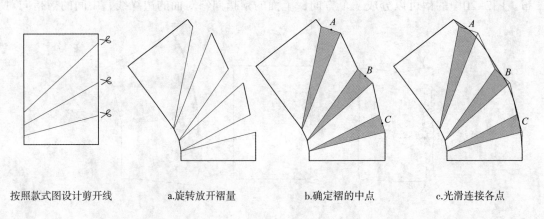

按照款式图设计剪开线　　　a.旋转放开褶量　　　b.确定褶的中点　　　c.光滑连接各点

图2-22

三、对称法

对称法是服装结构制图中经常使用的手法，简便易懂，在放褶、结构变化等中都有应用。

1. 对称法放褶

利用对称法为有规律的褶放出褶量，尤其当褶的边缘线不规则时，可使结构设计较为简便，在理解上也会较为清晰。

如图2-23a所示，款式是一个不对称、上下褶量不同的褶。首先确定褶的关键点A、B、C、D（图2-23b），AB和CD分别是两条折叠线。用对称法制图（图2-23c），作CD关于AB的对称线C'D'，款式b中CD右侧的纸样即为图2-16c中C'D'右侧的部分。CDC'D'中的部分即为所放的褶量。

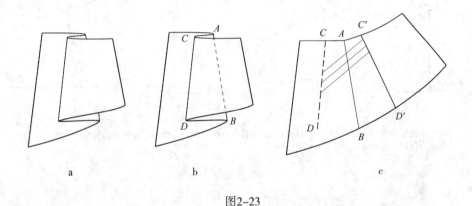

图2-23

2. 利用对称法修正褶或省的边缘线

当规律褶的边缘线与放褶剪开线不垂直时，褶的倒向直接影响边缘线的形式。边缘线的确定可采用对称法，即用线的对称和点的对称关系确定关键点的位置，将这些点连接即可得到所需的边缘线。

如图2-24所示，单向褶的边缘线为斜线，在褶的位置A设置剪开线，沿剪开平移放出所设计的褶量AA'，L为所放褶的中线，这条线是绘制褶的边缘线的重要参考线。当褶倒向右侧时（图2-24a），按照压褶后剖面图点的对应关系确定对称点：点A与A'对称、B与B'对称，并将这些点相连。当褶倒向左侧时（图2-24b），褶的边缘线的修正原理与a相同。不论褶倒向哪个方向，边缘线的绘制关键是对称点之间的位置关系。

3. 对称法绘制裁片

在结构图中，有些裁片是关于某一线段对称的；也有些服装的款式较为明确，但对初学者来讲，如何将款式图所表达的内容准确地反应到结构图中是个较为困难的事情，这要求有较丰富的经验。但利用对称法将款式图转化为结构图则是一个较为简单，且可以保证符合设计的方式。

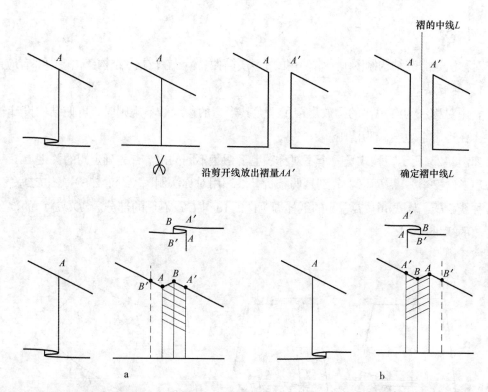

沿剪开线放出褶量AA′　　确定褶中线L

按照褶的折叠方向确定关于B′的对称点B，连接各点确定褶的边缘线。标注褶的倒向线，倒向线从高到低的方向即为褶的叠压方向。

图2-24

如图2-25所示中的西装领，如果按照款式图中领子的形式直接绘制结构图是较为困难的，但初学者可以将款式图中的领片直接绘制在结构图中，再将其关于对称轴翻转，可以很容易绘制出结构图。对称翻转时，只需确定几个关键点，关于对称轴垂直画出等长线段，再将对称点连接即可。

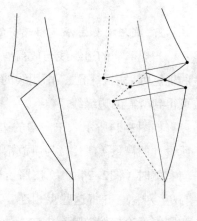

图2-25

四、切线原则

服装结构图是由包含特定含义的直线和曲线所构成的封闭图形，线与线的关系成为结构图中讨论的主要内容。服装中的结构线绝大多数都是由多条曲线或直线复合而成，在两条线连接处要求光滑、圆顺，从理论上讲就是要求两线相切。如曲线与直线相连，除特殊情况外，都要求这条直线成为该曲线在连接点处的切线，而这个连接点就是切点。当两条曲线相连时，连接点为切点，而切点处的两条切线重合（图2-26）。在结构制图中，线之间的连接必须遵循切线原则才能保证它们之间光滑连接。除特殊情况外，直线与曲线、曲线之间的关系都必须用切线原则来描述，它是女装结构设计的理论基础。

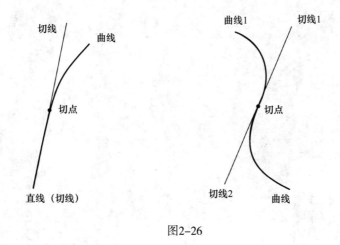

图2-26

课后思考题：

1. 你怎样理解"省"是女装的灵魂？

2. 实践练习：同学之间相互进行人体测量，每人至少测量3个人体，每个人体测量两次，对比两次的结果，找出出现误差的原因。

第二部分
女下装结构设计原理

半身裙结构设计原理

课程名称：半身裙结构设计原理

课题内容：半身裙基础结构图的绘制以及基础省、曲线的含义，半身裙的省转移及褶的放出是本章的教学重点，掌握其规律性是理论教学的目的。

课程时间：34课时

教学目的：掌握半身裙基础结构图的制图原理，对"省"在半身裙中的作用及意义有较深刻的理解，很好地掌握半身裙的省转移与褶的结构原理。

教学方式：理论讲授

教学要求：1．掌握半身裙基础结构图的制图原理。

2．掌握半身裙省转移的基本方法及特点。

3．掌握半身裙褶的成因、不同形式褶的放褶规律以及褶的边缘线的修正。

第三章 半身裙结构设计原理

半身裙是腰部以下遮挡部分或全部下肢的裙装，其结构原理是女装结构的重点，通过学习半身裙的结构原理，可以很好地理解和掌握女性人体腰部以下的曲线和廓型特点，还可以对人体在活动过程中的表面变化等人体工程学的内容有所了解，对女装结构变化的原理有较深刻的认识。

第一节 半身裙结构设计原理

半身裙款式变化无穷无尽，但在结构上却有规律可循。不论何种款式，半身裙都是以女性人体腰节以下部位作为结构的基础。从结构的角度来说，筒式半身裙是半身裙中最简单的一款，因此它就成为其他款式半身裙结构的基础，其他款式的半身裙都可在此结构下进行变化而得到。因此，筒式半身裙的结构图就称为基础结构图。

一、女性人体腰部以下曲面特点

标准女性人体下半身的廓形是腰部纤细、腹部平坦、臀翘高、双腿修长。年轻女性不论体型如何，由于脂肪层较薄，赘肉堆积较少，所以臀腰差大、臀翘较高，曲线明显。但人到中年后，脂肪层增厚，皮肤、肌肉松弛，导致体型呈腰粗、腹部脂肪堆积、臀部下垂、后腰部位脂肪层增厚、大腿粗壮等特点，导致中年女性体型较年轻时发生较大变化，许多妇女体型呈梨型或桶型。黄色人种的妇女在年轻时虽然脂肪层较薄，曲线相对较为明显，但多数臀部扁平，臀翘并不理想，体型呈扁平状态。不少人小腹丰满，理想体型较少。不同人种由于生活环境、生活方式不同，体型有较大差异。服装除保暖、遮羞以外，其重要功能之一就是修饰人体，掩盖人体的缺点，展现优点，这也是服装设计的重点。在半身裙设计时，腰部抽褶的形式就不适合腰粗、腹大、腿壮的人。腰、腹、腿不理想的人，半身裙设计应简练并采用深色面料。

二、半身裙基础结构图

半身裙基础结构图是指半身裙中最简单的筒式半身裙的结构图，它是半身裙制图的基础，不同款式半身裙的结构大多数可以在此基础上变化得到。

确定人体的净尺寸以及各部位的放松量是服装结构制图的基础。半身裙结构相对简单，通常只需测量人体腰围、臀围和裙长三个值，特殊款式及体型可增加腹围、臀高等数据。半身裙结构制图通常只需在臀围处增加放松量，所增加的量应根据流行趋势、年龄、款式、面料、穿着场合等综合确定；筒式半身裙多数较合体，因此臀围放松量较小，休闲类裙子宽松、肥大，放松量较大。

1. 半身裙的放松量

半身裙臀围放松量的标准随着时代和流行而变化，不同时期有很大差别，但在一段时间内是一个相对稳定的值；近几年女装追求合体，放松量较小。结合近年流行，半身裙宽松程度所需臀围放松量的四个等级标准为（表3-1）：

表3-1　　　　　　　　　　　　　　　　　　　　　　　　　　（单位：cm）

宽松等级	合体型	较合体型	较宽松型	宽松型
臀围放松量	≤4	5~8	9~12	≥13

基础结构图以较合体型为制图标准，不同人体可以根据需要调整臀围放松量。半身裙常使用的梭织面料基本没有弹性，合体型半身裙的臀围放松量通常为4cm，针织面料或特殊款式的半身裙臀围放松量可以小于这个值（梭织横弹面料：少数面料纬纱加入氨纶，横向有一定弹性，但非常有限）。人体在活动、坐和走动时，臀围尺寸会随之变化。一般人体站立和坐下时臀围尺寸的差量在3.5cm以上，且人体越胖、脂肪层越厚，变化值就越大。由此可见，半身裙臀围放松量应在人体活动的最基本范围内。当然也有的半身裙款式臀围放松量<4cm，但对面料有较高要求，即在人体站、坐、行等最基本的活动情况下，不会使裙子在车缝线处拔缝；当然，针织面料不受此限制。

半身裙的腰围不增加放松量。如果腰围尺寸较松，在人体活动时裙子将会随人体转动，使侧缝、中线离开原有位置，影响裙子的外观。

在制图时，裙长的成品尺寸可分为腰头宽和裙片长两部分。在此，重点对裙片的结构进行分析。

参考尺寸：

　　　　　　　　　　　　　　　　　　　　　　　　　　　　（单位：cm）

	裙长L	腰围W	臀围H
净尺寸	55	70	90
放松量			6
成品尺寸	腰头宽3+裙片长52	70	96

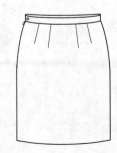

2. 基础线的绘制

人体左右对称，结构图只需绘制前、后裙片的各一半。

（1）围度线的确定（图3-1）：首先绘制围度线（上平线、臀围线、下平线）和前中线、后中线。其中上平线即为腰围的位置，下平线确定下摆，上平线与下平线之间的距离是裙片的长度（L-3=52）。臀高应该根据具体人体确定，我国女性人体的臀高值多数在18～20cm之间；通常情况下，臀高可以取定值，高级定制服装应在调整体型后准确测量臀高。前后中心线之间的距离应该在臀围的 $\frac{1}{2}$ 以上。

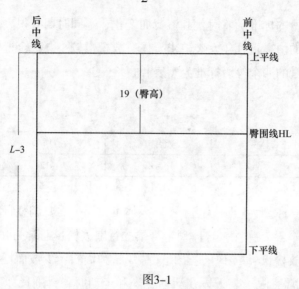

图3-1

（2）纵向基础线的确定（图3-2）：由于人体前、后、左、右各占人体围度的 $\frac{1}{4}$ ，因此，在结构制图时，前、后片的围度取值也为 $\frac{1}{4}$ ，即臀围= $\frac{H}{4}$ 、腰围= $\frac{W}{4}$ 。

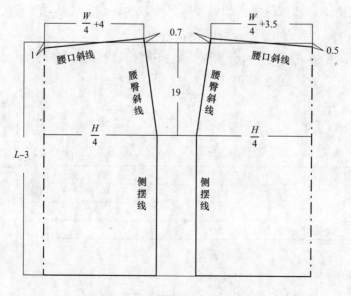

图3-2

人体臀大、腰细，臀、腰之间的差量即为臀腰差 $\frac{H}{4}-\frac{W}{4}$ ，是需要省略的量，即"省量"，这个"省量"在不同的位置应该使用不同手法进行处理，侧缝处的省量采用裁剪的方式处理，前、后裙片上则使用"省"来车缝收进。因此腰围取值：前片腰围=$\frac{W}{4}$+3.5（省），后片腰围=$\frac{W}{4}$+4（省）；腰侧点起翘0.7cm，前中心点下降0.5cm，后中心点下降1cm，确定腰口斜线。连接腰侧点与臀侧点得到腰臀斜线，过臀侧点画侧摆线（筒裙的侧摆线垂直于下平线）。

3. **曲线的绘制**（图3-3）

在腰口斜线的基础上绘制腰口曲线，腰口曲线必须与前中线、后中线垂直，这样将对折的裁片展开后，可以保证腰口曲线在前、后中心处光滑、顺直。腰臀曲线要根据人体胯的外部轮廓进行绘制，同样要求腰臀曲线与腰口曲线垂直，并且在臀侧点处与侧摆线光滑连接，形成一条完整的侧缝线。

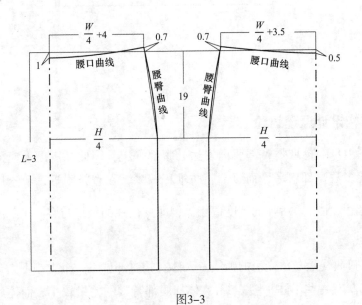

图3-3

4. **腰省的确定**（图3-4）

由臀腰差确定的总省量分配在侧缝与裙片之上。裙片上省的数量由省量的大小决定，由于受面料、制作工艺以及收省后外观效果的限制，裙片上一个省的量通常不要超过2.5cm，这样可以保持省尖附近曲线柔和、外观效果好。由此原则，前片省量3.5cm、后片省量4cm都必须设计两条省；这些省分布在腰口曲线的三等分点处，省中心线垂直于腰口曲线。省量的分配应按照省长→省量大、省短→省量曲线小的原则来确定。

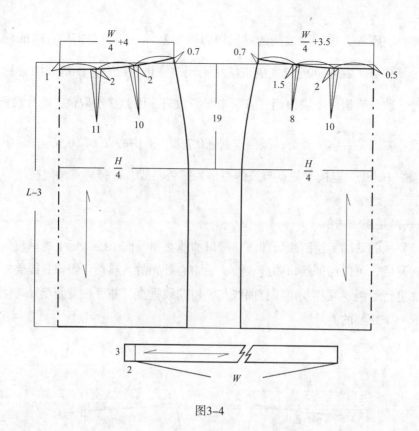

图3-4

三、半身裙结构设计原理讨论

理想人体下半身的标准是臀部肌肉发达、腹部平坦，因此在围度上应该后片尺寸较大；但中国女性多数臀部扁平，而腹部脂肪堆积较多，在臀腰附近，前、后的值几乎相同，因此在结构制图上前、后片的围度值相等，即 $\frac{1}{4}$ 裙片的腰围与臀围是总围度的 $\frac{1}{4}$。

1. 腰口曲线

半身裙的腰口曲线是一条光滑的弧线。人体在腰臀部位是一个上小下大近似圆台的形状，但前后的形状有一些不同（图3-5）：体前腹部臀腰的差量较小，而体后的差量大，因此对于人体腰臀之间的数学模型来讲，体前腰围与臀围差较小，圆台表面展开后的扇面形弯度较小（图3-5a）；体后腰围与臀围差较大，圆台表面展开后的扇面形弯度较大（图3-5b）。比较前、后不同模型的展开图，可以看出b>a。因此所对应的腰口曲线，前片弯曲小，后片弯曲较大。当设定腰侧点的起翘均为0.7cm时，中心点的下降量则后大于前。

2. 半身裙省的处理

人体臀腰差存在于人体腰、臀之间的四周，但多数集中在腰侧、臀翘和腹凸处，因此在这些部位应将该差量省略掉。"省"首先要满足裙子的功能性，符合人体，其次还要符合现代审美标准，使裙子的功能与美观达到统一。

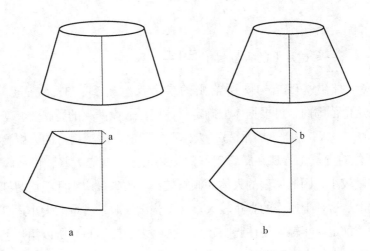

图3-5

从图3-6所示中可以清楚地看到人体与面料之间的关系：若要将面料做成半身裙，就需要将腰臀之间多余的部分（阴影部分）"省"掉。"省"只能在臀腰差较大的部位收进，以使设计简练。腰侧的"省"可以通过裁剪去掉，其余的省量在裙片上车缝收进，形成狭义的"省"。

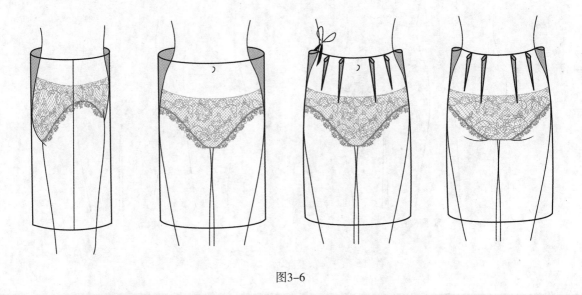

图3-6

3. 关于"省"的讨论

（1）省量的确定：人体臀腰差即总省量=H-W，在$\frac{1}{4}$裙片上省量=$\frac{H}{4}-\frac{W}{4}$；如何分配这些量才能使裙子更合体是半身裙结构设计的重点。在这个省量中，应合理分配腰侧的收腰量和裙片上的省量。按照人体测量标准统计，我国女性人体腰侧的臀腰差占整体臀腰差的 $\frac{1}{3} \sim \frac{1}{2}$，其余存在于腹凸和臀翘处，因此裙片上的省量占其余的 $\frac{1}{2} \sim \frac{2}{3}$，即 $\frac{1}{4}$ 裙片上的省量为：

$$\left(\frac{H}{4} - \frac{W}{4}\right) \times \frac{1}{2} \leqslant 裙片上的省量 \leqslant \left(\frac{H}{4} - \frac{W}{4}\right) \times \frac{2}{3}$$

按照本款半身裙基础结构图所给出的参考尺寸得到：3.25cm ≤ 裙片上的省量 ≤ 4.33cm。在这个范围内，可根据体型确定具体值。假设两人的臀腰差相等，但体型各不相同（图3-7）：一人是扁平型，而另一人体型较圆润。体型扁平的人臀腰差主要集中在腰侧处，该部位的省量（体现在腰臀斜线的倾斜量上）就应大些，而前腹、后臀较为平坦，裙片上省量较小。圆润体型的人体侧倾斜较小，收省量应小些，而臀翘较高，多数腹部丰满，因此前、后片上所需的省量较大。在结构设计时，省量的大小还可以根据所面对人群的年龄段来确定。年轻人往往脂肪较薄，体型多数较扁平，所以裙片上的省量应小，腰侧所留省量大，中年人则反之。

从人体的前、后观察，臀腰差也不尽相同，尤其是年轻人腹部较为平坦，且臀翘较高，因此确定前、后省量的具体值时，应依照人体特点确定前片省量小、后片省量大，这样才能达到较好的效果。

根据以上讨论，在裙片上省量3.25～4.33cm中均衡确定前片省=3.5cm，后片省=4cm。

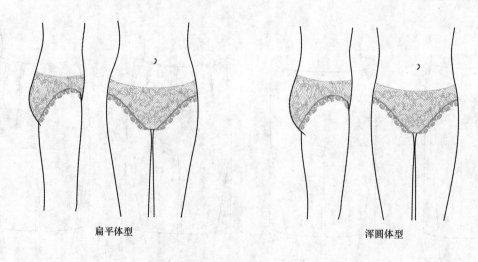

扁平体型　　　　　　　　　　　　浑圆体型

图3-7

（2）裙片上省量的分配：下装的基础省是位于腰臀之间的纵向省，由于每一条省的量不能超过2.5cm，根据人体特点和前面讨论所确定的省量，每个裙片需设计两条省。省的确定应按照省量大→省长、省量小→省短的原则，这样可以尽可能减小省角，车缝省道后，省尖附近不会出现鼓包，使外观圆润、平服。

（3）省长的确定（图3-8）：省的位置、省量的分配和省道长短的正确取值是相当重要的，它们与人体所在部位的曲线有密切的关系。省的长度由人体的外部轮廓所决定（图3-8a）：人体腹部突起较小，支点较高，省应该短一些。臀大肌所形成的臀翘支点较低，省应该长一些；就后片而言，胯部脂肪较厚而显得丰满，且支点较高，此处的省较短（图3-8b），因此后片两省应指向臀部相应的支点，以减少此支点以上面料的余量；可见，后裙片中省长、侧省短是由人的体形所决定。前片中省的长度适当加长可减少腹部的突出感，而侧省设计短一些，两条省的长度有一定差，可使省尖的突起均匀分布。省位的确定一般在等分点处，省的均匀分布可使胖势均匀，成品曲线流畅、圆润，达到较好的外观效果。

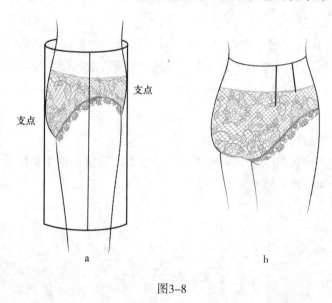

图3-8

第二节　基本型半身裙的结构原理

按照廓形，半身裙可以分为放摆结构（如A字裙、大摆裙等）和收摆结构（如旗袍裙、鱼尾裙等），这两类裙子在腰臀部位与基础结构图相同，只是在裙摆处有相应变化。而高腰裙和低腰裙是近年较为流行的裙款，其结构都是在基础结构图上进行腰部的变化。

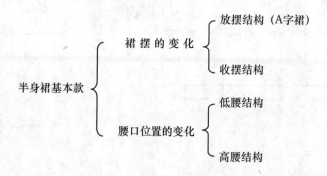

一、放摆裙（A字裙）的结构原理

在基础结构上，放摆裙与基础结构图相同，只是侧缝呈放摆形式。

1. 放摆的切线原则

放摆裙所放摆量是以腰臀曲线在臀侧点的切线为标准，并且保证前、后切线所放摆量相同。放摆量不能任意取值，否则会导致侧缝无法顺直或穿着时出现不应有的褶，特殊款式可以根据设计要求进行变化。

（1）前、后片腰省相同时，腰臀曲线曲率相等，因此前、后裙片通过切线所放出的摆量相等。

（2）前、后片腰省不相等时，应以腰省量大的裁片为标准绘制切线。由于省量大的裁片腰臀斜线的倾斜较小，相应腰臀曲线在臀测点的切线放摆量也小；省量小的裁片的放摆量应与之相同。如图3-9中后片省量＞前片省量，以后片为标准作出腰臀曲线在臀测点的切线，放摆量为a，前片的放摆量=a。不论前后片省量是否相等，在一般情况下，应保证前、后片的放摆量相同。

切线原则是服装结构制图中非常重要的一个原则，曲线与直线相接，通常要满足切线原则，这样可以使连接线光滑、顺畅。

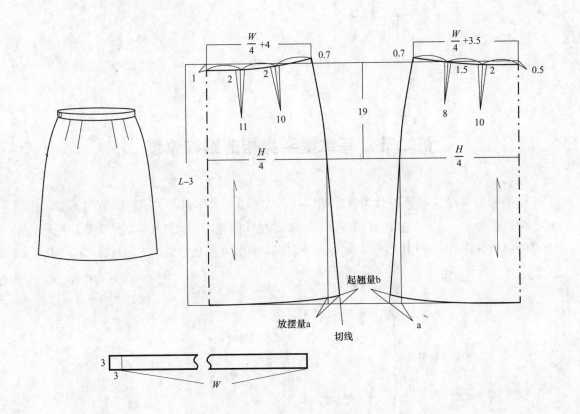

图3-9

2. 下摆起翘量的确定

裙片放摆以后，侧缝与下平线的夹角<90°，因此需要在侧缝增加起翘，以保持下摆与侧缝的夹角为直角，起翘量的大小可依以下原则确定：

（1）侧缝放摆后，斜线的长度大于原来垂直线的长度，如果不加修正，裙子的下摆在此处将会长出一定量，使侧缝处下摆出现尖角，因此需要修正多余的量。

（2）在裁剪面料时，裙片为直纱向，侧缝放摆后，此处即成斜纱向，伸缩性加大，自然下垂时将伸长，因此需将多余的量减去。

（3）保持直角是侧缝和下摆曲线之间关系的重要原则。

因此，结合以上三条，确定起翘量b，前片、后片起翘量相等，以保证裙子前、后侧缝长度相同，起翘量的大小与放摆幅度有直接关系，放摆量大，起翘量也大，反之起翘量小。

二、收摆裙的结构原理

收摆裙是在筒式基础结构图上将侧摆收进而得到，收摆裙侧摆收进的位置在人体体侧大腿最宽部位以下（图3-10）。

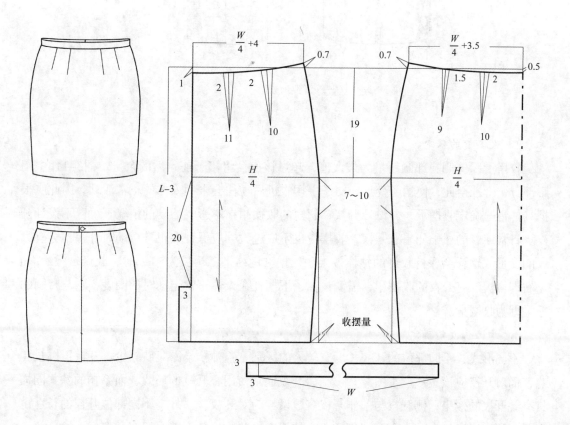

图3-10

1. 收摆位置的确定（图3-11）

收摆裙在侧摆收进时应注意人体正面和侧面的廓型变化。从侧面观察（图3-11b），人体在臀围和立裆处的围度存在较大差量，这个差量主要存在于人体的前、后，即腹凸D和臀翘C之下。在这个位置以下，裙子与人体存在一个"空"（阴影部分），这个"空"在裙子中并不能消除，裙子应该自然下垂呈筒状，而不像裤子一样显露身形。从正面观察人体（图3-11a），臀侧点A到立裆侧点B之间变化并不大，有部分人的大腿粗壮，B点附近可能较A更突出。而立裆以下人体侧才开始收进，因此裙子的侧缝曲线应充分满足人体在体侧的需要，即收摆的位置应在B点以下（臀侧点以下7~10cm）。

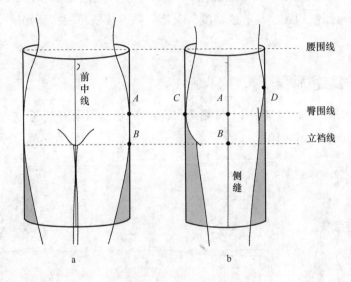

图3-11

2. 收摆量的确定

收摆量以体侧腿部倾斜量为最大值，超过该值会将裙子前、后的余量（图3-11b中阴影部分）牵扯至此，使裙子变形。裙子下摆收进后往往会限制人体的正常活动，因此应根据具体情况确定收摆量，并设计开衩；超短的收摆裙在不影响活动的情况下可以不设计开衩。日常穿着的裙子如果有开衩，收摆量也不应过大，应保证在正常行动时开衩不会有太大的变形，这样会保持较好的整体效果。根据测量结果，裙长为50cm时，收摆量在2.5cm左右即可。没有开衩的收摆裙，需测量裙子下摆处在人体正常走动时的围度，它与臀围的差量即为收摆量。

3. 开衩长度的确定

不同形式、不同部位的开衩长度有较大的区别。叠开衩暴露肌肤较少，开衩可以长一些，而对开衩应该短一点（图3-12）。后开衩通常使用叠开衩的形式，而系扣的款式同样具有叠开衩的效果；侧开衩与前侧开衩多数设计为对开衩。另外，不同部位开衩的长度也有所不同，后开衩、前中心开衩都需要比较保守一些，以免穿着时不小心造成尴尬。侧开

衩与前侧开衩所露出的是大腿，开衩可
以适当长一点。

　　不同款式的裙子长度不同，但衡量
开衩长度的标准应相同。从臀围开始向
下测量开衩的长度是一个相对恒定的标
准（图3-13）。通常后开衩应在臀围线
HL以下至少20cm；前中心的叠开衩至少
在臀围线下25cm，如果前中心线处是对

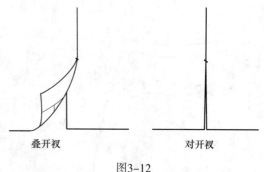

叠开衩　　　　　　　对开衩

图3-12

开衩，则开衩需要在HL下30cm；侧开衩与前侧开衩距HL可以近一些。有些旗袍的侧开衩
甚至可以至臀围附近，这样长的开衩露出美腿性感无比，但行动受很大限制，坐、走等都
要十分小心。开衩的长短并不是一成不变的，可以根据设计进行调整，但如果开衩太长或
过短，都会影响人的正常行动，且不一定与裙子的长度比例合适，因此恰当的设计即可以
满足活动的需求，又能使裙子的外观达到最佳状态。

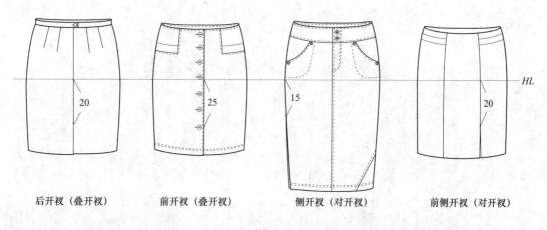

后开衩（叠开衩）　　　前开衩（叠开衩）　　　侧开衩（对开衩）　　　前侧开衩（对开衩）

图3-13

三、低腰裙的结构原理

　　不论是半身裙还是裤子，低腰结构都是在基础结构图上减去相应的量而形成。因此，
在绘制一款低腰裙时，首先画出正常的腰部结构，再将需要降低的量减去。

1. 低腰裙臀围放松量的确定

　　低腰裙的腰口低于正常腰围的位置，在设计臀围放松量时必须考虑低腰的程度，低腰
量越大，臀围的放松量越小；如果裙子臀围的放松量较大，直接降低裙子腰口的位置，裙
腰将会向下滑脱。如图3-14所示，A是正常腰节的位置，通常裙子的腰围不加放松量，因
此裙子的腰围与人体腰围一致。裙子的腰口低至B时，如果裙子的臀围放松量较小，此时

图3-14

腰口的值与人体此位置的围度相差很少，在穿着时裙子不会受太大的影响。当低腰至C处时，腰口与C处人体围度相差很大，穿着时就会使裙子向下滑落至腰口与人体围度相同的位置。由此可知，由基础结构图直接绘制的低腰裙臀围放松量必须限制在5cm以内。当裙子臀围放松量较大时，需要测量低腰量所在位置的围度值，以此为基础绘制结构图。

2. 低腰裙长度的确定

低腰裙的裙长值应以人体腰围为标准测量至裙下摆，而不以裙子实际的长度进行测量。低腰量在腰部，同款裙子的低腰量不同，裙长的位置不变，因此不论腰口在何位置，裙子下摆始终在相同的位置上。

3. 低腰裙结构（图3-15）

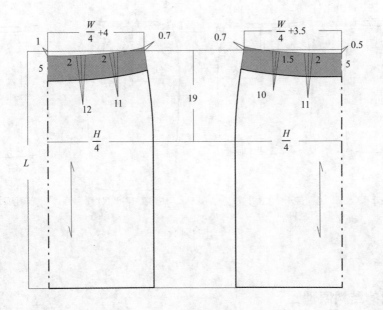

图3-15

四、连腰裙与高腰裙的结构原理

腰头部分与裙片连为一体称为连腰裙，连腰裙的腰头部分起到与另装腰同样的作用，但穿着感觉和舒适度上二者有一定区别。另装腰头的半身裙由于腰头纱向和腰口缉缝线的作用，穿着时感觉腰头较紧密地贴合腰部。而连腰结构则较为舒适、柔和，但在人体弯腰、落座时腰口的腹部附近容易出现褶皱。

连腰结构腰头部分的绘制按照其宽度不同，绘制要求也有所不同。

1. 腰头宽度的确定（图3-16）

人体在腰两侧的肋骨和胯骨之间存在一个无骨区域，其中最细的部分就是腰围的位置。人体胸与腰、腰与臀之间呈一个倒圆台和一个正圆台的关系，人体在日常活动时，腰的两侧所能容纳的平行宽度通常不超过4cm。因此当腰头宽度≤4cm时，腰头部分呈平行状态。当腰头宽度>4cm时，人体胸廓的围度逐步增加，高腰结构的腰围上口也应该增加一定量，以保证适合人体相应部位的围度，因此高腰部分的结构也成倒圆台状。

图3-16

2. 连腰裙腰省的结构（图3-17）

腰省的绘制原则与基础结构图相同，腰省的中心线与腰口曲线垂直，且需要保证整条省中心线为一条直线。腰头宽≤4cm时，腰头部分的省及腰侧应采用平行结构，使连腰与另装腰有同样的效果。如果腰头宽度在4～6cm时，应该在腰头部分的腰侧增加一定量，以满足人体体侧倾斜的需要，省道仍为平行线。当腰头宽度>6cm，或者人体胸廓斜度较大时，除在腰侧补充量外，省量也要减小，以使腰口的量增加。

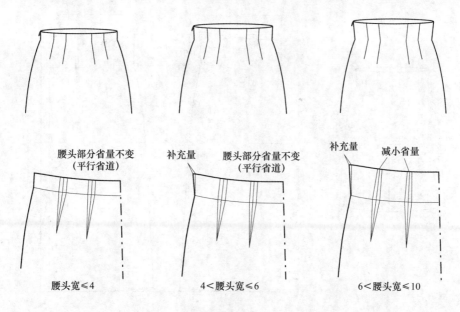

图3-17

例1．腰头宽4cm的连腰半身裙（图3-18）

腰头部分可以将基础腰口曲线向上平移4cm得到，在腰侧点随附近修正腰口曲线，使新腰口曲线与侧缝保持垂直。省中心线向腰头部分延长，腰头部分的省道相互平行，收省从基础腰口曲线处开始。

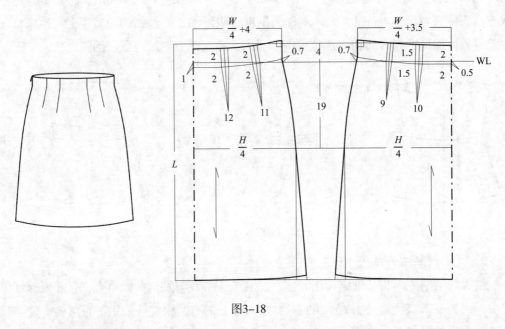

图3-18

例2．系扣高腰裙（图3-19）

假设裙腰宽7cm，在基础A字裙上绘制高腰部分，并按照款式增加前襟系扣的搭门量。

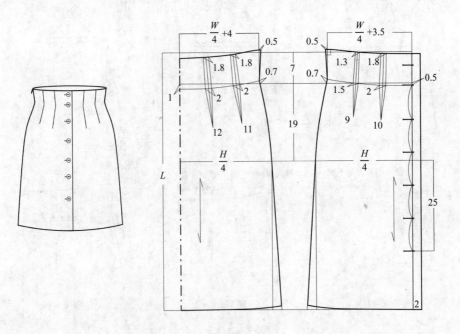

图3-19

（1）高腰部分的绘制：当连腰部分的宽度超过4cm时，按照人体腰口附近的结构，腰口以上呈倒圆台状，腰头部分应按照人体的外形进行结构设计。高腰部分的腰口省量减小，并在腰侧补充一定量，使高腰部分呈上大、下小的状态。省中心线垂直于腰口曲线，并且修正腰口曲线，使其与侧缝线垂直，这样可以保证缝合侧缝后，腰口曲线在腰侧处光滑、圆顺。

（2）扣位的确定（图3-20）：搭门是指服装上开口相叠的部分，搭门宽是在基础线以外另增加的宽度量。在系扣的服装上，搭门宽度与扣子的直径有直接关系，还与面料的薄厚、软硬等有关。

本款式半身裙设计扣子的直径为2.5cm，扣子钉在扣位线（中线）上，扣眼则从扣位线以外0.2cm（扣眼余量）向里，长度为扣子的直径+厚度。

（3）搭门宽度的确定（图3-20a）：不论什么衣服，只要系扣子，就必须在基础线以外另增加搭门量，搭门宽度通常为扣子的半径另加0.5~1cm的留边量，本款扣子直径为2.5cm，因此搭门宽=$\frac{2.5}{2}$+0.75（留边量）=2。具体取值还要看面料的情况而定，当面料较厚或比较挺硬时，留边量可以适当大些；但当面料轻薄、柔软或夏季服装时，留边量就要小些。

（4）扣眼的确定：扣子钉在扣位线上，图3-19中的款式扣位线即为裙子的中线（图3-20c）。扣眼应从扣位线开始向里侧挖开。由于受到力的作用，扣子停留在扣眼的边缘。扣子缝线的线柱直径通常为0.2~0.3cm（图3-20d），因此需要在扣位线处留出0.1~0.2cm的扣眼余量（图3-20b），系扣后，扣子才能停留在扣位线上。

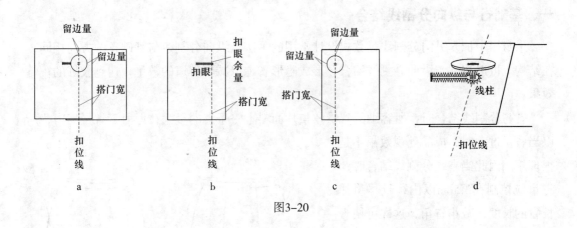

图3-20

（5）扣位的确定：扣子位置的高低应遵循受力最大的部位必须由扣子进行固定的原则。腰头即为腰部受力之处，因此最上一粒扣子应确定在腰头处，由于本款式腰头较宽，需要两粒扣方可将腰部固定。最下面一粒扣应位于裙子臀围线以下25cm处，即开衩止点，扣间距等分。

第三节　半身裙的腰省转移

半身裙的臀腰差以纵向基础省的形式处理，有许多半身裙在表面上并没有基础省，但并不表示基础省不存在，此时的基础省经过转移、变换，以其他形式出现。人体臀腰差存在，腰省就必定存在，但表现形式可以各不相同，这样就形成了不同款式的半身裙。在设计半身裙时，应该掌握腰省的变化规律，省与褶、分割线等的结合，可以使款式简练、重点突出。

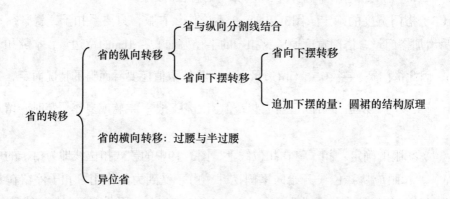

一、基础省与纵向分割线结合

半身裙中加入纵向分割线是款式设计常用的手法。纵向分割线与基础省的方向相同，在结构上可以将省与纵向分割线结合，形成隐形省，以减少省道的数量，达到较好的视觉效果。

省与分割线结合时，所容纳的省量较整片面料上一条省的量大，但由于省量集中，所以当省量过大时，成品外观效果不是很理想。因此当省与分割线结合时，省量应控制在3.5cm以内，且尽量加长省的长度，减小省角，这样可使省尖附近柔和，不会出现鼓包。

例3. 四片裙（图3–21）

结构特点：较合体型，另装腰头，前片设计两条纵向分割线，呈三片式结构，后片为基础款式。

参考尺寸：

（单位：cm）

	L	W	H
净尺寸	58	72	90
放松量			+6
成品尺寸	3+55	72	96

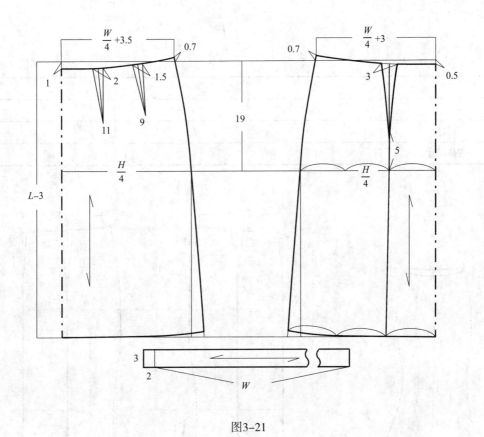

图3-21

结构分析：前片设计两条纵向分割线，将前片分割为三部分，腰省可与分割线结合，这样可使整个款式简练、干净。

（1）分割线位置的确定：按照设计，前片的纵向分割线将裙片分割为二个宽度相等的部分，在结构设计上也采用三等分的手法将臀围、下摆三等分，连线并延长至腰口，即得到分割线的基础位置。

（2）省量的确定：本款臀腰差所决定的裙片上的省量应该在$\dfrac{H-W}{4} \times \dfrac{1}{2} \sim \dfrac{H-W}{4} \times \dfrac{2}{3}$

之间，即省量为3~4。假若穿着者体型较扁平，裙片上的省量较小，可取前片省量3cm，后片省量3.5cm。

省与分割线结合时，可容纳的省量加大，此处可将3cm省量都容纳进去。当省量较大时，要在允许范围内尽可能加长省（最长的省可至臀围线以上5cm），以减小省角，使廓型柔和。后片为整片设计，为基础结构图。

例4. 八片鱼尾裙（图3-22）

款式特点：合体型，八片身、无腰头结构，大腿部位收紧、下摆放大的鱼尾裙，是典型的礼服裙款式。

参考尺寸：

（单位：cm）

	L	W	H
净尺寸	100	72	92
放松量			+4
成品尺寸	100	72	96

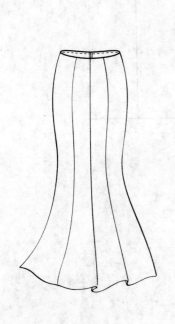

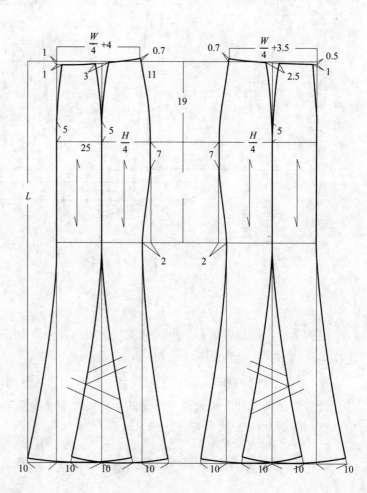

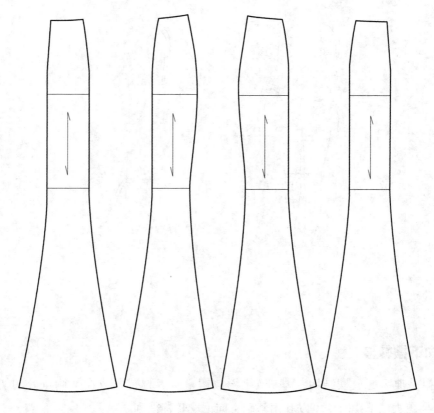

图3-22

　　结构分析：鱼尾状裙摆在礼服中使用较多，其特点是臀围至大腿为合体形设计，突出人体臀部曲线，而下摆放大，形成鱼尾状。其结构是在收摆裙的基础上，在相应位置加放摆量而得到。鱼尾裙结构设计的关键是收摆位置以及收摆围度大小的确定，既要体现女性优美的体型，又要保证方便正常活动。

　　（1）裙长的确定：礼服裙（包括半身裙和连衣裙的下半部分）的长度应在脚面以上，以避免在走动时踩到裙摆，出现尴尬。人体在行走时的身高与站立时的身高有一个差量，这个差量产生于下肢。人在行走时迈步、屈膝，使人体腰节以下长度缩短，裙长相对位置降低，因此，当设计裙长至地面时，行走时就会踩到裙摆，走路时要时刻注意脚下，尤其在上台阶时，需要将裙摆提起。

　　（2）收摆位置的确定：中等身材女性腰围至膝盖大致在55～60cm，而在行走时，围度最小的部位在大腿的 $\frac{2}{3}$ 附近（图3-23），因此鱼尾裙的收摆部位应该设计在这个位置，这样可以很好地表现出女性人体的曲线、婀娜多姿的神态以及在裙子行走时下摆随步幅摆动的运动感。

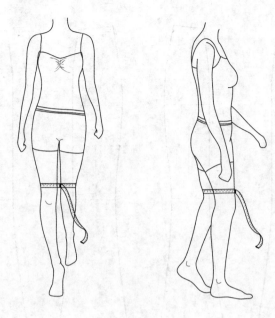

图3-23

二、省向下摆转移

A字裙是典型的放摆结构，基础A字裙放摆量应以腰臀曲线在臀侧点处的切线为最大。当需要更大的下摆时，可以利用基础省向下摆转移得到。

基础放摆裙（A字裙）的放摆量由裙子臀腰差的大小所决定，当臀腰差较大时，腰臀曲线在臀侧点的切线倾斜量大，所放出的摆量也大。因此在进行A字裙的结构设计时，应根据需要设计裙片上的省量和省的长度。

当需要裙子的下摆量更大时，可以将腰省向下摆转移，使下摆放大，同时减少腰省的数或量。如图3-24所示，a为基础A字裙，双省道，以腰臀曲线在臀侧点的切线为放摆量；而b的下摆加大，同时基础腰省只有一条，此时下摆所放出的量，正是另一条腰省向下摆转移的结果。c中腰省全部转移到下摆，使下摆的量更大。

a   b   c

图3-24

例5. 一条省向下摆转移的A字裙（图3-25）

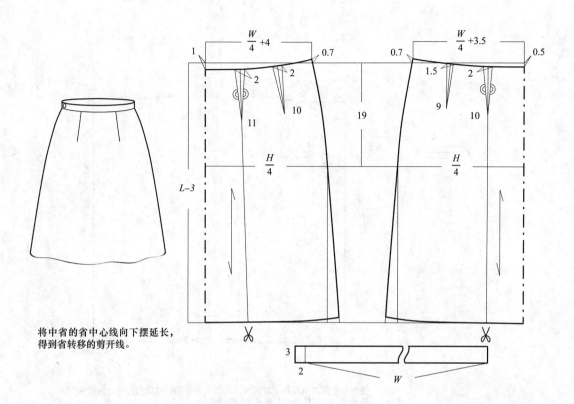

将中省的省中心线向下摆延长，
得到省转移的剪开线。

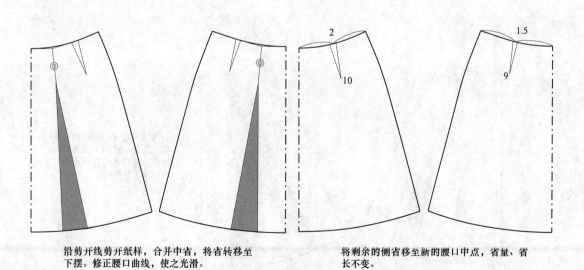

沿剪开线剪开纸样，合并中省，将省转移至
下摆。修正腰口曲线，使之光滑。

将剩余的侧省移至新的腰口中点，省量、省
长不变。

图3-25

例6. 双省均向下摆转移的大摆裙（图3-26）

当所设计的裙子下摆更大时，可以将两条省均向下摆转移，成为大摆裙。

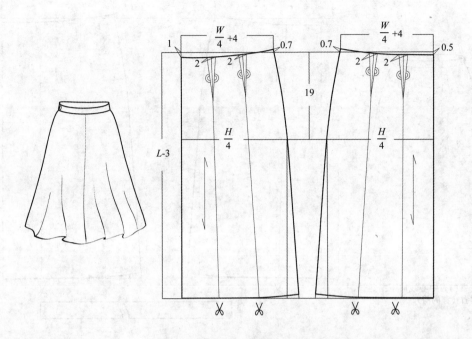

将两条省的省中线向下摆延长，成为省向下摆转移的剪开线。为使放摆量相等，设计的省量、省长也需要相等。

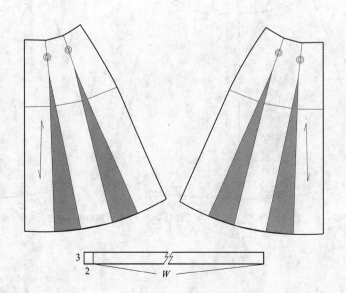

将基础省合并，同时打开下摆，即完成省向下摆转移。以中点原则光滑修正下摆曲线以及腰口曲线。

图3-26

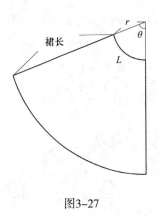

图3-27

三、圆裙的结构原理

任何角度的圆裙都是以圆为基础进行制图（图3-27），由数学知识可知腰围L（圆的弧长）、腰口半径r（腰口曲线所在圆的半径）、裙角θ（圆心角）之间的关系：$L=\theta r$。此时弧长L是已知数，圆心角是设计量，计算出半径r即为圆裙结构制图的要点。不论裙摆的角度如何，裙腰的尺寸都是固定不变的，因此腰口半径都是在弧长确定的基础上得到的：$r=\dfrac{L}{\theta}$。

1. 圆心角θ的确定

在以上公式中，θ是将要绘制的裙片所在圆弧的圆心角，在这里θ需要用弧度来表示：

$90°=\dfrac{\pi}{2}$，$180°=\pi$，$270°=\dfrac{3\pi}{2}$，$360°=2\pi$

其中，$\pi\approx3.14$

2. 腰口半径r的确定

在结构制图时，常绘制圆裙的$\dfrac{1}{2}$或$\dfrac{1}{4}$纸样。假设绘制圆裙的$\dfrac{1}{2}$，相应裙角就是裙子总角度的一半，在这种情况下圆裙裙片腰口尺寸$L=\dfrac{W}{2}$，可以计算得到腰口半径r：

180° 圆裙：$\theta=\dfrac{180°}{2}=\dfrac{\pi}{2}$，$r=\dfrac{L}{\theta}=\dfrac{W/2}{\pi/2}=\dfrac{W}{\pi}$

270° 圆裙：$\theta=\dfrac{270°}{2}=\dfrac{3\pi}{4}$，$r=\dfrac{L}{\theta}=\dfrac{W/2}{3\pi/4}=\dfrac{2W}{3\pi}$

360° 圆裙：$\theta=\dfrac{360°}{2}=\pi$，$r=\dfrac{L}{\theta}=\dfrac{W/2}{\pi}=\dfrac{W}{2\pi}$

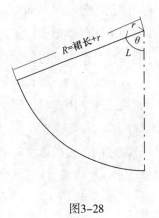

图3-28

3. 裙片的确定

绘制出腰口曲线后，下摆曲线在此基础上绘制：下摆曲线所在圆弧的半径R=裙长+腰口半径r。

假设一件270°圆裙（图3-28），腰围$W=68\text{cm}$，裙片长$=70\text{cm}$，绘制裙子的四分之一，则$r=\dfrac{L}{\theta}=\dfrac{\dfrac{W}{4}}{\dfrac{3\pi}{2}\times\dfrac{1}{4}}=\dfrac{2W}{3\pi}$

$=\dfrac{2\times68}{3\times3.14}\approx14.4\text{cm}$，$R=70+14.4\approx84.4\text{cm}$，按照这些值绘制出圆弧，即为本裙的基础结构图。

4. 360°圆裙的排料（图3-29）

圆裙裁剪时可将两裙片相互交错、留出缝份进行排料，裙长不同，交错量也不同。

5. 裙片的修正（图3-30）

圆裙下摆角度较大，面料纱向变化大，不同纱向处面料的伸缩性不同，为保证裙装穿着时下摆与地面平行，裁剪后，将裙片折叠，用裤夹夹住悬挂24小时，同时还需要经常抖动，使斜纱方向的面料充分下垂，用划粉做出标记。取下裙片，按标记修改裙摆，这样可以保证在穿着时下摆平行于地面。

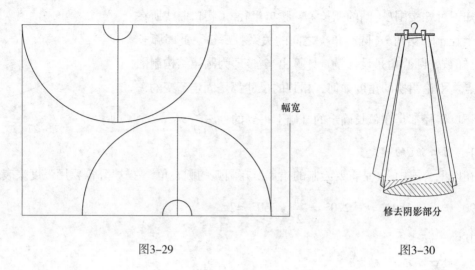

图3-29 　　　　　　　　　　　　　　　　　　　　　图3-30

四、省的横向转移

半身裙基础省是位于腰臀之间的纵向形式，如果在腰臀之间有横向分割线，可以将省向这些分割线进行转移，便形成了省的横向转移。

在女装中，过腰是使用较为广泛的设计形式。过腰是指下装臀围线以上通过分割线将腰臀间横向分割出的部分，这条横向分割线称为过腰分割线。首先，过腰分割线的设计应注意对人体的修饰作用。过腰分割线是一个横向线条，在人体最宽的臀围附近，所以在设计时应该尽量避开臀围，以免因视错关系使臀围显得更加宽大。第二，当过腰分割线过低时，在视觉上会有腰长腿短的感觉，因此过腰分割线可适当高一些。第三，过腰分割线位于腰臀之间，因此可以将半身裙的基础省向过腰分割线进行转移，这样就要求基础省与分割线之间有一定联系，即过腰分割线必须在基础省能达到的范围之内。综合以上分析，过腰分割线的位置应该在臀围线以上5cm至腰口之间。

例7. 腰省向过腰分割线转移（图3-31）

过腰分割线的确定：按照款式，首先在基础结构图上设计过腰分割线，再画出基础省，省尖直达过腰分割线。

省量的大小决定了省的长短，将省向过腰分割线转移时，要求省尖达到过腰分割线，因此过腰的宽度就由省的长短所确定。当省量为2cm时，为使收省达到较好的效果，省的长度≥8cm，省最长也要在臀围线以上5cm以内。本款式设计过腰宽为13cm。

省转移：过腰分割线将裙片分割成上、下两部分，上片即为过腰。在过腰中将基础省合并，过腰的弯度加大，这个增大的弯度即省转移的结果。缝合上、下两个不同曲率的裁片时，可得到与基础省同样的效果。

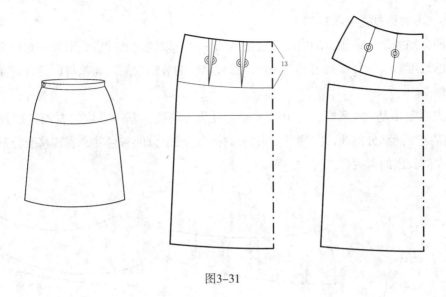

图3-31

例8. 窄过腰省的部分转移（图3-32）

由于省量的大小决定了省的长度，当过腰较窄、没有达到省的长度时，过腰就无法消化所有省量，利用过腰进行腰省转移的方法就遇到了矛盾。在这种情况下，可将剩余的省保留，并将其转移到适当的位置，既形成特殊的视觉效果，又可很好地解决过腰宽度不足的问题。为使款式干净可将剩余的两个省合并，其长度≤剩余两省长度之和，且最长不能超过臀围线以上5cm的基本限制，这样既解决了省的问题又可形成特殊的效果。

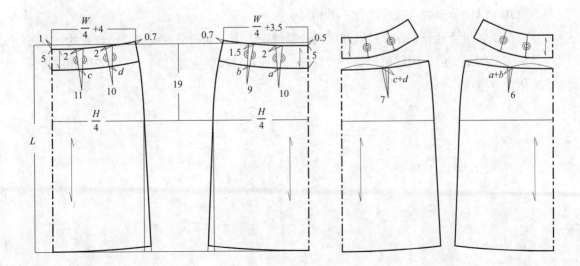

图3-32

例9．不对称过腰（图3-33）

过腰分割线是一条倾斜的曲线，过腰宽的一侧可以消化基础省，窄的一侧则无法满足基础省的长度需求，可将长出的省保留，形成独特的装饰效果。此款可以结合前面两个例子进行制图。

首先绘制出基础A字裙，再由款式确定过腰分割线，基础省应以右侧过腰较宽处为准，省尖必须达到分割线，左侧省与右侧对称。过腰部分的省合并，省转移至分割线处，最后将左侧长出的省尖合二为一。

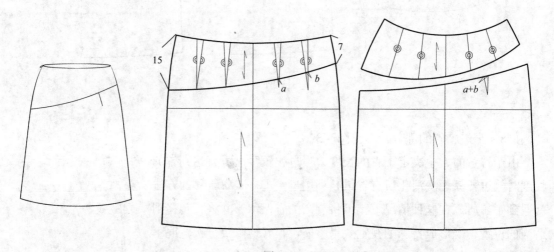

图3-33

在千差万别的半身裙中，有许多款式是将几种省转移形式结合使用，这样可以使款式变化更加丰富，结构设计更加巧妙。省的合理分配是省转移的重要内容，不同的结构形式，所包含的省量不同，因此科学分配省量就成为关键。

例10．纵向分割线与过腰结合（图3-34）

将基础省量合理分配在半过腰和纵向分割线中。由于纵向分割线所能包含省的长度可以达到省长的最大值，因此可容纳的省量较大；而半过腰的宽度较窄，省的长度相应也较小，因此省量应小一些。

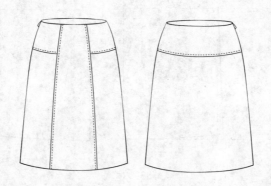

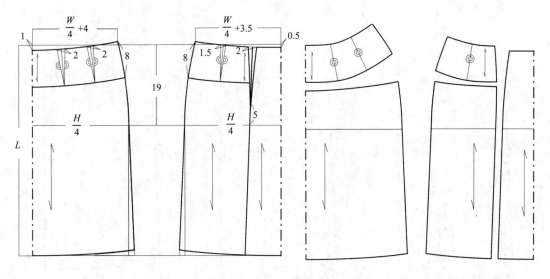

图3-34

五、异位省

半身裙的省除向横、竖分割线转移外，还可以向其他位置转移，这样的省称为异位省。异位省的设计丰富多彩，以前片腹部位置的设计居多。在异位省的设计时应该充分考虑款式美观、结构合理、工艺可行。异位省同时具有的功能性与装饰性，且功能性占第一位，在此基础上才可考虑装饰效果，功能与装饰最佳结合才是成功的设计。

异位省必须在基础省所能达到的范围之内，并且与基础省相通。

例11. 低腰"人"字形异位省（图3-35）

低腰款式，基础省转移至"人"字形异位省处。异位省按照款式所确定的位置绘制，基础省应该以异位省的位置确定省尖，但基础省的省位应保持不变，省量应依省的长度进行适当调整。

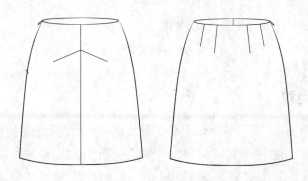

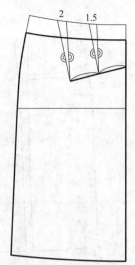

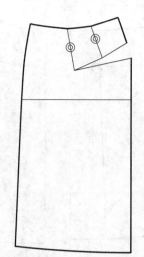

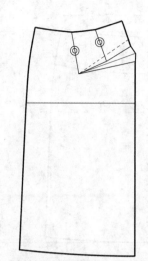

确定低腰量和新的省道分割线，将省尖连接于异位省的等分处。

合并基础省，将其转移至异位省处。

设计异位省的省量倒向上方，利用对称法修正省的边缘线。

图3-35

第四节　半身裙褶的结构原理

　　从外形上看，"褶"可分为横向褶、纵向褶及放射状褶等形式，有的褶华丽、浪漫、装饰性强，有的或随意、或规则，随意性的褶有休闲特征、动感强的特点，规则的褶有庄重、职业的特征。褶在半身裙中应用十分广泛，往往是设计的重点。

　　服装上褶的产生是将该部位的余量抽回、折叠或自然悬垂而得到的，褶量的来源主要有两个途径：将广义的"省"以"褶"的形式处理，或另增加褶的设计量。在很多情况下，这两种方法会同时使用。在半身裙结构设计中，褶量的来源是结构设计的关键。

$$
褶的来源\begin{cases}省转移为褶\\剪开放褶\\省转移与剪开放褶相结合放出褶量\end{cases}
$$

一、"省"转移为褶

　　千变万化的半身裙在"省"的变化上都是有规律可寻的，无论如何变化，"省"的实质不会改变。款式变化后的"省"同样具有处理臀腰差量的功能，使结构符合人体的需求。将"省"转化为"褶"时，只是处理多余量的形式发生了改变，其实质是相同的。由于省量有限，因此褶量也在一定范围之内。与"省"有关的"褶"的半身裙款式设计要根据"省"的特点及方向、省尖的位置等来确定"褶"，并需要充分估计出由"省"转移后所得到的褶量的大小，使设计与结果（成衣）相符。

由基础省转移而来的纵向褶分为自然褶和规律褶两类。不论什么样的褶，由于褶的方向与基础省的方向相同，因此有纵向褶设计的半身裙可将"省"直接转化为"褶"。

例12. 不对称下摆双褶裙（图3-36）

款式特点：宽松型，双褶，斜插兜，不对称下摆设计。

参考尺寸：

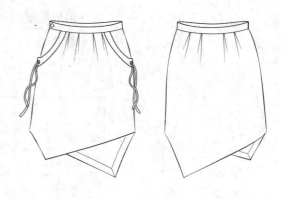

（单位：cm）

	L	W	H
净尺寸	55	68	90
放松量			+14
成品尺寸	3+52	68	104

结构分析：由所给定的成品尺寸计算出裙片上"省"的取值范围在4.5～6cm之间，该省量以褶的形式出现时，褶量设计应大一些，这样所呈现出来的效果较好，因此取省量为允许范围内的最大值6cm，且两个褶等分所设计的省量。

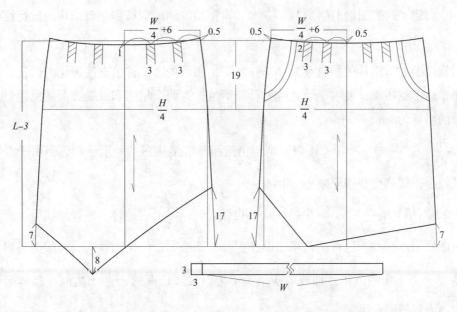

图3-36

裙子下摆为不对称设计，在结构制图时应绘制出整片。当裙摆长短不一时，裙长可确定其中某一个较为中性的值，其余部分以此值为基础进行测量，本款式以前片最长部分为裙长的标准。在结构设计时应注意裙子最短处的长度是否符合要求，避免裸露过多而无法穿着。

例13. 自然褶三节裙

款式特点：宽松型，三节结构，腰部的省与所增加的量共同组成腰部的褶量。

参考尺寸：

（单位：cm）

	L	W	H
净尺寸	75	70	90
放松量			+20
成品尺寸	3+72	70	110

结构分析：腰腹部抽自然褶适合体型较瘦的人穿着。腰口自然褶的褶量不应过大，以免腹部过于膨胀，使穿着后体态臃肿。三节裙的横向分割线位置按照视觉效果进行设计：第一条分割线应位于臀围以上，避开臀围最宽处；下面两节宽度逐步增加，三部分比例设计协调非常重要。

这种款式半身裙的结构可采用两种方式制图：

（1）当裙子的腰围加上褶量后，$\frac{H}{4} - (\frac{W}{4} + 褶量) > 0$，应按照基础结构图进行结构设计（图3-37）。

本款最上一节裙片的腰省在5～6.7cm之间，如果将这个省量直接转化为褶量时，抽褶量较小，达不到所设计要求，因此应另补充褶量，这两个量之和就是腰部的总褶量。此处设计总的褶量为8cm。

则$\frac{H}{4} - (\frac{W}{4} + 8) = 2 > 0$，腰臀间结构仍按照基础结构图的要求绘制，但由于腰臀斜线倾斜量较小，腰侧点起翘应减小为0.4cm。

（2）当裙片的$\frac{H}{4} - (\frac{W}{4} + 褶量) = 0$，也就是$\frac{H}{4} - \frac{W}{4} = 褶量$时，腰臀斜线呈垂直状态，结构制图要简单一些。这种结构可以设计为腰部抽松紧带的休闲款式，将腰头与裙片相连（图3-38）。下面两节裙片加放的褶量通常为原裁片长度的$\frac{1}{3}$～$\frac{1}{2}$之间，具体褶量可根据款式、面料等因素决定。

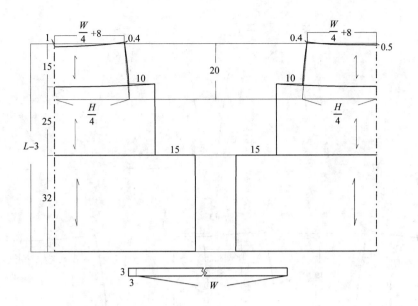

图3-37

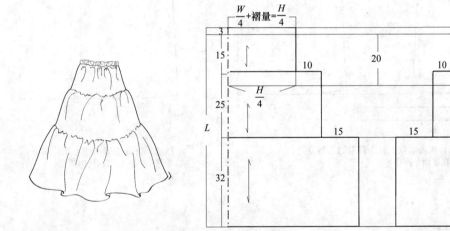

图3-38

例14. 顺褶裙（图3-39）

款式特点：较合体型，顺褶设计。

参考尺寸：

（单位：cm）

	L	W	H
净尺寸	58	70	90
放松量			+8
成品尺寸	3+55	70	98

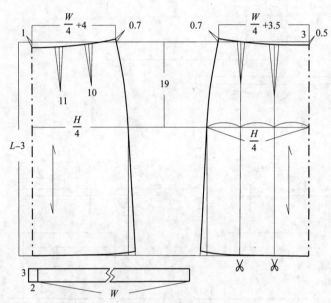

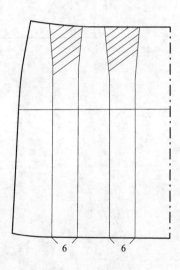

根据款式设计，两条褶位于裁片臀围的三等分处，基础省量分配在这两个褶中。

褶的剪开线为省的中心线，剪开、平移纸样，放出设计的褶量。

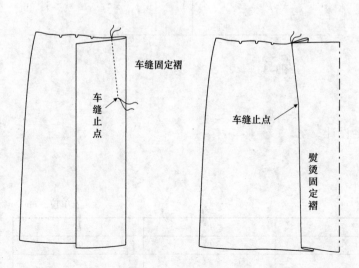

车缝固定褶

车缝止点

车缝止点

熨烫固定褶

车缝时，依褶线车缝至褶止点，以下为顺褶，熨烫固定。

图3-39

例15. 放射褶裙（图3-40）

款式特点：较合体型，腰口前中心斜向低腰3cm，以突出环形装饰。围绕环形装饰抽自然褶，成为设计的重点。

参考尺寸：

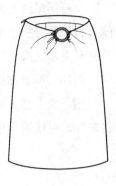

（单位：cm）

	L	W	H
净尺寸	65	68	90
放松量			+8
成品尺寸	65	68	98

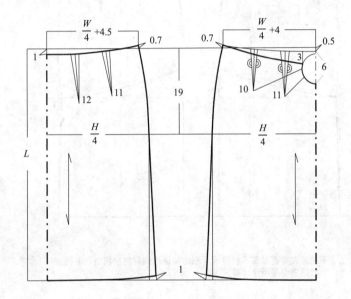

款式设计为放射状自然褶，首先按照褶的方向设置剪开线，再设计基础省，并将省尖与剪开线相连。合并基础省，将省转移为褶。

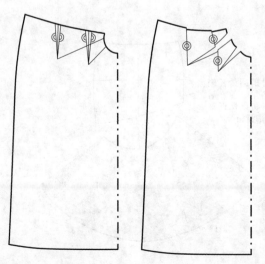

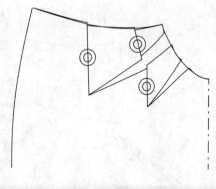

利用中线原则光滑修正褶的边缘线。此处利用了省的特性将其转化为褶量，抽褶后可得到与省相同的功能，但它们的外观表现却有着很大的区别。

图3-40

二、剪开放褶

半身裙单纯剪开放褶多数是在裙子的下摆，这些褶与基础省无关。在进行结构设计之前，首先要分析褶的形式，确定褶的方向，应采取什么方式放褶、褶量的大小等问题，在此基础上才能准确地放出所需褶量。

例16. 不对称放摆裙（图3-41）

裙子的上部分为包臀设计，放松量较小，下摆放大，呈鱼尾状。应采用垂感较好的面料制作，可使运动中的裙摆动感十足。

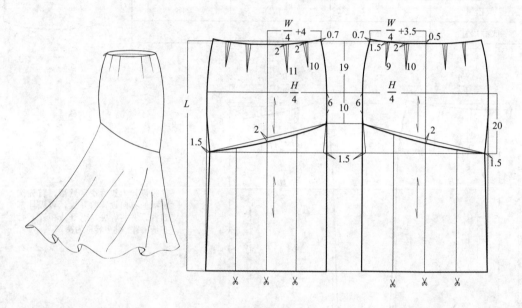

倾斜的分割线，将裙片分成两部分，下摆部分放出大量褶。

不论款式是否对称，包臀设计都需保证两侧收摆量相同，下摆部分放摆需要等距设计剪开线。

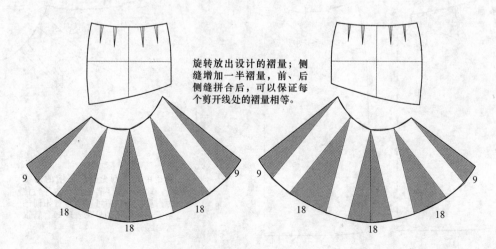

旋转放出设计的褶量；侧缝增加一半褶量，前、后侧缝拼合后，可以保证每个剪开线处的褶量相等。

图3-41

例17. 不对称下摆抽褶裙（图3-42）

虽然裙子下摆长短不一，但较短的左侧所缺少的量并不是因为抽褶而造成的，褶量是在基础斜摆裙结构图上另外增加的量。

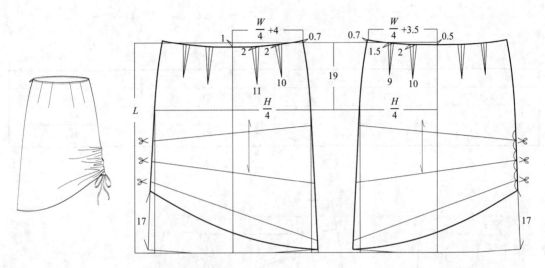

首先在基础结构图上确定抽褶的范围，再对其进行等分、设置剪开线，剪开线的方向应与款式上褶的方向相同。

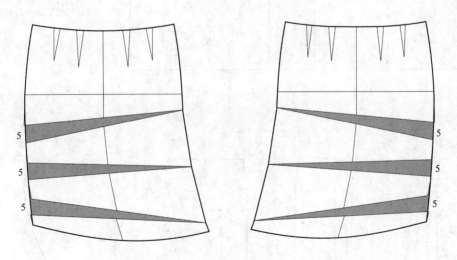

旋转放出设计的褶量，并将褶的边缘线利用中点原则光滑修正。

图3-42

例18. 横向褶裙（图3-43）

款式特点：合体型，低腰设计，前片为三片结构，中片装饰横向悬垂褶，成为结构设计的重点，具有规整、理性的效果。

参考尺寸：

（单位：cm）

	L	W	H
净尺寸	50	70	90
放松量			+4
成品尺寸	4+46	70	94

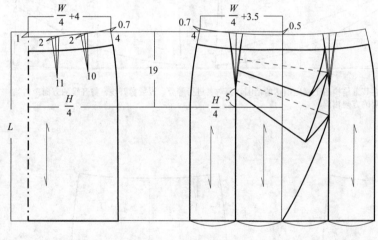

前片右侧分割线中夹缝装饰片，褶要熨烫平服，褶的里侧（虚线处）需要进行车缝固定。

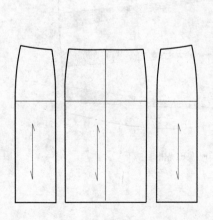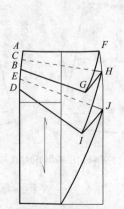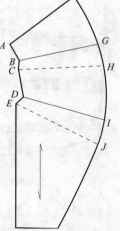

装饰片按照对称法展开，放出褶量。工艺制作时，沿虚线车缝固定，这样才能使褶保持设计原样。

图3-43

例19. 低腰对褶裙（图3-44）

低腰包臀褶裙，过腰实行省转移，下部分裙片的对褶成为设计的重点。

低腰与过腰可以消化掉全部基础省，下部分裙片按照款式上褶的位置及斜度设计剪开线。

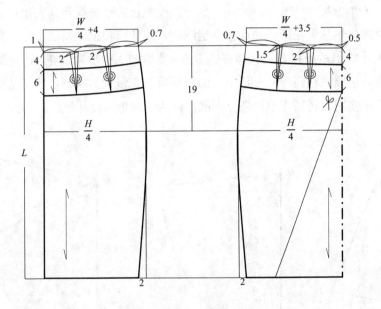

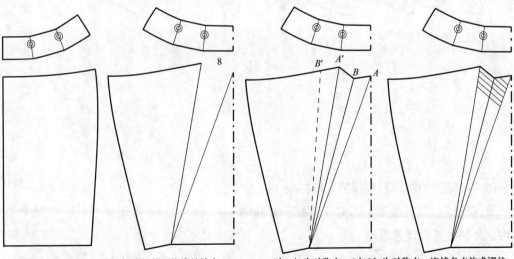

过腰部分省转移，下部分裙片沿剪开线旋转放出设计的褶量。

A 与 A' 为对称点，B 与 B' 为对称点，连接各点构成褶的边缘线；按照褶的倒向画出倒向符号。

图3-44

三、悬垂褶

悬垂褶是面料在重力作用下自然悬垂而形成的褶。在结构设计上通常是通过旋转放褶得到悬垂量，不同面料的悬垂效果不同，轻薄面料形成的悬垂褶轻盈飘逸、自然浪漫，较厚重的面料则形成挺硬而明朗的造型。

悬垂褶的裁片多呈扇形结构，制图前首先分析悬垂褶的形式、折叠次数以及面料的薄厚与轻重，然后再进行悬垂褶的相关数据的确定。此处需要估计每一条折叠线的长度和折叠角度，如图3-45所示中的悬垂褶折叠了两次，形成两条折叠线及两条边缘线，它们的长度分别为 OA、OB、OC、OD，夹角为 α、β、γ，按照这些折叠线与其夹角可以绘制出展开图。由于面料的自然悬垂在折叠处存在一定厚度，因此应根据面料的重量、薄厚及悬垂褶部分的面积大小给出适当补充量，即在折叠点 B 处增加 $\angle BOB'$、在 C 处增加 $\angle COC'$。补充量的确定可按照面料轻薄补充量小、面料厚重补充量大的原则。为了使成衣效果达到设计要求，通常使用面料制作裁片进行测试，以达到理想的设计效果。

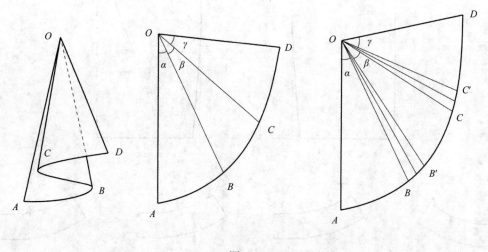

图3-45

例20. 低腰不对称悬垂褶裙（图3-46）

款式特点：较宽松型，不对称下摆，异位省结构，分割线处设计悬垂褶。

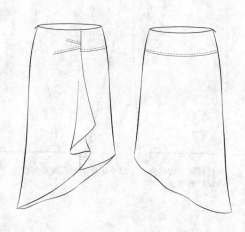

参考尺寸：

（单位：cm）

	L	W	H
净尺寸	76	70	90
放松量			+10
成品尺寸	3+73	70	100

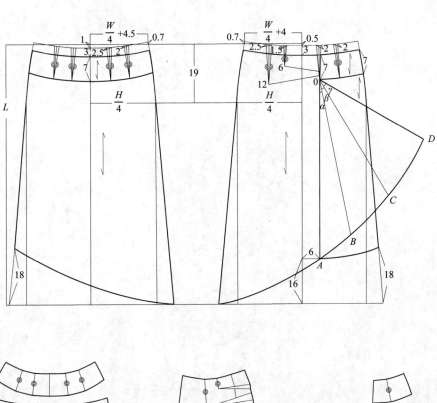

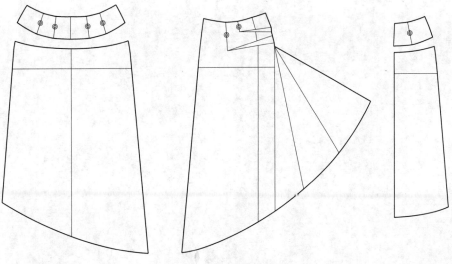

图3-46

结构分析：首先按照裙子的廓形绘制出斜下摆A字裙（不对称款式绘制整片），按照设计在左片增加纵向分割线，将前片分割成左右两部分，左片上部设计小过腰。纵向分割线与左侧的中省结合，侧省则转移至过腰分割线处。右侧的异位省设计与基础省连接，此处省量的大小应按照省的长短进行分配。

悬垂褶按照折叠线及夹角的大小制图，并按照面料实际情况给出一定补充量。

课后思考题：

1．参照人台，分析女性人体腰部以下廓型与半身裙之间的关系，更好地理解半身裙的结构。

2．根据每节内容，设计相应半身裙款式，并进行结构分析、绘制结构图。

基础理论——

裤子结构设计原理

课程名称： 裤子结构设计原理

课程内容： 裤子基础结构图的绘制原理以及与人体下肢之间的
关系是本章最重要的理论基础。裤子的款式千变万
化，在结构设计时如何对其进行分类，应有较清楚的
认识。裤子省与褶的变化是裤子结构设计的重点与难
点，其原理与半身裙相同。

课程时间： 30课时

教学目的： 掌握裤子基础结构的理论与基础结构图的绘制方法，
深刻理解裤子不同形式的结构原理以及省与褶的来源
与变化规律。

教学方式： 理论讲授

教学要求： 1. 重点讲解裤子基础结构图的制图原理，使学生对
裤子腰臀、裆部的结构及腰省的确定有较好的
认识。

　　　　　　2. 掌握裤子不同类型的分类原则，对裤子省转移与
褶的放出有很好的理解。

第四章　裤子结构设计原理

裤子可分为腰臀裆和裤筒两部分，上部分是腰、臀、裆三者的结合，它们相互关联、相互制约，其结构原理比半身裙复杂。裤筒部分本身的结构原理相对简单一些，但裤子上下为一个整体，它们之间有紧密的联系。裤子结构复杂之处就在于有裆的存在，因此，深刻理解裆与各部位、各线条之间的关系就成为裤子结构的重点。

第一节　裤子基础结构图

基础结构图是绘制不同款式裤子结构的基础和原型，常用的裤型是裤脚收小的基本型（图4-1），其中西裤、牛仔裤等是最常见的款式。

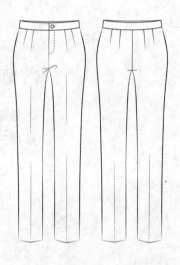

图4-1

一、裤子基础结构图

1. 裤子放松量的确定

裤子放松量与半身裙基本相同，可以按照半身裙的宽松等级确定裤子的放松量。

裤子的基础结构图是使用最多的裤型，设计为较合体型，不同宽松程度的裤子可调整臀围的放松量得到。裤子的腰围一般不增加放松量。

裤长从腰围测量至脚踝骨下为标准，裤长分成裤片长与腰头宽两部分。

参考尺寸：

（单位：cm）

	L	W	H	裤口
净尺寸	100	72	90	18
放松量			+6	
成品尺寸	3+97	72	96	18

2. 基础线的绘制

由于人体左右对称，因此结构图只需绘制前、后各一个裤片。

（1）围度线的确定（图4-2）

① 上平线：裤子腰口线的位置。

② 立裆深线：通常由公式 $\frac{H}{4}+a$（此处 $a=0$）确定裤子的立裆深度。

③ 上裆线：由立裆深的位置确定的围度线。

④ 臀围线：位于上平线与上裆线的 $\frac{2}{3}$ 处。

⑤ 下平线：与上平线之间的距离为裤片的长度97cm，下平线确定裤口的位置。

⑥ 中裆线：位于臀围线至下平线的中点处，是人体膝盖的位置。

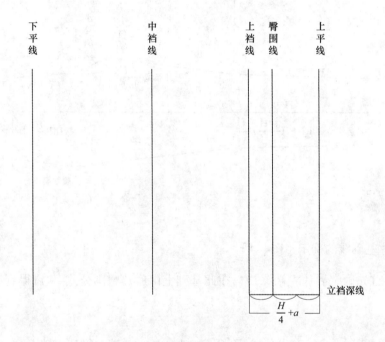

图4-2

（2）前片基础线的绘制（图4-3）

① 前中线的辅助线：由前片臀围公式 $\frac{H}{4}-1$ 确定，其中 -1 为调节量。

② 小裆宽与小裆斜线：以小裆宽 $\frac{4H}{100}$ 确定小裆点，连接小裆点与臀围中点得到小裆斜线。

③ 烫迹线：小裆宽与臀围之和的中点处。

④ 裤口宽：由公式 $\frac{裤口}{2}-1$ 确定，其中 -1 为调节量，关于烫迹线左右对称。

⑤ 中裆宽：由公式 $\left(\frac{裤口}{2}-1\right)+1$ 得到，关于烫迹线左右对称，其中 $\frac{裤口}{2}-1$ 为裤口

的值，即中裆较裤口大1cm。

⑥ 内缝的辅助线：连接小裆点与中裆内点、中裆内点与裤口内点。

⑦ 外缝的辅助线：连接臀围侧点、中裆侧点以及裤口侧点。

⑧ 前中线：前中线的辅助线向里收1cm确定腰口的前中点。

⑨ 腰围值的确定：从前中点量取$\frac{W}{4}-1+3.5$得到；其中–1为调节量，3.5是省量。

⑩ 腰臀斜线：连接腰侧点的辅助点与臀侧点得到。

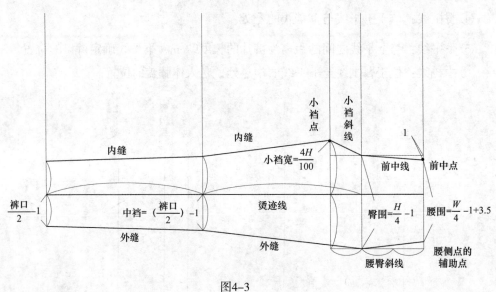

图4-3

（3）后片基础线的确定（图4-4）

①臀围：首先确定后片立裆深线，在此基础上由后片臀围公式$\frac{H}{4}+1$得到后中线，其中+1为调节量。

②大裆宽与落裆：大裆宽由公式$\frac{12H}{100}$得到，增加1cm落裆，得到大裆点。

③大裆斜线：连接臀围后中点与大裆点。

④烫迹线：大裆宽与臀围宽之和的中点处。

⑤裤口值：$\frac{裤口}{2}+1$，其中+1为调节量；裤口关于烫迹线左右对称。

⑥中裆值：$\left(\frac{裤口}{2}+1\right)+1$，其中$\frac{裤口}{2}+1$是裤口的值，中裆较裤口大1cm，关于烫迹线左右对称。

⑦内缝线与外缝线的辅助线：同前片，连接各点得到。

⑧后裆斜线：在上平线上找后中线与烫迹线中点，连接该点与臀围后中点，并向上延长2.5cm（后翘），得到腰围后中点，向下延长至上裆线。

⑨后片腰围：从腰围后中点至上平线，由公式 $\dfrac{W}{4}$+1+3得到，其中+1为调节量，3为省量。

⑩腰臀斜线：连接臀侧点与腰侧点的辅助点。

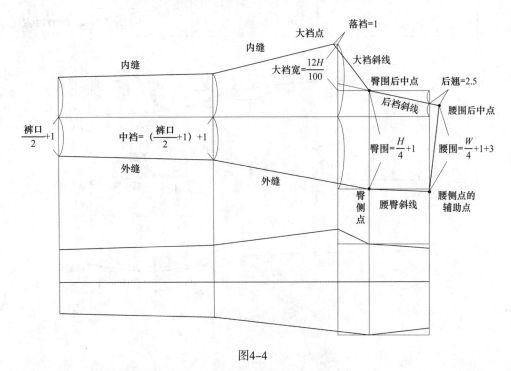

图4-4

3. 曲线的绘制（图4-5）

（1）前片腰口曲线：腰侧点起翘0.5cm。

（2）小裆曲线：过小斜线的 $\dfrac{1}{3}$ 画曲线，与前中线光滑连接。

（3）前片内缝：上裆至中裆之间的连线三等分，$\dfrac{1}{3}$ 处并向里凹1.2cm，用曲线连接小裆点及中裆内点，此曲线与中裆和裤脚的连线共同构成裤子的内缝。

（4）前片外缝：腰侧点、臀侧点到上裆侧点为外凸曲线，上裆侧点到中裆侧点为内凹曲线凹量为1cm，直到下平线，共同构成裤子的外缝。

（5）后片腰口曲线：腰侧点起翘0.5cm。

（6）大裆曲线：过小斜线的中点，连接大裆点及臀围后中点，并与后裆斜线光滑连接。

（7）后片内缝：大裆点至中裆连线的 $\dfrac{1}{3}$ 处向里凹1.5cm。

（8）后片外缝：从腰侧点、臀侧点至上裆侧点画外凸曲线，上裆与中裆之间内凹1.2cm。

4. 裤子基础结构图（图4-6）

（1）前片省：中省位于烫迹线上，侧省在中省与腰侧点的中点处，省量仍然以省长、省量大的原则确定。

（2）后片省：两个省位于腰口三等分处，省中线垂直于腰口曲线。

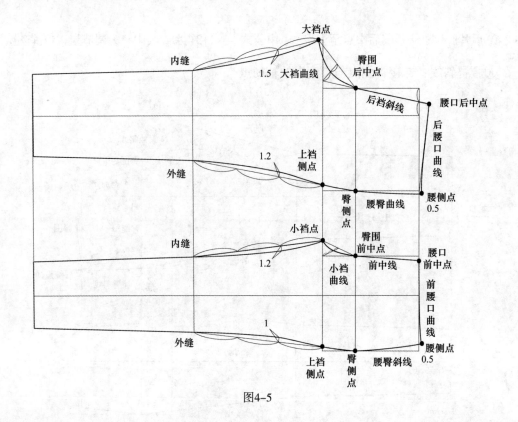

图4-5

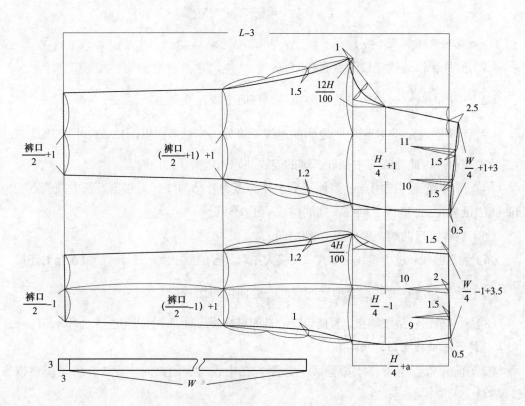

图4-6

二、裤子结构的相关理论问题分析

1. 放松量的确定

下装的放松量主要指臀围的放松量。

臀围的放松量由款式、流行趋势、穿着习惯、个人爱好、年龄等因素确定。人体臀围处的活动幅度相对来说并不是很大，下肢活动轴从臀围（髋关节）开始，活动方便与否与裤子的裆深有关，而对臀围处的影响较小。对臀围尺寸影响较大的则是站与坐时的尺寸的变化，这时会有3.5～4cm的围度差。所以要使裤子穿着时合体，又使站、坐和基本行动不受影响，在臀围处的放松量最小取值为4cm。臀围放松量小于这个值时，坐下时臀部就会有紧绷的感觉。现在有许多较厚面料缝制的裤子放松量小于这个值，如牛仔裤和各种类型的低腰裤等，在活动时会感觉紧绷，舒适感较差。

现代女裤多数不系腰带，虽然人体在运动中腰围会有一定变化，但通常不需增加放松量，合体的腰围只是在运动中会有不同的松紧感觉。由于有裆的制约，当裤腰较松时，裤子也不会像半身裙那样随人体的运动而发生转动，因此有时腰围也可以增加少量放松量，以保证裤子可以在不同季节穿着。

人体腰围、臀围在不同姿势下围度的变化（表4-1）：

表4-1

（单位：cm）

姿势	动作	腰围平均增加量	臀围平均增加量
直立正常姿势	45° 前屈	1	1.0
	90° 前屈	1.5	2.0
坐在椅上	正坐	3.0	3.5
	90° 前屈	4.0	5.5
席地而坐	正坐	4.0	5.0
	90° 前屈	5.0	6.0

人体脂肪层的薄厚不同，腰围、臀围在站和坐之间的差也有较大差异，人体越胖，差越大。

2. 立裆深的调节

在立裆深公式 $\frac{H}{4}+a$（a 为调节量）中，调节量 a 可根据不同情况确定。

人体的净裆深 $=\frac{H^*+4}{4}$。其中，H^* 为人体净臀围，分子中的4相当于臀围的基础放松量，也称为臀围放松量的临界值。当放松量为4cm时，按照公式 $\frac{H}{4}$（其中 $H=H^*+$ 放松量）

计算出的立裆值正好为人体立裆的深度。而当臀围放松量<4cm时，按照基础公式得到的立裆深就达不到人体的基本需求，因此在结构制图时应在此公式的基础上补充一定量。而放松量较大时所计算出的立裆值就超过人体立裆的基本值。当然，放松量大的裤子裆深也需要增加，因此可以在一定范围内对立裆深公式进行调节。通常情况下，可依据以下关系确定立裆公式的调节量：

（1）臀围放松量在4～12cm时，取$a=0$，即基础立裆$=\dfrac{H}{4}$。

（2）臀围放松量<4cm时，调节量$a=\dfrac{4（临界值）-放松量}{4}$。

假设臀围放松量为2cm（$H=H^*+2$），$a=\dfrac{4-放松量}{4}=\dfrac{4-2}{4}=0.5$；此时立裆深$=\dfrac{H}{4}+0.5$。

当臀围放松量为0时，即裤子紧贴身体（$H=H^*$），$a=\dfrac{4-放松量}{4}=\dfrac{4-0}{4}=1$，立裆深$=\dfrac{H}{4}+1$。

（3）当臀围放松量>12cm时，调节量$a=\dfrac{12-放松量}{4}$。

假设放松量=20cm，则$a=\dfrac{12-放松量}{4}=\dfrac{12-20}{4}=-2$，此时立裆深$=\dfrac{H}{4}-2$。

但当裤子需要裆较深时，调节量的值可随设计的需要确定。

3. 前、后调节量

所绘制的裤片为整体裤子的$\dfrac{1}{4}$，臀围的基本公式应为$\dfrac{H}{4}$。而人体的臀部肌肉发达、活动量大，决定了裤子后片比前片宽；所以前、后片腰围、臀围、中裆、裤口等部位的围度需增加一定调节量。按照裤子的宽松程度不同，调节量取值为0～±1cm，多数取值为±1cm。裤子越合体、臀部越丰满，调节量的取值越大；宽松的休闲裤、运动裤、睡裤等调节量取值较小，甚至可以没有调节量，也就是前后片围度相同。在西裤中一般取调节量±1cm，即本款臀围在基本公式上前片-1cm，后片+1cm。与此相同，腰围、中裆、裤口的前后片也具有相同的调节量。从上至下相同的调节量可使裤子外缝和内缝保持垂直。宽松裤与人体之间的松度较大，前、后片的分界线（内缝与外缝）与人体相应位置成为一个模糊状态，因此可以减小前、后片的调节量，甚至没有调节量。

4. 裆宽

从人体腰臀之间的剖面可以清楚看出，人体的厚度是一个固定的量，按照人体比例，裆宽占人体臀围的16%左右，即裆宽$=H\times16\%$。人体前、后的分界点是裆部最低点，位于人体裆部较前的位置。因此在基础裤型中，裤子裆点的位置应该与人体相同，即小裆宽占总裆宽的$\dfrac{1}{4}$：$H\times16\%\times\dfrac{1}{4}=\dfrac{4H}{100}$；大裆宽占总裆宽的$\dfrac{3}{4}$：$H\times16\%\times\dfrac{3}{4}=\dfrac{12H}{100}$。

5. 后翘

裤子的后翘与人体腰、臀、裆之间的相互关系和裤子的合体程度有重要关系。裤子穿着在人体上时，腰围与人体腰围重合，即后片腰围应呈水平状态，而臀围线也为水平线。如图4-7所示，DF为腰围线，当DF呈水平状态时，与其平行的直线CB即为人体臀围的位置。因此当裤子穿在人体上时，臀围线应是CB。当腰围线、臀围线回到水平位置、裤筒仍呈垂直状态时，在臀围后中心处出现了一个余量AHC，这个量实际就是人体臀翘所需要的量。在结构制图时，这个量可以通过上平线处予以补充，即形成后翘。DE即成为后片腰省的一部分，其量大约为1.5cm左右。

由后翘的来源可以知道，其取值应根据人体臀部的丰满程度（臀大肌的发达程度）所决定。我国女性人体后翘量平均值为2.5cm，当人体臀部特别偏平时，可以适当减小后翘的量。

当人体腹部特别丰满或孕妇，裤子前片的结构可以参照后片进行设计，也就是根据需要可以设计一定量的前翘。

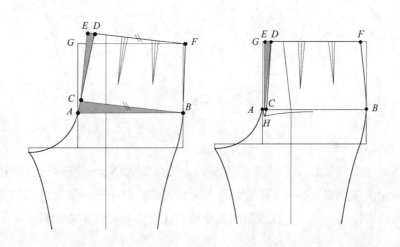

图4-7

6. 落裆

前片裤筒内缝线斜度小，而后片裤筒内缝线斜度大、凹量大，如果前、片裆点的位置相同，显然后片内缝线比前片的内缝线长，一般差量为1cm左右。所以为了调整前、后片内缝线使之长度基本相同以便缝合，将后裆点降低1cm，同时增加了后裆曲线的长度，使之与人体实际相符。

7. 省量的确定及省的分配

裤子的省量可以分配在中线、裤片以及侧缝三个部位。由于裤子有裆的牵扯以及多数裤筒收小等特殊性，前片省为 $\left(\dfrac{H}{4}-\dfrac{W}{4}\right)\dfrac{1}{2}$（±0.5），其余省量分配在侧缝和中线。其中侧缝收省量必须保证≤2cm，中线处收省量≤2.5cm（图4-8a）。如果侧缝的收省量超过规定范围，臀侧点附近会出现鼓包，影响裤子的穿着效果。对穿着人的体型进行观测、分析，在省量的分配时特别注意各部分省量的协调，既要符合各处省的要求，又能使省量分配恰当，使裤子更合体。

在图4-8b中，由于后片有后翘的存在，中线呈倾斜状态。当将后腰口曲线放水平后，AB即为后中线上的省量，一般情况下，这个量为1.5cm左右。这样后裤片上的省量应该较前片小0.5cm左右。

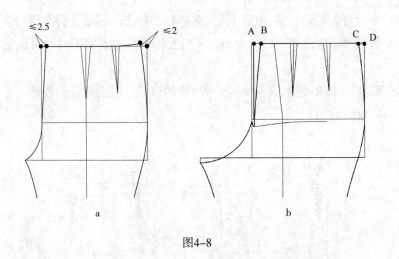

图4-8

8. 中裆位置的确定

人体膝盖的实际位置比结构图中位置略低，为修饰人体，一般裤子的中裆都适当提高，最多提高量为中点以上4cm。如果穿着人大腿匀称，对于一些装饰性强的特殊裤型可在此基础上再适当提高一些，大腿较粗的人要特别注意中裆位置不能太高。

第二节　基本裤型的结构设计

裤子的变化从结构上可分为腰臀部位的变化和裤筒变化两类。在有些情况下，这两部分的变化是独立进行的，但部分裤筒的结构变化往往受到腰臀部位结构的制约。

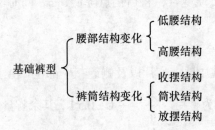

一、腰部的结构变化

1. 低腰裤结构

低腰裤在结构理论上与低腰裙相同，多数是在正常裤子腰口的基础上减去低腰部分，构成低腰裤（图4-9）。

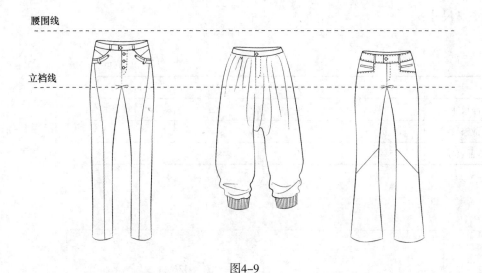

腰围线

立档线

图4-9

（1）裤子放松量与低腰量的关系：以正常裤子腰口为基础进行低腰裤的结构设计，对臀围的放松量有较严格的限制。当裤子较为宽松时，应该测量低腰部位的围度，以保证裤子在穿着时不会向下滑落。

裤子与裙子的重要差别是是否有档，裤子有档的制约，在坐与弯腰等活动时，使腰口的位置受到牵扯而降低；而裙子在坐与弯腰活动时，往往会向上提升裙摆。如果裤子腰口尺寸大于所在部位的值，在穿着时就会下降，无法保证腰口的正常位置。因此裤子低腰的量越大，臀围的放松量就应该越小。当低腰量超过6cm时，就应该测量人体该位置的腹围值，以保证穿着时裤子不会下落（表4-2）。

表4-2　　　　　　　　　　　　　　　　（单位：cm）

低腰量	≤3	4~5	6~7	≥8
臀围最大放松量	6	4	2	0
是否测量低腰位置的围度	可以不测量	需测量，作为制图参考	必须测量，视具体情况进行制图	必须测量，并且按照测量尺寸进行制图

（2）裤长的确定：低腰结构的裤子应在正常腰围位置的基础上减去所设计的低腰

量，而裤腿的长度不变。也就是低腰裤的裤长应较人体腰围位置所确定的裤子长度减去低腰量，尤其避免由于低腰减少的量在裤筒处补齐的错误做法。

例1. 低腰裤（图4-10）

款式特点：合体型，低腰结构，裤长为腰围至踝骨以下的标准裤长，实际裤长需要减去5cm低腰量。前门襟带襻设计，单开线插袋。

参考尺寸：

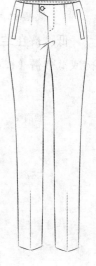

（单位：cm）

	L	W	H	裤口
净尺寸	97	70	92	18
放松量			+4	
成品尺寸	5+92	70	96	18

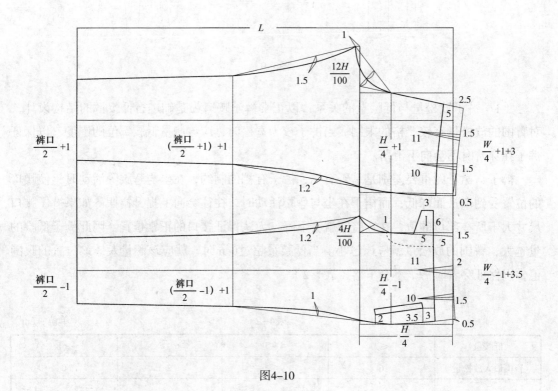

图4-10

2. 高腰裤的结构原理

高腰裤可分为连腰结构与装腰结构。高腰裤腰头的宽度最宽控制在人体胸部的下缘（图4-11）。

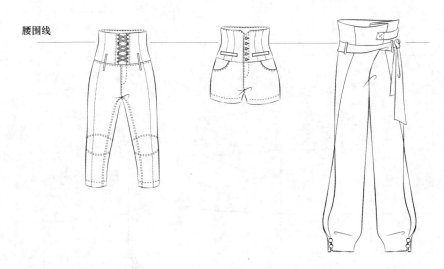

腰围线

图4-11

连腰结构是腰头与裤片整体相连或部分相连，在结构制图时，应在基础裤子结构上平移腰口曲线，并对其进行修正得到新的腰口曲线。装腰结构的高腰裤在腰节以上部分与裤片分开制图，形成各自独立的裁片，但它们的连接线的长度相等。从结构理论上讲，装腰的高腰裤的合体性好于连腰的高腰裤。

高腰裤与低腰裤在长度的测量上具有相同的原理，腰头加长的量并不影响裤筒的长度，在结构上，只需要在正常腰节的基础上增加所需的高腰量。腰头部分的侧缝与省道的变化应根据腰头宽度确定，原理与连腰半身裙相同。

例2. 连腰结构高腰裤（图4-12）

裤子的基础结构没有变化，在基础腰口上增加连腰的宽度。新的腰口线与基础腰口线平行，腰侧点与基础结构同样增加0.5cm起翘。由于连腰的宽度6cm超过人体腰部可容纳的平行宽度4cm，因此需要在腰口侧增加0.5cm倾斜量，修正腰口曲线，保持腰侧与腰口垂直。后中线装隐形拉链。

参考尺寸：

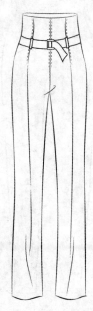

（单位：cm）

	L	W	H	裤口
净尺寸	102	70	90	22
放松量			+8	
成品尺寸	6+96	70	98	22

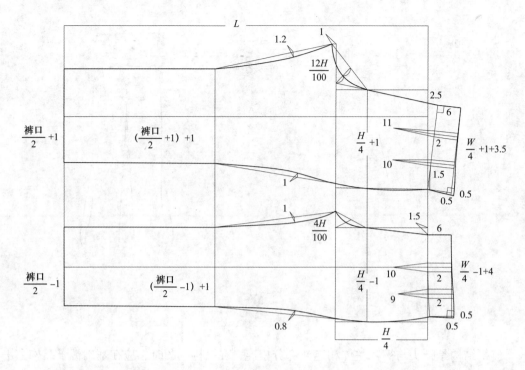

图4-12

例3. 装腰结构高腰裤（图4-13）

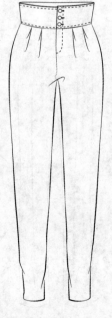

装腰结构高腰裤是在腰节最细的部位将裤片分为两部分，即裤片与腰头。这两部分的在制图时仍然视为一个整体，只是在分割线处的腰侧点进行必要的修正，即补充腰侧点上、下的量，以使结构更符合人体曲线的需要。

由于不同人体的体型不同，胸廓形状差异较大，因此，高腰裤的腰头宽度超过8cm时，需要测量人体相应部位的围度，以确定收省的情况。由于胸廓在运动中有一定变化，在测得的围度量上增加少量放松量，通常为2～4cm。

参考尺寸：

（单位：cm）

	L	W	高腰腰口围度W_1	H	裤口
净尺寸	106	68	76	90	14
放松量			+2	+14	
成品尺寸	10+96	68	78	104	14

较宽松型小裤口萝卜裤。结构设计时，首先对腰节以下部分进行分析、制图。臀围放

松量大于12cm，立裆深公式中调节量$a=\dfrac{12-放松量}{4}=\dfrac{12-14}{4}=-0.5$cm。裤片省量的确定需要

综合分析确定。裤子的臀腰差$=\dfrac{H}{4}-\dfrac{W}{4}=9$，前片省量的取值为4.5cm左右，前片设计了两

个顺褶，褶量需要大一些，可以在允许范围内取4.5+0.5=5cm，后片省仍按照正常范围取

值。

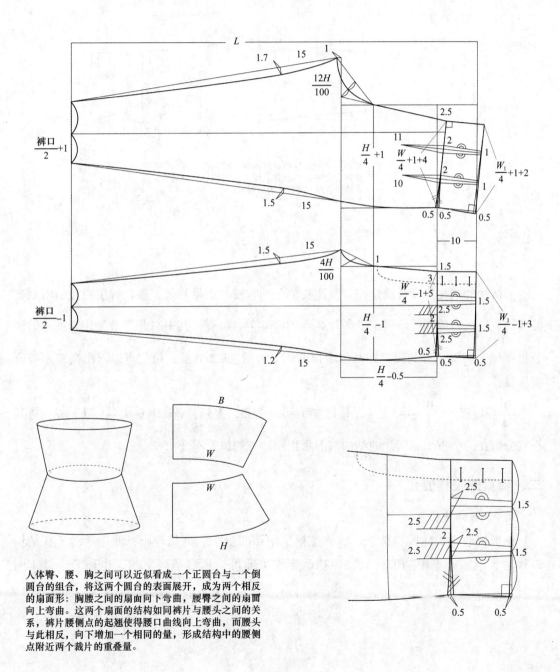

人体臀、腰、胸之间可以近似看成一个正圆台与一个倒圆台的组合，将这两个圆台的表面展开，成为两个相反的扇面形：胸腰之间的扇曲向下弯曲，腰臀之间的扇面向上弯曲。这两个扇面的结构如同裤片与腰头之间的关系，裤片腰侧点的起翘使得腰口曲线向上弯曲，而腰头与此相反，向下增加一个相同的量，形成结构中的腰侧点附近两个裁片的重叠量。

图4-13

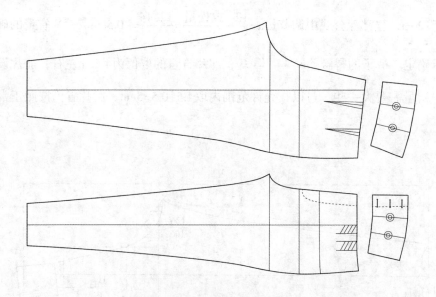

将裤片与腰头分离，形成独立的裁片。腰头部分的省合并，形成弯曲度更大的裁片，以符合人体腰节以上部位的表面廓型。

图4-13

前裤片的褶按照设计确定位置，腰头部分的省量与褶量相等，腰口省量应按照所测量的高腰位置腰口的围度值确定。前片高腰腰口=$\frac{W_1}{4}$-1+省，其中-1是调节量，与裤片的调节量相同。高腰位置的腰口在基础腰口的侧缝处增加0.5cm量，由此可以求出高腰腰口所需省量：

$$\frac{W_1}{4}-1+省=\left(\frac{W}{4}-1+5\right)（基础腰围）+0.5=21.5，得到：省=21.5-\left(\frac{W_1}{4}-1\right)=3。将其$$

平均分配在两个省中。后片的结构与前片相同，省的位置不变。

二、裤筒的结构变化

1. 锥形裤结构设计

锥形裤通常为休闲类裤子，裤筒宽松，中裆凹量小，裤口较小，便于活动。在结构设计时，不需计算中裆值，只将中裆适当收进即可，裤型呈萝卜状，也称萝卜裤（图4-14）。

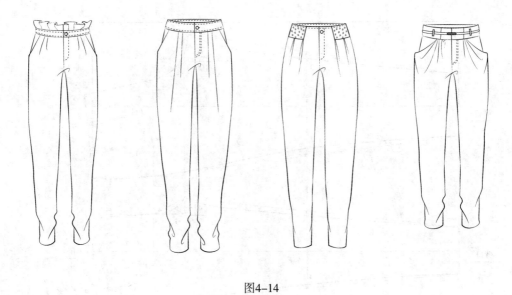

图4-14

例4. 锥裤（图4-15）

款式特点：较宽松型，锥型裤筒，前片设计两个顺褶，腰头上有顺褶装饰边。

参考尺寸：

（单位：cm）

	L	W	H	裤口
净尺寸	96	70	90	14
放松量			+10	
成品尺寸	3+93	70	100	14

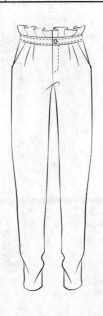

结构分析：按照给定的放松量所确定的臀围值得到臀腰差 $=\dfrac{H}{4}-\dfrac{W}{4}=7.5$，省量取值范围：$3.75 \pm 0.5$cm，确定省量4cm（以褶的形式进行处理）。

女裤斜插兜的兜口大小通常为15cm左右，上面另有3cm左右固定量。斜插兜的倾斜状态由插手的舒适角度为准进行设计，通常倾斜量为3cm左右。

前片两个褶设计为向中倒向，褶线以烫迹线为标准向中间画出。裤腰上装饰顺褶，宽4cm，面料对折，以减小装饰褶的厚度。褶量可为腰头长度的1～1.5倍，褶与褶之间应留有一定空间。

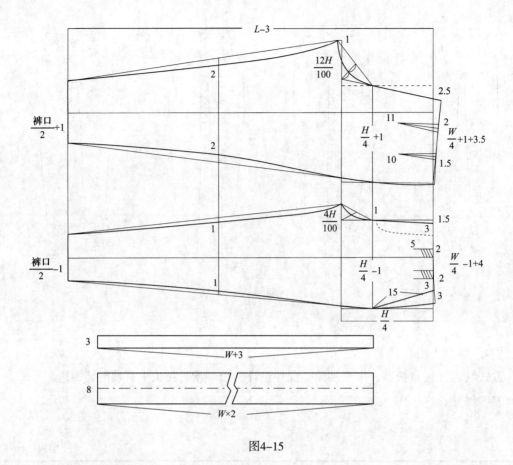

图4-15

2. 喇叭裤结构设计

　　喇叭裤适合高挑、双腿匀称的人穿着（图4-16），为使腿部看起来更修长，可以适当提高中档的位置，中档最大提高量为4cm。如果裤型比较瘦，中档不能提高过多，否则裤子大腿部位太瘦，影响外形和穿着的舒适度。

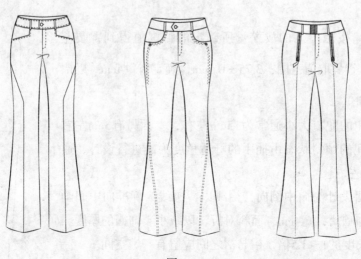

图4-16

例5. 喇叭裤（图4–17）

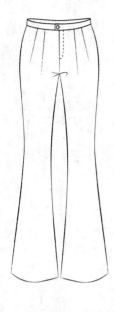

款式特点：合体型，膝盖以下放大的喇叭裤。

参考尺寸：

（单位：cm）

	L	W	H	中裆	裤口
净尺寸	100	70	90	21	24
放松量			+4		
成品尺寸	3+97	70	94	21	24

结构分析：按照省的取值范围确定臀腰差 $\dfrac{H}{4}-\dfrac{W}{4}=6$，由此得到腰省量为3cm±0.5，假设本款式穿着人为扁宽体型，所选省量应较小，因此确定前片省量为3cm，按照一般体型确定后片省量为2.5cm（一个省即可处理）。中裆向上提高3cm。

喇叭裤的裤脚为放摆结构，按照放摆结构的原则，下摆应该增加起翘，使摆缝与下摆曲线呈直角。

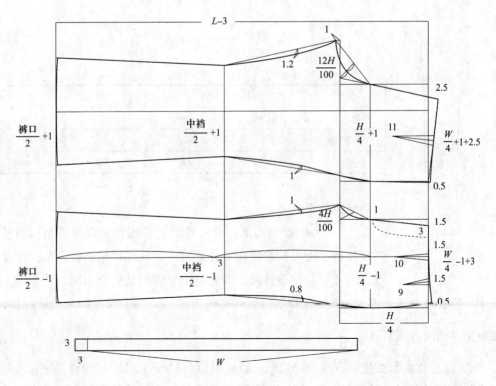

图4–17

3. 短裤结构设计（图4-18）

短裤结构常见的有九分裤、七分裤、中裤、短裤等，膝盖以下长度的裤子需要在基础整裤上减去一定量，这样可以保证中裆的位置不随裤长而变化。萝卜裤及膝盖以上的短裤不涉及中裆的值，可以直接绘制。

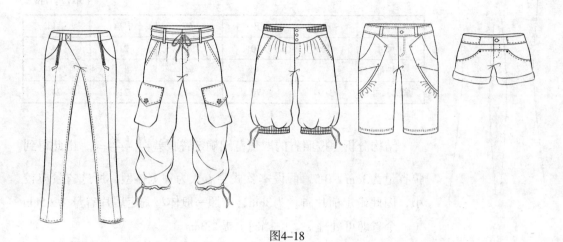

图4-18

例6. 低腰九分裤（图4-19）

款式特点：合体型低腰九分裤，单开线兜。裤脚外侧设计开衩，开衩总宽度是1cm，前后各分配0.5cm。

参考尺寸：

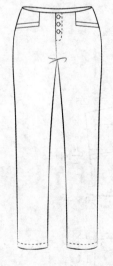

（单位：cm）

	整裤长 L	W	H	裤口
净尺寸	97	68	92	16
放松量			+2	
成品尺寸	8+79+10	68	94	16

结构分析：

（1）为保证中裆部位的尺寸与设计相符，以西裤结构为基础的九分裤、七分裤的结构设计通常需要在整裤的基础上减去设计长度，因此在结构设计时，需要给出整裤的长度作为制图的基础。整裤长中包括10cm裤筒减少量和8cm低腰量，实际裤长为79cm，裤子臀围的放松量为2cm，需要追加立裆深的调节量$a=\dfrac{4-2}{4}=0.5cm$。

（2）前片省量取值在3.25cm±0.5之间，设计取值为3.5cm。在前片的省量中，按照省量与省长之间的关系设计两条省，前片中省量2cm，其长度超过新的腰口位置，直达单开线兜口的位置。在结构设计时，相邻部位的结构应一同考虑、一起进行设计，这样才能使结构达到要求。此处，省的长度与兜口的位置一同考虑，其设计才可准确、完美。

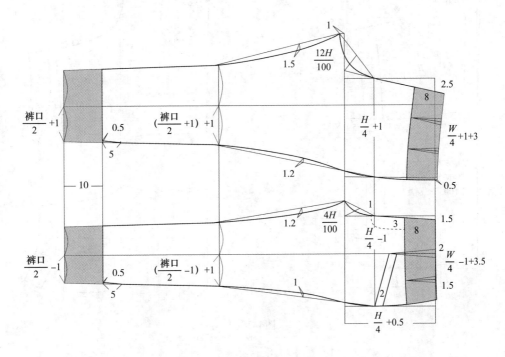

$$图4-19$$

例7. 低腰热裤（图4-20）

款式特点：合体型、低腰热裤，裤脚外翻边。

参考尺寸：

（单位：cm）

	L	W	H
净尺寸	35	68	92
放松量			+4
成品尺寸	5+30	68	96

结构分析：

（1）裤长是以人体腰围的位置为基础，低腰量5cm，实际裤长只有30cm。低腰量与过腰可以消化全部省。

（2）后片的1cm落裆依然保留，由此得到的后片内缝短于前片内缝，因此需要在裤脚处追加一定量，使前、后内缝的长度相等。

（3）裤脚外翻边需要依据对称法绘制。

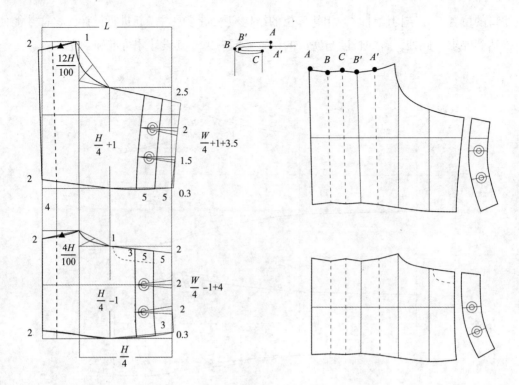

图4-20

三、裤型结构的理论探讨

不同款式的裤子除裤筒和腰臀部分的变化外，它们之间还有着非常重要的联系，在很多情况下，裤子腰臀与裤筒之间并不是各自独立的设计，它们相互制约，形成了一个相互依存的整体。

1. 腰侧点的位置关系

由于不同人体的腰围有很大差别，因此除规定的腰侧点在立裆垂线以内最多2cm的限制外，当腰围值较大时，腰侧点有可能在立裆垂线以外，实际上，对于胖体及中老年女性来说，腰侧点在立裆垂线以外的情况是很常见的。

腰侧点在立裆垂线以外时必须遵守一定的结构原则（图4-21）：做上裆侧点与臀侧点之间的曲线在臀侧点的切线，腰侧点只能在该切线之内或者切线上。

由此可见，裤口尺寸越小，上裆侧点与臀侧点连线的斜度越大，切线向外的斜度就越大，此时，腰侧点所在范围也就越大。总之，裤筒形式与腰臀之间的结构有着直接的连带关系，它们相互制约，形成一个整体。因此在结构设计时应该整体考虑结构中的每个值，才可以更好地达到设计要求。

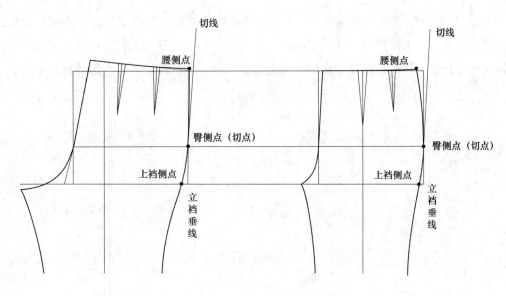

图4-21

2. 裤筒与腰侧点关系的结构理论探讨

裤筒外部廓形可分为三类（图4-22）：收摆型、直筒型和放摆型。不同的裤子外轮廓及其腰省的确定、裤脚量的选择都应有一个整体的结构思路，其中腰侧点位置的不同对于裤子款式有着决定性的作用。

（1）收摆裤型的结构（图4-21）：裤筒上宽、下窄，裤子的臀侧点与上裆侧点形成的曲线倾斜较大，利用切线原则，在臀侧点（切点）的切线呈向外侧倾斜的状态，此时，腰侧点的选择余地较大，这样的结构适合于绝大多数体型。

图4-22

（2）直筒裤型结构（图4-23）：垂直的裤筒使得切线也呈垂直状态，即此时的切线与立裆垂线重合。由腰侧点与切线之间的关系可知，为满足这个条件，可适当调整裤片的省量及省量的分配，保证裤片的腰侧点符合这个条件。多数情况下后片是调整的重点。

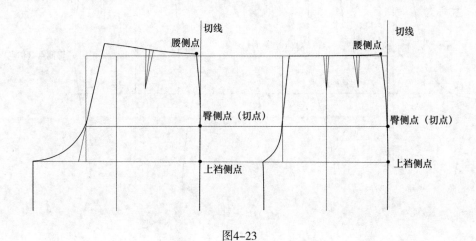

图4-23

（3）放摆裤型结构（图4-24）：为使侧缝成为一条光滑的曲线，并符合切线原则，放摆裤型的腰侧点必须在立裆垂线之内。要达到这个基本要求，首先需减小后裤片的省量，如果在省的允许范围内进行调整仍无法达到这个要求，可以将后裆斜线的倾斜量适当减小。

后片腰侧点的位置确定以后，绘出腰臀曲线，裤筒的放摆量可由腰臀曲线在臀侧点的切线确定。假设由后片切线放出的摆量为a，其他部位的放摆量必须与此相同，即后片内缝、前片内、外缝的放摆量均为a。总之，放摆裤的裤筒放摆量是由后片腰臀曲线的倾斜程度而定。如果还需要加大摆量，可以将腰省向下摆转移。

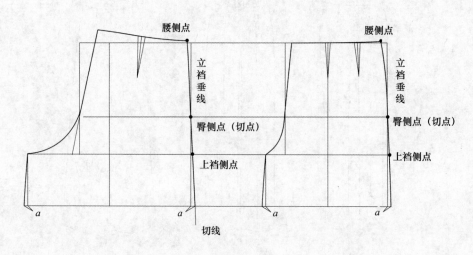

图4-24

在绘制裤子的结构制图时，应对结构图的整体有一个全面的考虑，尤其是侧缝线的结构特点、臀腰差的大小、臀围的放松量及下摆的收量或放量等情况，这样才能做到有的放矢，使前、后侧缝线达到较好的吻合效果。

3. 大裆点的落裆量探讨

在收摆裤的结构中，绝大多数情况下都需要设计后片大裆点的落裆，一般情况下落裆量为1cm。但在不同的臀围放松量或裤筒形状中，落裆的取值并不都相同。

（1）不同裤型的落裆：裤子后片的落裆在减小了后片内缝的长度的同时也增加后裆线长度。但当裤子为筒状或者放摆结构时，内缝为一直线，此时不需增加落裆，即筒状裤型与放摆裤型无落裆。

（2）收摆裤型落裆值的确定：在一般情况下，中裆尺寸越小，上裆至中裆之间的内缝倾斜就越大，前、后片内缝长度的差也越大，此时收摆裤型需要落裆来调节内缝的长度，并且内缝倾斜越大，落裆值就越大；内缝倾斜小，落裆值就小。按照裤子的不同款式，落裆取值为0~1cm之间。

第三节　裤子的腰省转移

裤子臀腰差的处理较半身裙复杂，但在处理方式上具有相同的结构原理，省转移同样可以分为以下几个类型：

一、省的纵向转移

1. 省与纵向分割线或纵向褶结合

裤子省的纵向转移主要是省的形式或位置的变化，基础省量可以转化为同方向的褶或与纵向分割线结合。通过这样的变化，可以改变基础省的单调性，在保证省的功能性基础上，增加了个性，使设计更新颖。在进行结构设计时，首先观察款式的每一条结构线，包括分割线、省及褶，为进一步的结构设计寻找思路。

$$
省转移 \begin{cases} 省的纵向转移 \begin{cases} 与纵向分割线或褶结合 \\ 省向下摆转移（裙裤） \end{cases} \\ 省的横向转移（与横向分割线结合） \\ 异位省 \end{cases}
$$

例8. 瑜伽裤（图4-25）

款式特点：宽松型，宽裤口结构。腰口抽带或松紧带，是运动类裤子的重要类型，睡裤也为这种结构。腰省转移为褶的形式，抽带收回。

参考尺寸：

（单位：cm）

	L	W（参考值）	H	裤口
净尺寸	95	70	92	22
放松量			+20	
成品尺寸	95	70	112	22

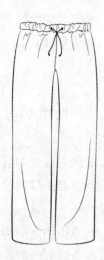

结构分析：

（1）前、后调节量：宽松裤型围度的调节量可减小至0.5cm。

（2）立裆深的确定：立裆值根据放松量和款式综合确定，由于做瑜伽时两腿的动作幅度很大，裤子立裆不应过深，以免裹腿影响运动。所以按照立裆深与臀围放松量之间的关系，在基础立裆公式 $\frac{H}{4}$ 的基础上增加调节量 a，按照本款臀围放松量20cm计算，$a = \frac{12-放松量}{4} = \frac{12-20}{4} = -2$，得到立裆深 $= \frac{H}{4} - 2$。

（3）松紧带裤子的腰围尺寸只作为一个参考值。将裤子的臀腰差（全部省量）转移为自然褶的形式收回。前片腰围与臀围相等；为使裤子穿脱方便，后片尽可能加大腰围部分的值，腰侧点为上裆侧点与臀侧点曲线的切线与上平线的交点。宽松裤型可以减小后裆斜线的倾斜度，此处取 $\frac{1}{3}$，相应的后翘量也要减小为2cm。

（4）落裆：裤筒宽松，可设计为锥型结构，由于前、后片内缝差较小，因此后片落裆减小为0.5cm。

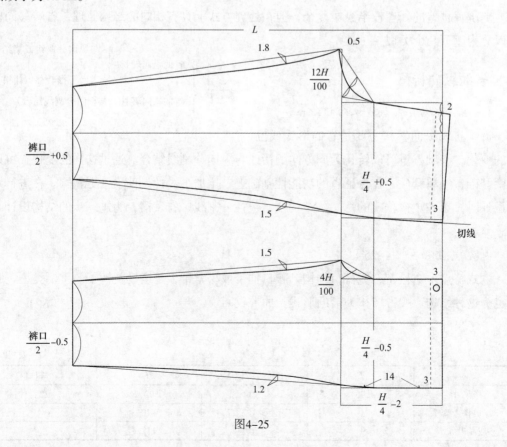

图4-25

例9. 有纵向分割线的连腰裤（图4-26）

款式特点：较宽松型，连腰设计，前片省以顺褶的形式收回，后片基础省与纵向分割线结合。

参考尺寸：

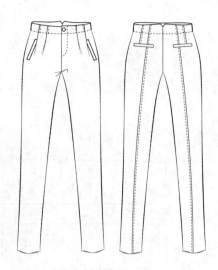

（单位：cm）

	L	W	H	裤口
净尺寸	100	70	92	18
放松量			+12	
成品尺寸	4+96	70	104	18

结构分析：

（1）前片总省量＝$\dfrac{H}{4}-\dfrac{W}{4}$＝8.5cm，裤片上省量的选取范围是$\dfrac{8.5}{2}\pm0.5$cm。前片将省

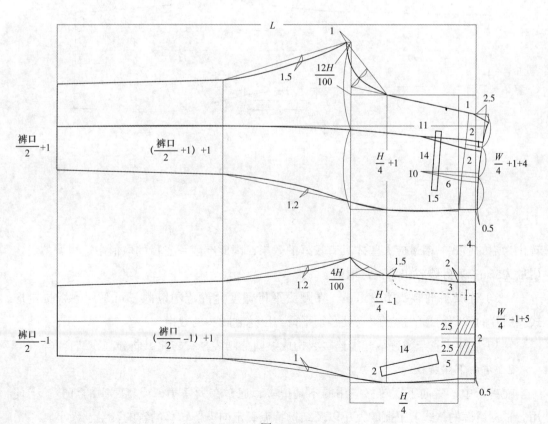

图4-26

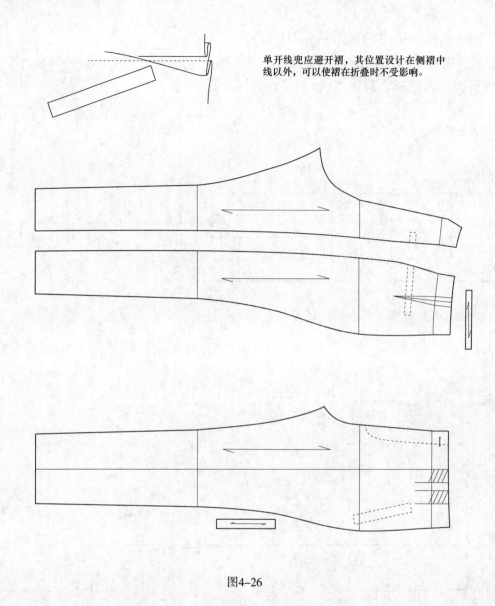

单开线兜应避开褶，其位置设计在侧褶中
线以外，可以使褶在折叠时不受影响。

图4-26

转化为褶的形式，褶量应大些才具有较好的效果，因此在前片省量的取值中适当调整设定
褶量为5cm。后片腰省仍为正常取值。

（2）连腰裤的腰头宽度4cm，在腰头平行宽度允许范围以内，可采用平行腰头形
式。后片的省与前片的褶在腰头处必须平行，以达到腰头的效果。

（3）后片中省与烫迹线光滑连接，构成纵向分割线，省与此纵向分割线结合。

2. 省向下摆转移

在裤子中，省向下摆转移应用的不是很多，通常在大摆裙裤或舞蹈中的灯笼裤上使
用。根据裙裤的款式、下摆的大小以及结构特点确定向下摆转移的省的数量及大小。

例10．A字形裙裤（图4-27）

款式特点：宽松型裙裤，下摆较大。根据所设计的下摆大小，在两个基础省中，将其中的一个省向下摆转移，另一个省仍保留。

参考尺寸：

（单位：cm）

	L	W	H
净尺寸	55	68	92
放松量			+12
成品尺寸	3+52	68	104

结构分析：

（1）较宽松的裙裤立裆应深一些，因此需要适当增加1cm调节量。

（2）放摆结构必须保证后片腰侧点在立裆线之内，因此基础省的省量在允许范围内取值尽量小。下摆的放摆量以后片侧缝所确定的切线为标准，其余部位的放摆量必须与此相同。

（3）按照臀腰差设计省量，但在结构图的腰口公式中只有其中一个省的量，其余的省量在省向下摆转移后再确定。

（4）为保持省转移时前、后片所放出的量相似，设计向下摆转移的基础省的省量相同，尽量调整省的长度，使前、后片省转移所放出的量接近。

（5）放摆结构不需要落裆。

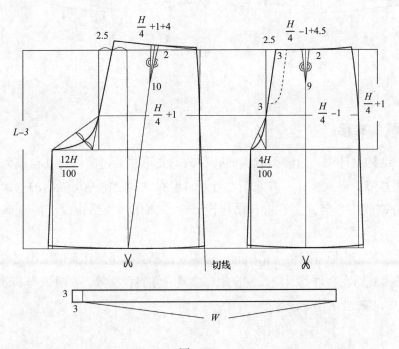

图4-27

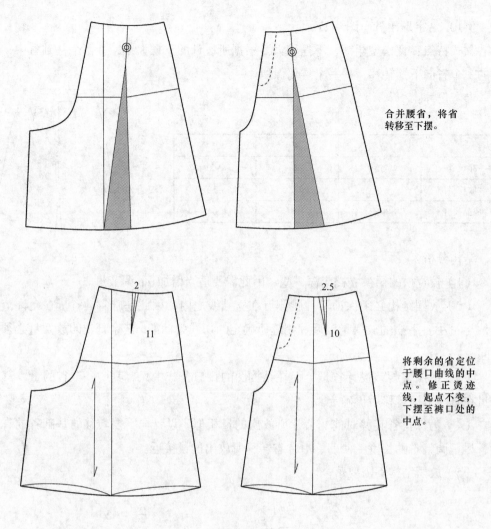

合并腰省，将省转移至下摆。

将剩余的省定位于腰口曲线的中点。修正烫迹线，起点不变，下摆至裤口处的中点。

图4-27

二、省的横向转移

在裤子结构设计中，过腰是省横向转移的重要形式。过腰设计往往成为裤子设计的重点，虽然过腰的形式多样、款式千差万别，但在结构上都是将纵向的基础省转移到横向的过腰分割线中。因此，在进行结构设计时，抓住过腰结构设计的原理，就会事半功倍。

裤子过腰的结构原理与半身裙相同，过腰应在基础省所能达到的范围之内。基础省可以依过腰的形式而在合理范围内改变长短、位置、倾斜程度等，使过腰与基础省之间形成默契，但省的基础要求不能改变。

例11．过腰牛仔裤（图4-28）

款式特点：合体型，是最常见的牛仔裤形式。低腰量设计为5cm，小过腰具有腰头的外观效果，后片另增加V形过腰。省的长度和省量应根据过腰分割线的位置合理确定。

参考尺寸：

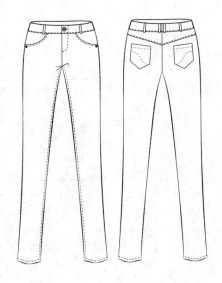

（单位：cm）

	L	W	H	裤口
净尺寸	97	70	92	16
放松量			+4	
成品尺寸	5+92	70	96	16

结构分析：

（1）低腰量与过腰的总宽度为9cm，完全可以消化基础腰省，因此省长到过腰分割线。

（2）后片第二层V形过腰只起装饰作用，在结构上并没有过多的变化。

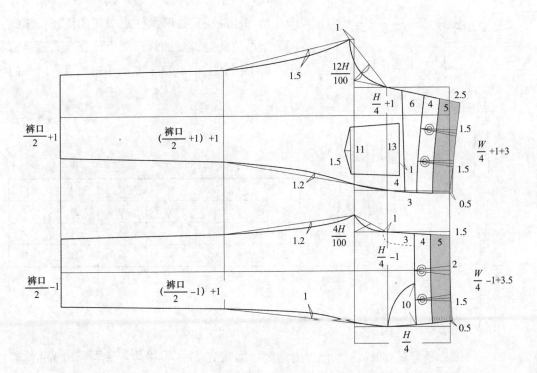

图4-28

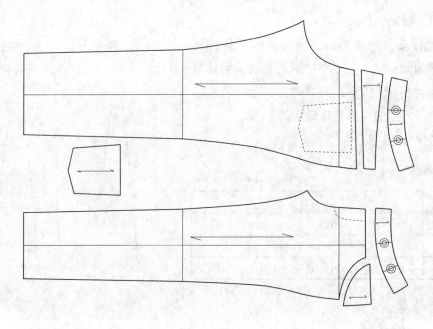

图4-28

例12. 刀背分割线喇叭裤（图4-29）

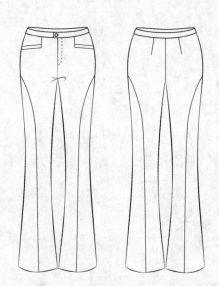

款式特点：合体型。刀背式分割线完全是装饰性结构，曲线设计时须注意线条的流畅，流线型造型可使腿显得更加修长。为使穿着人更显腿长，将中裆上提3cm。3cm宽的小过腰具有腰头的效果。

参考尺寸：

（单位：cm）

	L	W	H	中裆	裤口
净尺寸	100	70	92	21	25
放松量			+2		
成品尺寸	3+97	70	94	21	25

结构分析：

（1）臀围放松量只有2cm，立裆深度需要增加调节量$a=\dfrac{4-\text{放松量}}{4}=\dfrac{4-2}{4}=0.5$cm，因此立裆深$=\dfrac{H}{4}+0.5$。

（2）中裆较基础位置提高3cm，以使穿着者双腿更加修长。但如果穿着者大腿较粗，则不能提高中裆的位置。

（3）前片中省与兜的分割线结合，侧省到垫底边缘线，在省量分配时应根据省长、省量大的原则进行设计。

（4）兜口开线为对折、直纱向，可以保证在穿着后不变形。

（5）刀背式分割线只具有审美功能，要按照流线型进行设计，曲线流畅。

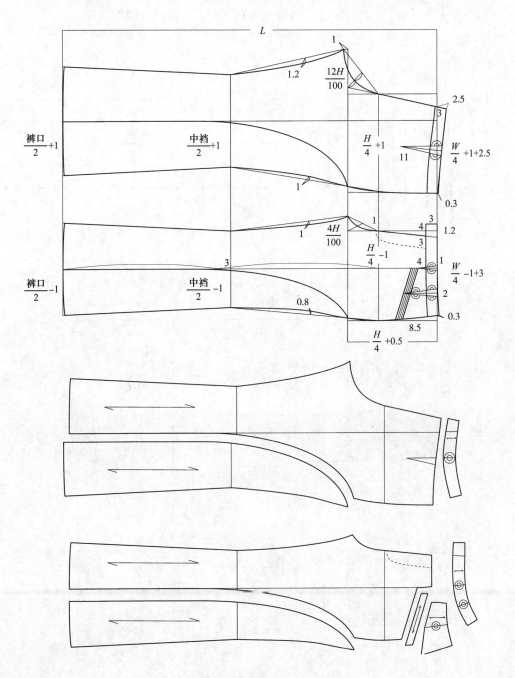

图4-29

三、异位省

将基础省向其他位置进行转移，在满足省的功能性基础上更具装饰效果。

例13. 刀背异位省七分裤（图4-30）

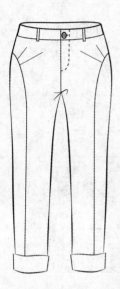

款式特点：较合体型，低腰结构，小过腰，装饰性纵向分割线，基础省向异位省转移，裤脚增加装饰外翻边，可使用异色面料，增加款式的新颖性。

参考尺寸：

（单位：cm）

	整裤长	L	W	H	裤口
净尺寸	97	70	70	92	20
放松量				+8	
成品尺寸	97	3+67	70	100	20

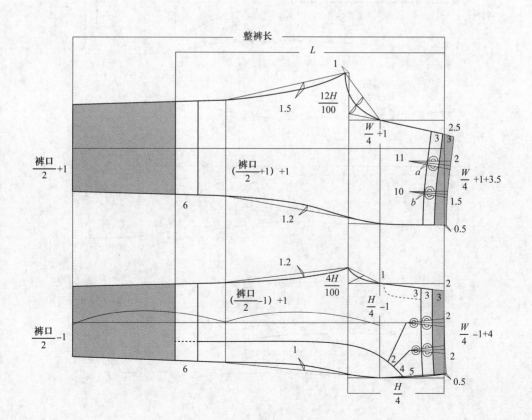

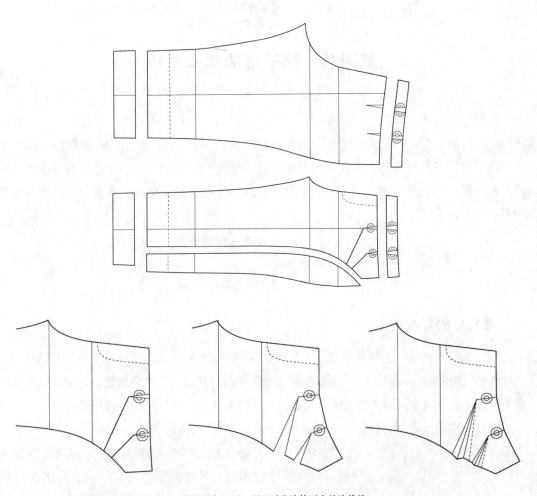

将基础省转移至异位省，省量倒向上面，利用对称法修正省的边缘线。

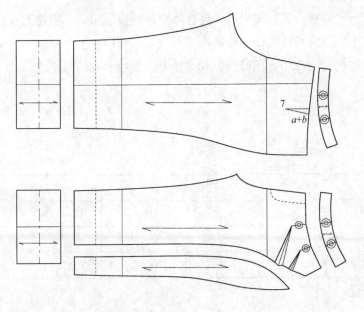

后片过腰省合并，裤片所剩的两个省合二为一，按照省量的大小合理确定省长。
裤脚外翻边可以采用其他材料，色彩、质地上都可以有变化，但需与裤子整体协调。外翻边面料对折，以减小边缘的厚度。

图4-30

第四节　裤子褶的结构原理

裤子剪开放褶（或省）的部位很多，具有较强的装饰效果。后片主要以省作为装饰，突出人体自然曲线；前片褶、省的装饰形式和位置很丰富，褶主要设计在腰臀间、膝盖或裤脚等部位，在具有很强装饰效果的基础上，又具有一定的功能性。膝盖处的褶或省可以减小裤子对人体双腿弯曲、蹲坐时的牵制。省的设计可使裤子平整、含蓄，而自然褶具有随意、作旧感。

剪开放褶 { 裤筒处设计省或褶 ⎫ 腰臀部位剪开放褶 }

一、裤筒处的省与褶

裤筒剪开放褶可分为两种类型，一个是膝盖附近剪开放量，形成具有功能性的褶或省，同时具有较强的装饰效果。另一种是裤筒其他部位设计褶或省，以装饰效果为主。这些褶或省的设计多数情况下与基础省无关，在结构设计时剪开放出设计的褶量或省量即可。

例14. 侧缝抽褶的休闲短裤（图4-31）

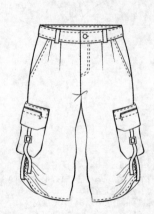

款式特点：膝盖以上的中型短裤。裤脚附近的外缝抽自然褶，将抽褶部位等分，设计两条剪开线，剪开放出设计的褶量。

短裤为斜插兜设计，并在裤筒外缝设计贴袋，袋盖上有一个双开线拉链装饰。裤脚抽褶与袋盖之间设计一个带襻，有很好的装饰作用，还可以起到遮挡由于抽褶形成的固定线。

参考尺寸：

（单位：cm）

	L	W	H	裤口
净尺寸	55	70	92	23
放松量			+8	
成品尺寸	4+41	70	100	23

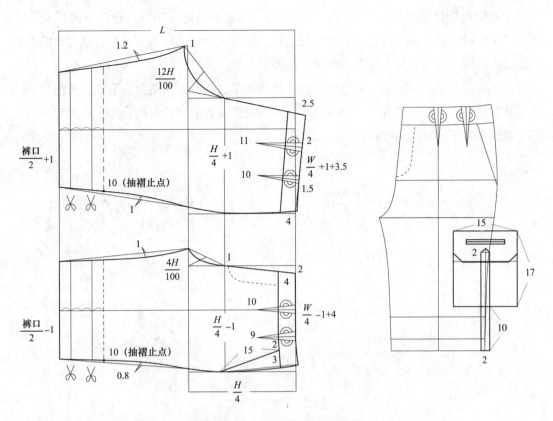

抽褶处设计两条剪开线，需将褶位4等分。

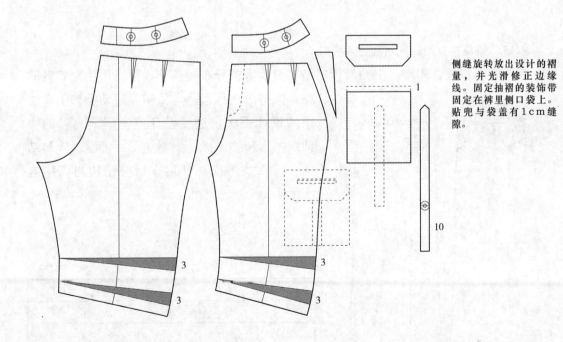

侧缝旋转放出设计的褶量，并光滑修正边缘线。固定抽褶的装饰带固定在裤里侧口袋上。贴兜与袋盖有1cm缝隙。

图4-31

中档附近设计褶或省时，应以膝盖为中心，以起到功能性第一的作用（图4-32），因此在结构设计时，需要注意剪开线位置正确。褶量或省量设计不应过大，以方便活动为准，过大的褶或省使膝盖突出，影响裤子的外形美观。

中档附近有纵向分割线，并在分割线上抽褶或车省时，分割线位置不能超过前片烫迹线与侧缝或中缝一半的位置，以保证膝盖在活动时褶或省起到应有的作用，横向分割线也需要给膝盖留下一定活动空间。

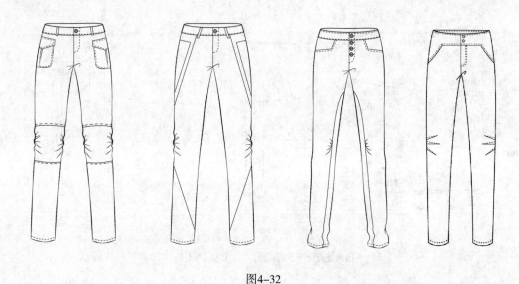

图4-32

例15. 膝盖有省的休闲裤（图4-33）

款式特点：较合体型，中档设计三条放射状省，分布在膝盖周围，可使穿着者的膝盖保持放松状态，是休闲、运动类裤子常使用的设计手法。过腰设计应把握前、后的协调统一、风格一致。此款前、后都采用V形结构，但形式不同，使前、后在结构协调中有变化。

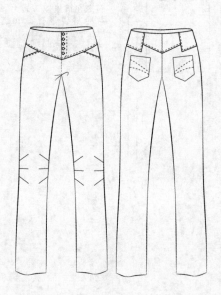

参考尺寸：

（单位：cm）

	L	W	H	裤口
净尺寸	97	70	92	18
放松量			+6	
成品尺寸	3+94	70	98	18

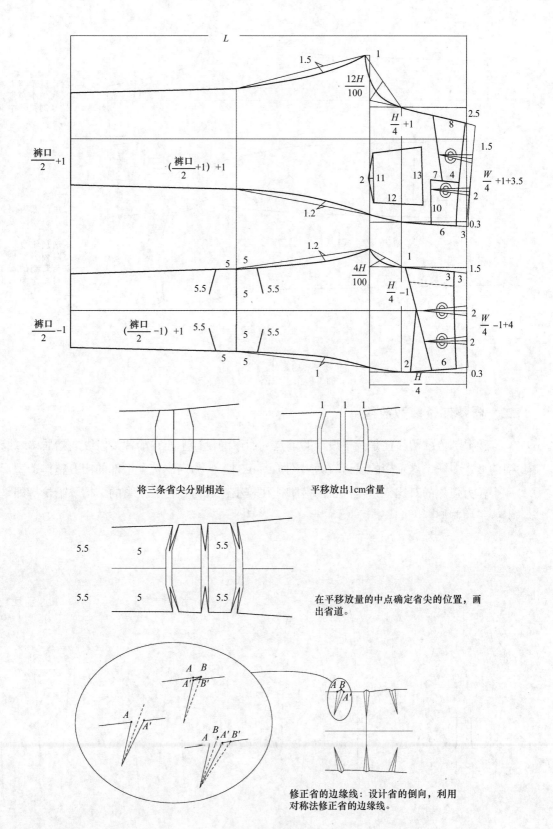

将三条省尖分别相连

平移放出1cm省量

在平移放量的中点确定省尖的位置，画
出省道。

修正省的边缘线：设计省的倒向，利用
对称法修正省的边缘线。

图4-33

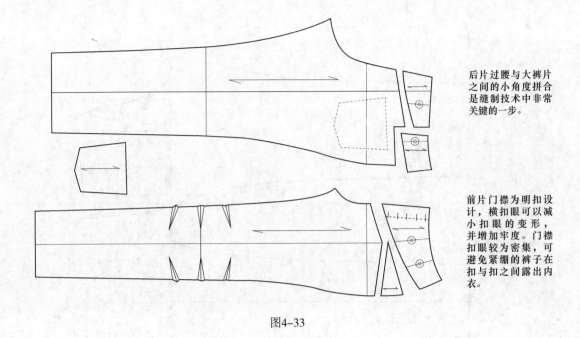

后片过腰与大裤片之间的小角度拼合是缝制技术中非常关键的一步。

前片门襟为明扣设计，横扣眼可以减小扣眼的变形，并增加牢度。门襟扣眼较为密集，可避免紧绷的裤子在扣与扣之间露出内衣。

图4-33

二、腰臀部位剪开放褶

　　腰臀部位的褶往往是裤子设计的重点。而褶的设计主要在前片，以纵向褶居多。胯部褶的形式多样，悬垂褶的设计较为多见（图4-34）。为突出裤子上部的褶，整体造型形成一个较为强烈的对比，这类裤子的裤脚往往较小，成为上松、下紧的结构。哈伦裤即是这类裤子的典型。

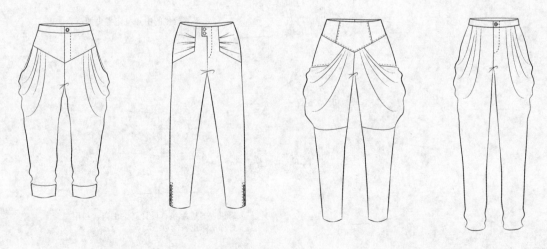

图4-34

例16. 纵向顺褶七分裤（图4-35）

款式特点：合体型，七分萝卜裤。前片为半过腰形式，在过腰中夹入两个倒向侧面的顺褶。后片平行过腰中夹入有兜盖的单开线兜。裤口外侧设计小开衩。

参考尺寸：

（单位：cm）

	L	W	H	裤口
净尺寸	70	70	90	18
放松量			+6	
成品尺寸	70	70	96	18

结构分析：

前片半过腰至中省，中省的长度适当加长，超过过腰的部分与顺褶结合，成为褶的一部分。前片顺褶沿剪开线旋转放出设计的褶量3cm，按照褶的折叠方向修正褶的边缘线。

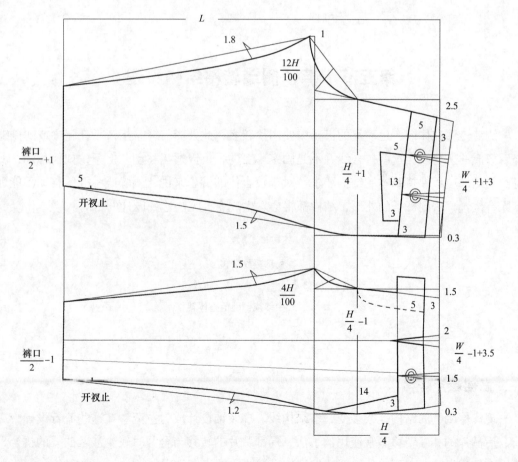

图4-35

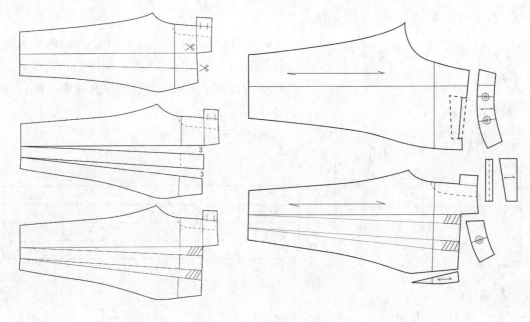

图4-35

第五节　裤子侧缝转移结构原理

　　侧缝转移在休闲、运动类的裤子中使用得较多，此处的"缝"指裤子在腿中或腿侧缝合后形成的拼合线。这些拼合线并不是固定不变的，可以适当移动；但不论如何移动，所得到的结果应该保持基本的结构要求。对于较合体的裤子来说，侧缝或中缝的移动不能远离原有位置，否则裤子的外形、结构都将会发生改变，无法达到设计的目的。

一、局部裁片转移

　　现代休闲裤的结构复杂多变，多结构线、多装饰设计成为主流。在这些流行设计中，前、后裤片的相互转移是常使用的手法，局部裁片的转移与合并时较少涉及曲线的拼合，所以在结构设计时主要以外观形式的结构设计为主要思考方向。

例17. 局部侧缝转移（图4-36）

结构特点：较合体型，兜口的开线上下相叠，前片中裆的一部分转移至后片，而后片裤脚的局部又转移至前片，形成较为复杂的局部侧缝转移。

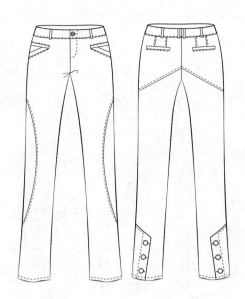

参考尺寸：

（单位：cm）

	L	W	H	裤口
净尺寸	98	70	92	18
放松量			+6	
成品尺寸	3+95	70	98	18

结构分析：

（1）前片基础省按照兜口的位置设计长度及省量，由于后片没有省转移的条件，省仍按照基础结构图绘制。

（2）各条分割线需要贯通，倾斜及联通点需要认真考虑，使其比例、位置均符合审美标准。

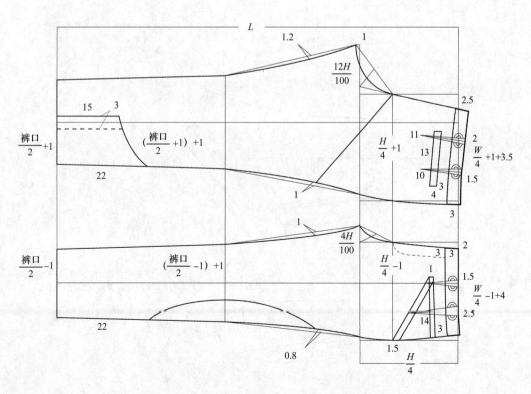

图4-36

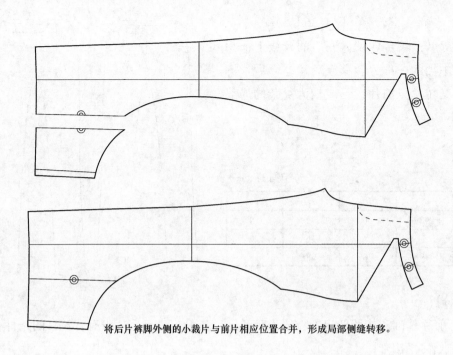

将后片裤脚外侧的小裁片与前片相应位置合并，形成局部侧缝转移。

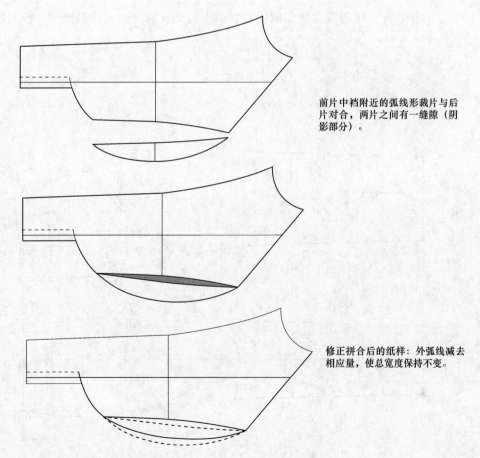

前片中裆附近的弧线形裁片与后片对合，两片之间有一缝隙（阴影部分）。

修正拼合后的纸样：外弧线减去相应量，使总宽度保持不变。

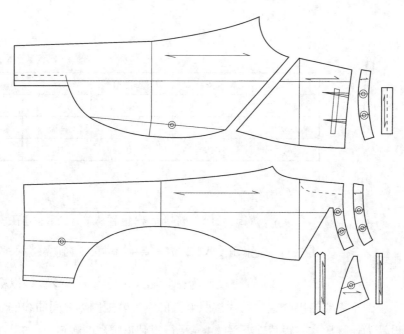

图4-36

二、侧缝或中缝的整体转移

　　人体体侧从腰到脚踝的曲线弯曲很大，使得多数裤子的侧缝曲线的起伏大，如果将侧缝整体移动，裁片结构线将与人体弯曲位置不符，这样就很难保证裤子的合体性以及款式要求。因此在进行侧缝或中缝转移时，要保证设计的外形不会发生改变，所转移的位置应尽可能与中缝或侧缝所在的位置接近。按照人体与裤子之间的关系，裤子越合体，侧缝或内缝曲线的弯曲越大，所能转移的量应越小。如果裤子为宽松的直筒型，转移量可以根据设计需要设定，不受太多限制。

　　侧缝或中缝转移时，可以将所转移的部分单独取出，形成独立的裁片；也可以将前片的部分借给后片，或反之，这样形成"缝"的位置发生了变化，裁片的数量没有改变。

　　例18. 侧缝转移运动裤（图4-37）

　　款式特点：宽松型，连腰结构，松紧带腰口，螺纹裤口。裤子侧面单独设计一条装饰结构，使侧缝分别向前片、后片转移，形成了三片式结构形式。

　　由于新的侧缝曲线与人体弯曲位置不符，因此所转移的量应尽可能小，此处确定前、后片转移量均为3cm。

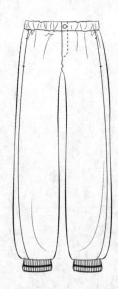

参考尺寸：

（单位：cm）

	L	W（参考值）	H	裤口
净尺寸	100	70	90	22
放松量			+16	
成品尺寸	4+96	70	106	22

结构分析：

（1）款式宽松，臀围放松量较大，立裆深应在基础公式上进行一定修正，调节量$a=\dfrac{12-16}{4}=-1$，得到立裆深$=\dfrac{H}{4}-1$。

（2）腰头设计为松紧形式，绝大多数臀腰差以褶的形式收回，因此裤子腰围不需要给出公式。后片按照上裆侧点与臀围侧点之间曲线的切线确定腰侧点。裤子设计为连腰形式，距基础上平线4cm平行得到连腰裤的腰口。

（3）前、后片均按照侧缝转移所设计的宽度3cm确定纵向分割线。

（4）插袋设计在前片纵向分割线处，形成夹缝兜。

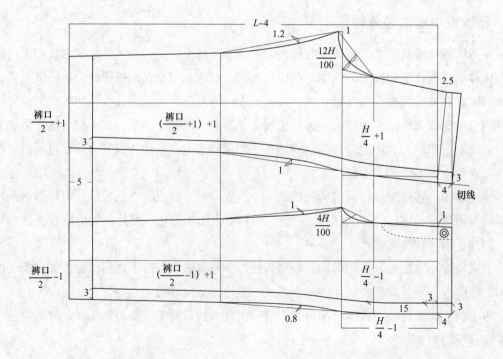

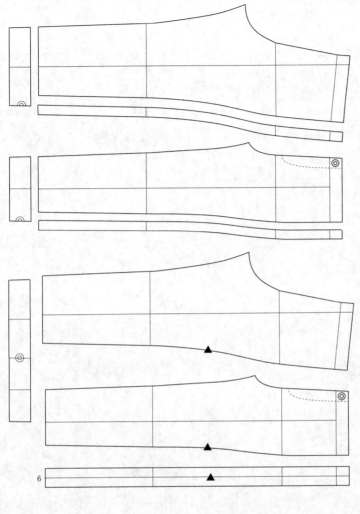

将前、后侧片与主片分离开，主片的侧缝曲线形式并没有改变。

侧片合并：以前、后侧片的宽度和长度为基础，绘制矩形，即成为一个完整的侧片。
裤口螺纹在侧缝处合并，使之成为一个整片。

图4-37

课后思考题：

1. 根据每节内容，设计相应裤子款式，并进行结构分析、绘制结构图。

2. 根据所学知识，分析落裆裤的裆深与人体正常活动时步幅之间的关系。

第三部分
上装结构设计原理

基础理论——

女性人体上身特点与衣身基础结构原理

课程名称：女性人体上身特点与衣身基础结构原理

课程内容：女上装的基础是衣身部分的结构，女装衣身基础结构图是不同款式女装变化的基础。在结构图中，应明确各条直线和曲线与人体之间的关系，女装衣身基础省的存在意义以及与服装之间的关系是本章的重点内容。

课程时间：6课时

教学目的：较好理解女性人体上身的曲面特点，面料在胸点处转折所形成的浮余量的深刻含义。掌握女装衣身基础结构图的绘制，深刻理解构成女装基础省的理论基础，为进一步学习女装结构的变化打好基础。

教学方式：理论讲授

教学要求：1. 掌握女装衣身基础结构图的制图原理。

2. 掌握基础结构图中基础省的省位、省量的分配以及如何对腋下省进行补充。

第五章 女性人体上身特点与衣身基础结构原理

很好地了解女性人体上身曲面的特点，可以更好地理解女上装基础结构设计。女装衣身基础结构图是女上装结构中最重要的一个内容，因此对基础结构图的很好认识与掌握，可以为学习丰富多彩的女上装结构奠定基础。

第一节 女性人体上身特点

女性人体上身曲线明显、凹凸有致，因此人体表面从立体到平面的转换较为复杂，了解女性上身特点对很好理解女上装的结构有非常大的帮助。

一、女性人体上身特点

上装的基础是人体腰节以上部位的结构，女性人体细腰、丰胸，表面起伏大、曲线明显，对于遮盖这部分的上装来讲，如何将平面的布料转换为合体的服装，怎样去掉多余部分的面料使服装合体是研究的主要内容。

除特体外，不论人体的外形如何，多数女性人体都有共同的特点。颈、肩、胸、腰、臂之间的结合、曲线、运动方向及运动幅度等都有一定规律可循，因此确定女性腰节以上部位的基础结构，即衣身基础结构图是女装结构变化的根本，绝大多数服装都可以在此基础上变化得到。

胸围线是以胸点BP的位置为准，女性人体胸点的高低位置与身高、年龄、胖瘦、胸部的丰满程度有关。年龄越大，乳房下垂越严重；胸部丰满的人，受地球引力的影响大，胸点的位置较低。当然，身高与胸点的位置有绝对关系。在众多因素中，只有身高与胸点位置的比例关系是基本固定的，下垂的胸部可以通过文胸来调节，而服装结构中的胸点位置应该是人体较为理想的状态，即只与身高产生关系，其他因素都是可以通过内衣的调整得到较理想的状态。当然有些女性人体的胸点位置与身高的关系不一定与多数人一致，对于宽松款式的服装不会有过多的影响，但对于合体服装或定制礼服来说，应该按照人体实际测量结果来分析。多数女性人体胸高与身高的位置关系=0.1h+8（h为身高）（图5-1）。

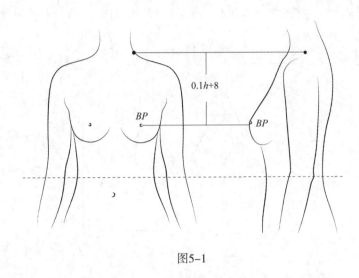

图5-1

二、服装的矩形结构与梯形结构

不同流派采用了不同的结构制图方法，各有一套制图理论、公式、数据，但它们都离不开人体，只要人体不变，不论采用何种制图方式，最后的结果都是相似的。

以女性人体前身两个胸点的连线为转折轴，衣片从垂直向肩的方向倾倒，在胸点BP的转折线的侧面出现折叠量，即前浮余量。在女上装结构设计时，不同流派最大的区别就是前片浮余量的消除是采用腋下省的矩形结构（图5-2a），还是用腰省消去多余量的梯形结构（图5-2b）。

我国的东华原型、日本文化式原型第三版（1999年推出）及本书中的基础结构图使用的都是矩形结构，日本文化原型的一、二版为梯形结构。英制纸样采用矩形结构，但其胸部突起所产生的浮余量转移至肩部（图5-2c）。这三种处理浮余量位置的设计各有优点。纸样从腰节至胸点再到肩部，在胸点所在转折轴的水平位置的腋下出现浮余量，因此以腋下省消除浮余量的方式最为基础和简单，本书即采用这种基础方式，使学生的学习、理解人体与服装之间的关系以及服装结构设计的规律性更为简便、易懂。

基础结构图是女装制图的基础，根据我国女性人体的特点，前片基础省确定在以胸围线为转轴的前浮余量出现的腋下省和为使腰围合体而设立的腰省。同样后片以肩胛点的水平方向为转折轴形成后浮余量，后片浮余量距离肩线很近，多数情况下可以将该省量转移至后片肩线，后片有过肩的服装在过肩分割线中加入省量，以抵消后浮余量。

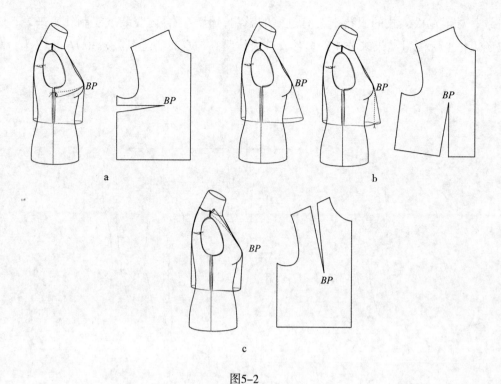

图5-2

　　不同服装款式的分割线、省、褶等的设计各有自己的特点，但在结构制图时，这些变化多数是通过基础省转移、变化而来。由此可见，基础结构图的绘制和基础省的确定是女装衣身结构制图的关键。不论任何款式的服装，女装衣身的前、后两个浮余量都存在，只是随着款式的不同，浮余量的形式有所改变（图5-3）。

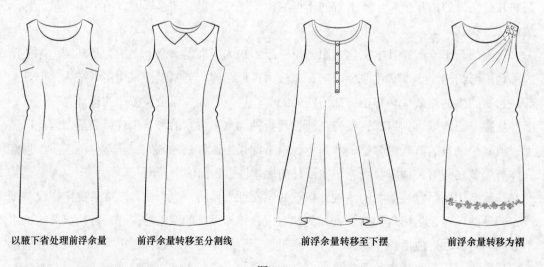

以腋下省处理前浮余量　　前浮余量转移至分割线　　　前浮余量转移至下摆　　　前浮余量转移为褶

图5-3

第二节　衣身基础结构原理及省的确立

衣身基础结构图是女性腰节以上部位的结构基础，是女装结构变化的根本，绝大多数服装都可以在此基础上变化得到。

一、衣身基础结构图

衣身基础结构图按照矩形结构进行分析、制图，成为女装结构设计的基础。

1. 放松量的确定

上装放松量通常指胸围的放松程度，近几年合体、曲线明显的女装成为流行的主流，放松量普遍较小，因此得到女装衣身胸围放松量的四个等级标准（表5-1）：

表5-1　　　　　　　　　　　　　　　　　　　　　　　　　　　　　单位：cm

合体程度	合体型	较合体型	较宽松型	宽松型
胸围放松量	≤6	7~10	11~14	≥15

人体左右对称，因此基础结构图只需绘制前片和后片的各一半。

基础结构图的绘制需要有一定的参考尺寸，以中等身材年轻女性的平均值确定制图参考尺寸，增加放松量。

参考尺寸（表5-2）：

表5-2　　　　　　　　　　　　　　　　　　　　　　　　　　　　　单位：cm

	h	B	S	W
净尺寸	160	86	39	68
放松量		+8		+8
成品尺寸	160	94	39	76

其中，h为身高，B为胸围，S为肩宽，W为腰围。

假设衣身为较合体型，胸围放松量取值8cm，这也是近年女装常使用的值。

2. 基础线的确定（图5-4）

（1）标准上平线：即后片上平线。

（2）前片上平线：较标准上平线高1cm，这个量是女性人体前身由于胸部突起而比背部多出的量，称为胸高量。我国年轻女性胸部多数不够丰满，前片补充1cm胸高量可以满足多数人的需求，若不够，可以另外补足。

（3）后中线、前中线：后中线为人体腰节的长度，由公式0.15h+16得到。前、后中心线之间的距离可根据衣身胸围的一半多一点得到，这样可以保证前、后两个裁片之间的距离远近适中。

（4）下平线：也称腰节线，是人体腰节（腰围）的位置，连接前中心线与后中心线得到。

（5）袖窿深线：是上装袖子腋下的高度，位于人体腋下适当的位置。这个位置的确定由服装的款式、人体胳膊的粗细等因素决定。此处给出的是较合体衣身常使用的公式：$\frac{B}{5}+3.5$，其中$\frac{B}{5}$为基础公式，+3.5为调节量，不同款式、不同放松量的上装，调节量也不同。

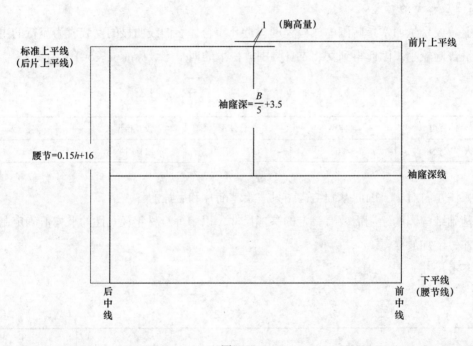

图5-4

3. **前片基础线的确定**（图5-5）

（1）前领宽与前领深：均采用固定值，领宽=7cm，领深=7.5cm。这个值通常在人体颈根部以外0.5cm左右的位置，对于多数人的春夏装，合体领窝即可使用这个值；如果款式设计领型较为宽松，可在此基础上扩大领深与领宽。

（2）肩宽：为总肩宽的一半$\frac{S}{2}$。

（3）前落肩：由人体肩部的倾斜状态决定，前片落肩=5.5cm；连接领窝侧点与肩点，得到前片的肩斜线。

（4）胸宽：由胸宽公式$\frac{B}{5}-1.5$得到，画出胸宽线；胸宽点位于胸宽线下的$\frac{1}{3}$处，即标注胸宽公式的位置。

（5）前片胸围：前片的一半占衣身围度的 $\frac{1}{4}$，因此由胸围公式 $\frac{B}{4}$ +1得到腋下点，其中+1为调节量。

（6）袖窿斜线：连接肩点与胸宽点、胸宽点与腋下点。

（7）侧缝：过腋下点向下作垂线得到。

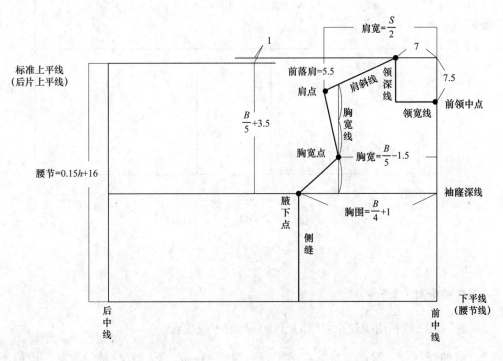

图5-5

4. 后片基础线的确定（图5-6）

（1）后领宽与后领深：后领宽与前领宽相同，后领深为2.5cm。

（2）肩宽：与前片肩宽原理相同，但需增加调节量0.2cm，得到后肩宽 $= \frac{S}{2}$ +0.2。后落肩5cm。

（3）背宽：由公式 $\frac{B}{5}$ -1得到，画出背宽线。

（4）后片胸围：衣身围度的 $\frac{1}{4}$，因此得到公式 $\frac{B}{4}$ -1，其中-1为调节量。

（5）袖窿斜线：将背宽线三等分，确定背宽点，连接肩点、背宽点、腋下点。

（6）侧缝：将腋下点向下作垂线得到。

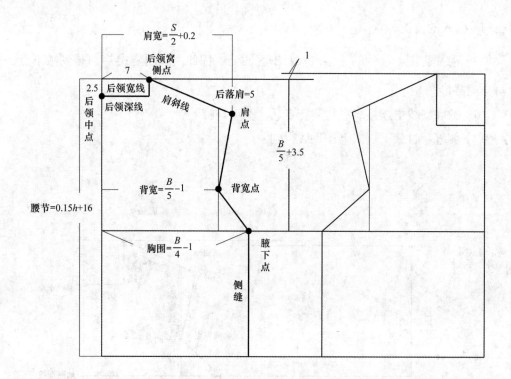

图5-6

5. 曲线的绘制（图5-7）

（1）前领窝曲线：曲线过小斜线的 $\frac{1}{3}$，且与前中线垂直。

（2）前袖窿曲线：肩点至胸宽点的中点向里凹0.4cm（不同放松量的服装，取值不同），曲线过胸宽点与小斜线的中点至腋下点，曲线应光滑、顺畅。

（3）后领窝曲线：取后领宽线的中点，向后领窝侧点做斜线，过小斜线的 $\frac{1}{3}$，确定领窝曲线。

（4）后袖窿曲线：与前袖窿曲线绘制相同，只是腋下为小斜线的 $\frac{1}{3}$。

6. 腋下省的确定（图5-8）

（1）腋下省：首先确定胸点的位置，女性人体胸点的高低通常与身高有关，一般情况可由公式0.1h+8得到，不理想的胸高和胸位可利用内衣进行调整，使服装有一个较好的外型。两个胸点之间的距离多数在16~18cm之间，这样可以确定胸点的位置。特殊情况或定制服装应该具体测量人体的胸点位置。腋下省的省量按照人体的胸部丰满程度确定，我国青年至中年女性的胸部多数不是很丰满，腋下省选择在1.5~2.5cm。此处假设人体胸部丰满程度适中，设计腋下省为2cm。

（2）腋下省的补充量：腋下点向上2cm，补充因腋下省收回所缺少的量。修正袖窿曲线，注意在连接点处的光滑。

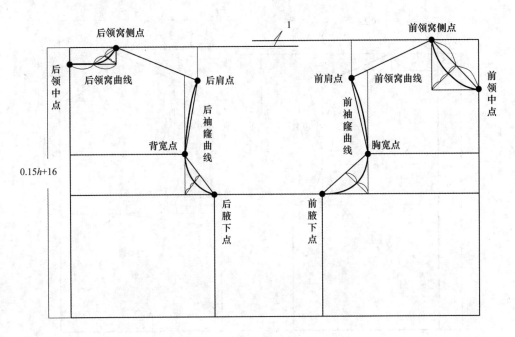

图5-7

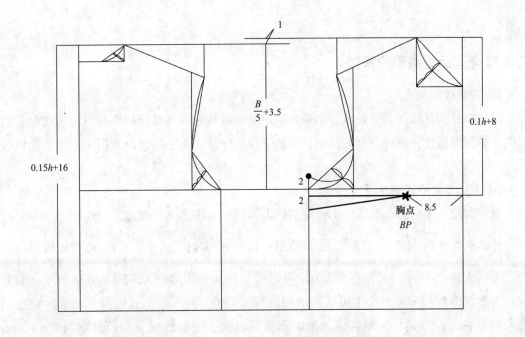

图5-8

7. 女装衣身基础结构图（图5-9）

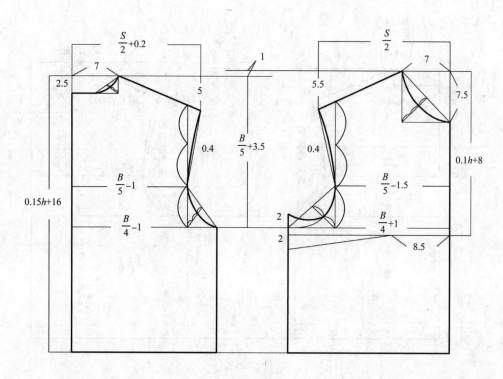

图5-9

二、衣身基础结构理论探讨

1. 胸围值的确定

根据衣身的款式以及穿着者的年龄，确定胸围放松量。基础结构图是以增加放松量之后的成品胸围值作为主要数据的基础，即$B=B^*+$放松量，其中B^*为净胸围（穿着适当内衣后的测量结果）。

2. 前、后片围度调节量

由于女性人体胸前有双乳突出，使前胸围值较后胸围值大，因此在结构制图上，前、后半片的围度在$\dfrac{B}{4}$的基础上增加1cm调节量，即前片$\dfrac{B}{4}+1$，后片$\dfrac{B}{4}-1$，总胸围值保持不变。不同人体、不同款式的胸围调节量可以变化，如果胸部较为平坦，可适当减小调节量；当然胸部特别丰满时，也可适当增加调节量的值。对不同款式的服装而言，宽松、肥大的服装，调节量小，越合体的服装调节量越大，一般情况下调节量取值在0～1cm之间。

3. 腰节

腰节长度与身高成一定比例。基础结构图中腰节公式0.15h+16所得到的结果是理想人体腰节的值，要比人体腰节实际尺寸略小，这样可以利用服装对人体进行矫正，使服装达到修饰人体的作用。

4. 胸高量

由于女性人体胸部丰满，决定了女装前片比后片长，如果前片不补充一定量，在穿着服装时，下摆就会发生起吊现象，影响穿着效果。当胸部比较丰满，也就是1cm的胸高量不足时，可从腰节或下摆处再增加一定的量给予补充。胸部的丰满程度不同所须的胸高量也不一样，因此服装前片的长短就不是测量衣服长度的标准。对于女装来说，测量衣长及腰节的长度应以后身为准。在结构制图时，后片的上平线成为测量标准，因此后片上平线叫作标准上平线，这样可以使胸围线、腰围线、臀围线及下平线等距标准上平线的值符合实际尺寸。

5. 落肩与肩宽

不同人体的肩斜度不尽相同，在结构制图时应按照标准人体的肩斜度进行绘制，不标准的肩斜如溜肩可利用垫肩进行调节。不论服装的款式如何、领或大或小、肩有宽有窄，对于同一人体而言，肩斜度是固定不变的，因此在制图时都应按标准画出肩斜线，在此基础上按款式的不同要求（如加垫肩等）进行修正、取值。

（1）落肩：落肩值的修正如图5-10所示。女性人体平均肩斜22°左右（图5-10a），由于后片肩胛骨所造成的后浮余量转移至肩部，肩斜度可以追加至22.8°左右，由这个角度按照女性标准肩宽39cm得到落肩值为5.25cm。由于人体肩部自然前倾（图5-10b），需要对基础肩斜线进行修正，使肩点位于人体实际位置附近。因此前片落肩修正为5.5cm，后片落肩减小至5cm（图5-10c），这样总肩斜度不变。

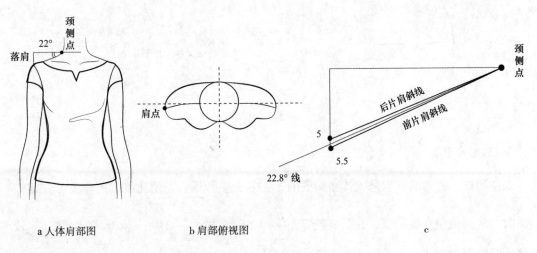

a 人体肩部图　　　　　　b 肩部俯视图　　　　　　　　　　c

图5-10

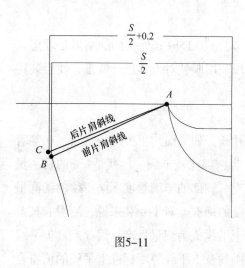

图5-11

（2）肩宽（图5-11）：在直角三角形中，落肩所在的直角边较长时，所对应的斜边也较长，因此为使前、后肩斜线的长度相等，可将后片肩宽的值增加0.2cm，使$AC=AB$，得到后肩宽$=\dfrac{S}{2}+0.2$。

6. 袖窿深

不论服装的款式如何，人体颈侧点与两腋点连线之间的距离都是固定不变的（图5-12a），约为$\dfrac{B^*}{5}+1$左右。不同服装款式，袖窿深可以在此基础上增加一定的量得到所需值，即公式：$\dfrac{B}{5}+$调节量，其中B是增加放松量后的胸围值，即成品胸围，这也符合宽松服装的袖窿较深、合体服装的袖窿较浅的原则。袖窿深线与胸围线是两个不同的概念（图5-12b），胸围线相对人体是一个固定的位置，而袖窿深却是一个设计量，服装的款式不同袖窿的深度变化很大。但在结构制图时，需要在袖窿深线上测量胸围的值，以保证服装胸围值的不变。

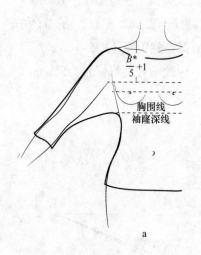

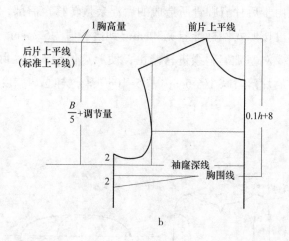

图5-12

7. 胸宽与背宽

人体胸宽、背宽的一半是人体净胸围的$\dfrac{1}{5}$左右，多数人背宽值比胸宽值略大。在结构制图时，胸围值包含放松量，在公式胸宽$=\dfrac{B}{5}-1.5$和背宽$=\dfrac{B}{5}-1$中，$B=B^*+$放松量，$\dfrac{B}{5}$较人体实际胸宽和背宽值大，因此可以进行适当修正。一般情况下修正量不需变化，可以保证宽松款式的服装胸宽值和背宽值大，合体服装的胸宽值与背宽值小的需要。在一些情况下也可直接测量得到相关数值。

8. 袖窿曲线

前、后袖窿曲线凹量比例不同。由于人体上肢自然前倾，且向前活动，因此前片袖窿凹量较后片大。

9. 颈围与领窝

颈围尺寸N是测量人体颈根的值再增加2cm呼吸及基本活动量得到。此处根据多数人颈围值选择了领宽、领深的固定量，这个量较人体的颈围N略大，成为合体型基础领窝。基础结构图所绘制的领窝在人体的颈根处，不同款式的服装领窝大小、形状都不同，在制图时必须在基础领窝上进行变化，这样可保证肩斜线不随服装款式的不同而变化。在合体领型（如旗袍）的结构制图时，需要根据测量所得到的颈围值N计算领宽与领深。

三、基础省的形式及结构分析

1. 前片基础省结构分析

女装的胸省是上装中最重要的省，对省量的大小及部位分配关系的分析是深入了解胸部省量及成衣后曲线是否优美、饱满的重要依据。对于胸部形状不理想的女性，如胸部下垂、乳外扩、胸部不够丰满等，可以通过内衣进行调整。

假设人体胸部近似为一个不规则半球体（图5-13a），四个方向的角度并不相同，下部由于重力作用角度较大（乳倾角），胸倾角较小，横向两侧的角度相当。将胸部表面展开，可得到一个近似圆形，经过大量测量可知多数人的总胸角为30°～33°，四个方向的角度大约为：α=8°，β=12°，γ=7°，δ=5°（图5-13b）。

对于收腰款式的女装，还需要增加腰省，使腰部收小，腰省是从胸点BP至腰节的纵向省（图5-14a）。由于女性胸部突出而设计的各方向的胸省的省角与乳房四周所存在的角度有较大区别，对于一般女装而言（图5-14b、c），在衣身乳房的上、下缘都有一个悬空存在（阴影部分），因此腰省角较基础乳倾角β角小许多。

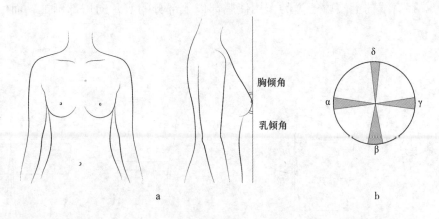

图5-13

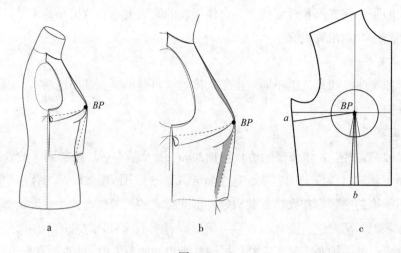

图5-14

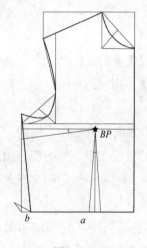

图5-15

在女装中只有部分礼服、婚纱需要凸显胸部轮廓，多数日常服装衣身并不是按照胸部廓型进行设计，而是呈现较为含蓄的曲线和造型。

为使腰部合体可以设计省腰和侧缝省（图5-15）。基础腰省是由于胸部突起而使腰部多出的量a，侧缝所收进的是由于人体腰侧倾斜所省略的量b。在结构设计中，通常腰省和侧缝省量≤2.5cm，如果人体需求收腰量大于此限制，可以将省分散设计，使每个部分的省量最好不要超过2.5cm，以保证衣身平整，不会出现不应有的褶。

不同的服装款式，对由于胸部突出所造成的四个方向省的处理不同。胸衣、比基尼泳装多数将两乳之间设计出凹量，呈双罩杯形式，这时四个方向的省都必须存在（图5-16a），才可以形成杯状结构。绝大多数服装两乳之间无凹量，中线省就不需保留（图5-16b）。有肩线的上装由于力的作用使胸部以上部分的衣片向肩部牵扯，而使服装在

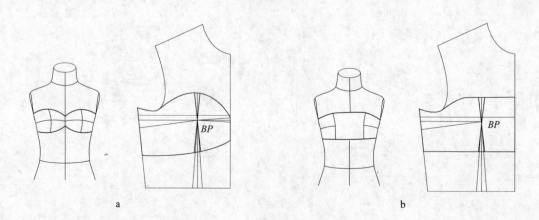

a   b

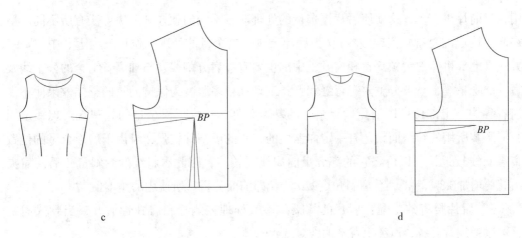

图5-16

乳房上方形成悬空状态，该悬空量即为胸点BP上方省角的省量，因此有肩线的上装肩省无存在的必要，在基础结构图上基础省只有腰省和腋下省两条（图5-16c）。不收腰的服装，腰省便不存在，只保留基础腋下省（图5-16d）。

胸点以上部位露空面积不同时，服装对乳房的包裹程度也不同，当领窝或袖窿较大时应视具体情况在结构边缘设计一定省，以较好地包合胸部，避免由于裸露而造成尴尬。如图5-17中大领型款式，胸部以上无牵扯、裸露较多，形成悬空状态，因此胸部以上需要利用省来收紧领窝。省量a中包括胸角δ=5°以及预留由于大领口而使面料变形加长的量，这个量可根据面料情况确定，两部分共同组成省量a；同理

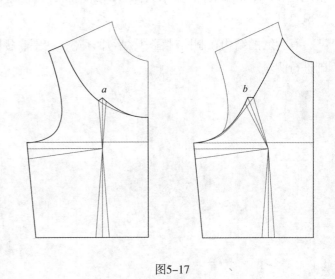

图5-17

在袖窿很大时，也需要相应增加袖窿省b。

具体应用时，胸省（省角）可以依设计进行转移。不同人体，胸部的丰满程度不同，可视具体情况对省量进行调节。

2. 后片基础省结构分析

（1）后浮余量的处理：在服装款式设计时，设计重点往往在前片，后片则成为一个为突出重点而甘当绿叶的、又不可缺少的部分。在款式设计上，后片分割线、省、褶等的

应用相对前片少许多，这就使后片浮余量的处理对于不同的款式其解决方法有所不同。肩胛突起所构成的总省角为7°左右，为后浮余量，这个量的处理部位可分为上、中、下三种方式。上部可体现为领窝省和肩省，中部主要有过肩分割线、与袖窿省结合的公主线及袖窿处的吃量等，下部主要有背缝和腰省。现在很多服装为保持后片的整体效果而不设立肩省等中、上部位可以消化后浮余量的基本条件，这样后浮余量的处理就出现一定困难，但服装所用的纺织面料是有一定伸缩性的，它的可塑性较强，且由于后浮余量的位置距离肩斜线较近，所以可将它的部分量向肩线处转移，因此肩斜线的倾斜量（后落肩夹角）就要增加0.8°，得到总肩斜角度22.8°，即前面分析时所使用的角度值。

（2）后片腰省的分配：后片的胸腰差多数处理在侧缝和肩胛骨下方，当款式需要时，可以增加背缝省，以突出背部曲线。

侧缝与肩胛骨下方的腰省最大收省量不能超过2.5cm，可以保证收省后衣片的平整（图5-18）。如果款式设计了背缝，可以在背缝中设计一定省量，由于亚洲人背部曲线并不是很明显，收腰量应小于1.5cm。同时，腰省的位置应适当向侧移动1cm左右，使背缝与左右两条腰省之间的距离适中，外观更协调。增加背缝后，背缝省、腰省、侧缝省的总和仍为$\frac{1}{4}$衣片上的胸腰差，且背缝省与腰省之和符合前、后片省量的均衡，即前、后衣片省量之差≤0.5cm。当然，如果人体背部曲线漂亮，腰塌臀凸，背缝省量可以按照人体实际情况设计。

有背缝的结构在制图过程中，后片背宽、胸围、腰围、臀围等围度值必须以背缝为基础进行测量。

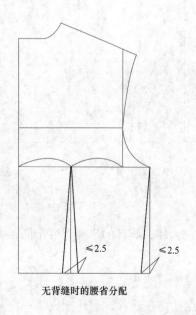

无背缝时的腰省分配

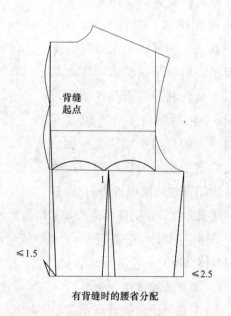

有背缝时的腰省分配

图5-18

课后思考题：

1．为自己绘制一个基础结构图，由于体型不同，基础结构图中的基础数据需要调整，并认真分析基础省所需值的大小。

2．实践练习：利用牛皮纸在人台上进行女装衣身基础结构图的实践练习，重点观察浮余量的形成。

基础理论——

女装衣身省与褶的基础结构原理

课程名称： 女装衣身省与褶的基础结构原理

课程内容： 省与褶是女装的灵魂，有了省和褶的存在，女装才会体现女性人体的曲线与特点，省与褶除了具有重要的功能性外，还具有很强的装饰作用，成为女装造型设计的重点。女装省与褶的结构设计主要包括胸省转移的理论基础与省转移的规律性、女装衣身褶的部位及褶量的放出、省与褶的边缘线修正等。

课程时间： 26课时

教学目的： 掌握女装衣身的省转移与褶的结构原理。省转移的规律、类型和原则与半身裙相同，因此可以将半身裙中关于省转移的三大类型应用到女装衣身的省转移中。了解女装三开身的结构原理。

教学方式： 理论讲授

教学要求： 1. 掌握女装衣身省转移的基本方法，对三类省转移要有较深刻的理解。

2. 掌握女装衣身褶的位置确定原则以及褶量、褶位的确定和褶的边缘线的修正。

3. 了解女装衣身三开身与四开身结构之间的关系，掌握侧缝转移的理论。

第六章 女装衣身省与褶的基础结构原理

省与褶是女装的灵魂，女性人体曲线多变，凹凸有致，若使女装合体、具有曲线美，就需将多余的部分收回，省与褶即是达到这个目的的重要方法。

第一节 衣身胸省转移原理

在女装中，前片设计有各种形式的省、分割线或褶，成为女装设计的重点。不论这些设计的位置、形式如何，最基础的省位还是腋下省和腰省，不同省、分割线或褶多数都是由这两个基础省转移而来。

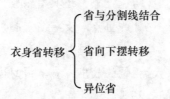

$$衣身省转移 \begin{cases} 省与分割线结合 \\ 省向下摆转移 \\ 异位省 \end{cases}$$

一、胸省转移的理论与方法

1. 胸省转移的位置

在女装设计与制图时，除基础的腋下省和腰省外的其他位置的省，多数都是由这两个基础省转移而来，这些省的位置均以BP为心，辐射到衣片的任何方向（图6-1）。省的设计既有实用性也具有很强的装饰作用，许多女装的卖点就在于衣身的一个简单的省道、分割线或褶的设计。因此在女装中，简单、时尚而别出心裁的省的设计就成为重点，同时这些省的结构也成为讨论的焦点。当今的服装界有"玩结构"之说，"玩结构"是指设计服装款式

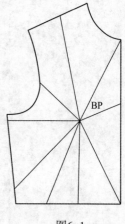

图6-1

时，对省、褶和结构线等的转移、变换不按常规设计，而款式设计必须与结构紧密结合，才能使设计更加新奇、简练，具有较高的内涵，达到设计的目的。"玩结构"这个词从以前对服装结构理论学者的不屑成为当今非常实用的市场型词汇，使其成为许多女装的卖点。

在对省进行设计时，省尖始终是指向胸点BP或者附近，省的形式和省道的形状可以由款式、流行、爱好、穿着场合等因素决定。省可以单独使用，也可以与各种分割线等配合使用，应用范围很广。省的应用体现了的服装造型与合身程度，合体、贴身的衣服省量大，省的位置和省道的曲直应选择、绘制得准确、恰当，尽量接近人体曲线；宽松的服装省量小，省的变化相对来说功能性减弱。应注意的是，当进行省转移时，新的省道必须通向衣片的边缘线，而腰节处无分割线的服装，腰省便无法进行转移。

2. 胸省的范围

女性的乳峰不是正圆，四周并不完全对称，所以各方向的省尖距胸点BP的距离也各不相同（图6-2a）。日常穿着的服装省尖或分割线应离开胸点一定的距离，在视觉上使人的目光尽可能不停留在一个点上。必要时将省道按相应部位所需的曲线进行修正（图6-2b）。但在礼服、婚纱等装饰性较强的服装上，为强调女性的曲线，省尖或分割线多数通过胸点，以突出女性人体的曲线美。

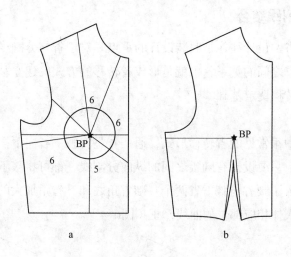

图6-2

3. 省转移的纸样法

省转移的纸样法简便、易懂，是服装专业学生在学习服装结构时常使用的方法，服装企业也是通过纸样法进行省转移。纸样法首先要求在基础省位上，将新省剪开，合并基础省，即得到省转移后的纸样。

以腋下省转移至袖窿省为例（图6-3）：首先，按设计要求绘制出基础结构图，并按照款式确定袖窿省的位置，并将袖窿省的省尖与基础省相连。第二步，将袖窿省的省位线剪开，合并腋下省，这样即将腋下省转移到袖窿处，且袖窿省的省角与原腋下省的省角相等。第三步，将省道和省的边缘线进行修正。

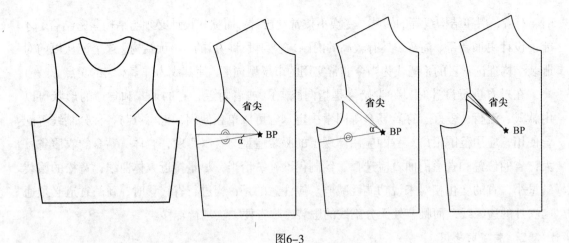

图6-3

腋下省是女装的矩形结构由于衣片在BP点的转折而形成的。女装腋下省作为基础省必须存在，但它以什么形式出现，是款式设计和结构设计相结合的主要论证内容之一。女装腰围是否合体决定着腰省是否存在，腰省与腋下省没有本质的联系，宽松的服装可以没有腰省，但腋下省必须存在。

二、基础省与分割线结合

在女上装中，省的设计往往是服装设计的重点。对于省与分割线结合的款式，首先应分析分割线与基础省之间的关系，也就是形成省转移的方式，建立基础省与新设计分割线之间的联系，为省转移奠定基础。

1. 通摆省

通摆省是女装中很常见的省转移形式，通摆省是将腋下省向下摆转移的一种形式，不论款式是否有腰省，只要设计有胸腰之间的纵向分割线，都可将腋下省向下摆转移。转移后通摆省的省角包含了腰省与腋下省两个基础省角之和，省角加大的同时，省量也很大，因此省道应该按照人体相应部位的曲线修正（图6-4）。

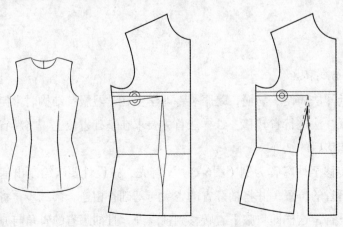

图6-4

2. 公主线

公主线是女装中最常见的省转移形式，它是采用两省结合的形式，使省与省相连，在衣片上形成分割线（图6-5）。常见的有腰省与袖窿省（a）、腰省与肩省（b）、腰省与领窝省（c）等结合所构成的综合型省。在这些分割线中，基础腰省的方向基本没有改变，左右位置可以根据设计适当移动。但腋下省则进行了转移，或至袖窿、或至肩线、或至领窝，形成了不同的新的分割线形式，成为省与分割线结合的典型，这样的分割使设计更加新颖。

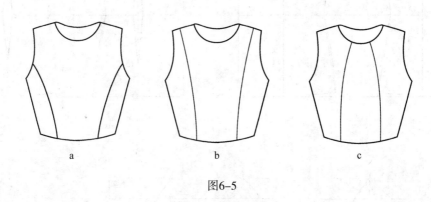

图6-5

袖窿型公主线是最常见的公主线形式，结构设计的重点在于分割线的位置、曲线的弯曲形式等，这些都是决定公主线是否符合基础省的需要以及外形俏与笨的关键。

（1）公主线位置的确定（图6-6a）：腋下省的量与位置、长度不变，腰省的位置可以向侧移动3~5cm，后片省也需要向侧移动至背宽的三分之一左右，连接胸宽点与腰省顶点，构成前片公主线的基础；后片将背宽点与腰省顶点相连。

（2）确定腰省（图6-6b）：按照腰省的设计量，绘制出腰省。此位置线是绘制公主线的基础，但不要以此过多地束缚公主线的绘制。

（3）中片分割线（图6-6c）：曲线为流线型，不需通过基础线的交点，按照图中箭头所指方向确定曲线的弯曲状态。

（4）腋下片分割线（图6-6d）：前片曲线在胸点以下5cm处分开形成省，该5cm即为省尖的位置。后片腰节以上两条曲线的分开位置为基础腰省的省尖，即袖窿深线的位置附近。曲线按照图中箭头的方向绘制。

（5）腋下省转移（图6-6e）：分割线将裁片分成两部分，前腋下片将腋下省合并，基础腋下省转移至袖窿分割线中。

公主线设计时需要注意以下几个要素：

首先，公主线的起点（即袖窿省的位置）常设计在胸宽点以上。因为胸宽点是人体前与侧面的交界点，该点以下部分转折至人体的腋下，如果分割线的起点设计在胸宽点以下，将被袖子或胳膊遮挡而无法达到设计要求。

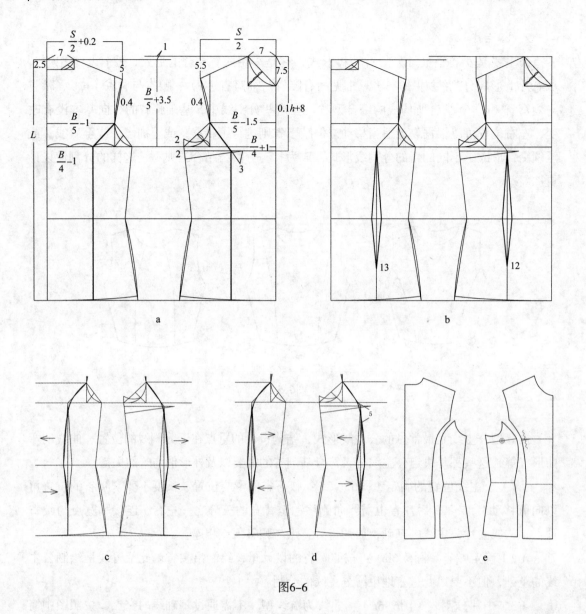

图6-6

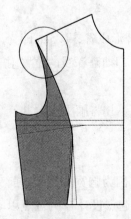

图6-7

公主线的起点还不能设计得过高，如果分割线位于袖窿顶端附近，腋下片顶端裁片很窄（图6-7中阴影的上部分），无法承受裁剪、缝制等过程中的损耗，并且这些排列很紧密的车缝，也使得缝边重叠，无法达到较好的外观效果。一般来讲，公主线的起点多选择在胸宽线的三分之一（胸宽点）至二分之一之间。

第二，公主线左右位置的确定：日常穿着服装的公主线应适当向侧移动，将前中片剩余的省量在胸点附近吃进，可以使胸部饱满，达到较好的视觉效果。

第三，绘制公主线的两条曲线时，应先画曲率较小的一条，曲率大的曲线在此基础上绘制。

例1. 有小省道的公主线（图6-8）

在基础结构图上确定分割线的位置，为使设计的小省具有一定长度，将公主线适当向侧移动，并按照款式中的位置设计保留小省，小省必须指向胸点BP。

将前片腋下省合并，省转移至袖窿；中片剩余的腋下省转移到新的小省处，并修正省的边缘线。

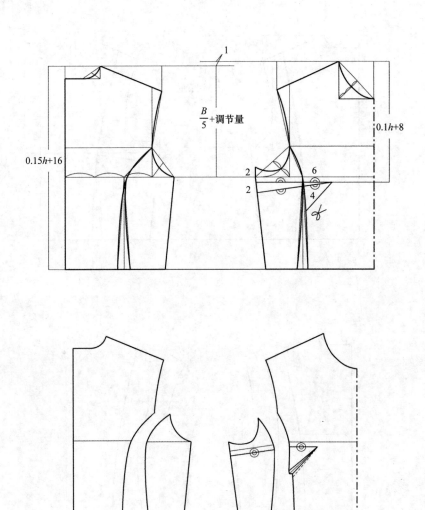

图6-8

例2．肩省式公主线（图6-9）

按照款式设计，确定分割线的基础位置，该分割线离开胸点3cm，以保证公主线的"形"。中片的分割线按照设计绘制，腋下片的分割线则在胸点以下4cm处分开，形成腰省与分割线结合的形式。腋下省合并，转移至肩线处，剩余的腋下省在缝制时吃进。

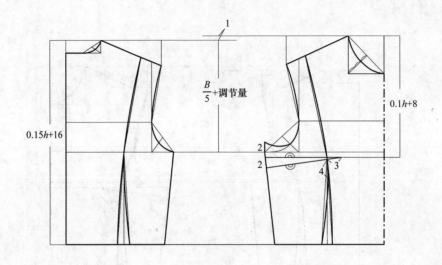

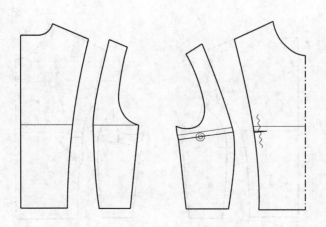

图6-9

例3．领窝式公主线（图6-10）

这种形式的公主线位于两个胸点之内，使胸点在曲线突起方向，从视觉上可使胸部更丰满。

由于两个胸点之间的距离较近，因此分割线离开胸点≤3cm（此处取值2.5cm）。

首先绘制曲率较小的侧片分割线，中片的分割线在胸点以下4cm处分开，形成腰省。在腋下省向领窝转移的同时，胸点与分割线相连的辅助线（即2.5cm线）处产生一个小省，在缝制过程中，这个省量同样以吃量的形式收回，可使胸部更加饱满。

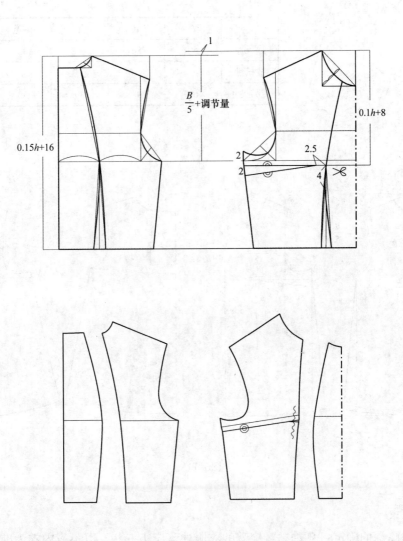

图6-10

三、省向下摆转移

衣身省向下摆转移包括腋下省及腰省的转移，腋下省只位于前片，因此向下摆转移时，为保持前、后片的均衡，后片需要根据情况追加一定摆量。腰节处有横向分割线的结构，腰节以下的腰省可以向下摆转移，形成腰节以上合体、下摆宽松的设计。

例4. 腋下省向下摆转移（图6-11）

款式特点：较合体款式，下摆宽大，腋下省向下摆转移，后片需要追加与前片相同的摆量。

参考尺寸：

（单位：cm）

	L	B	S	胸宽	背宽
净尺寸	60	84	39	33	34
放松量		+10			
成品尺寸	60	94	39	33	34

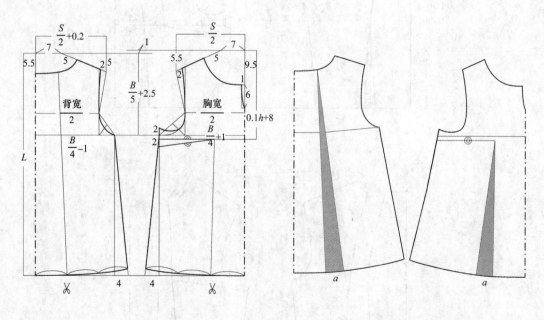

图6-11

结构分析：

（1）袖窿深的确定：夏季贴身穿着的衣服袖窿应小一些，以不露内衣为准。本款胸围放松量设计为10cm，所得到的成衣胸围值相对较大，因此袖窿深的基础公式中 $\dfrac{B}{5}$ 所得

到的值也相应较大（18.8cm），所以调节量的值应该小一些（2.5cm），因此得到袖窿深

公式为$\dfrac{B}{5}$+2.5。

（2）领窝与袖窿：款式设计的领窝与袖笼较大，因此需要在基础肩线上将领窝和袖窿深加大一定量。

（3）省转移：前片腋下省合并，省向下摆转移，将所放出的摆量a作为基础，后片剪开放出同样的摆量a。由于前片腋下省转移而不顺直的侧缝需要修正为直线。

四、异位省

女装衣身腋下省是最主要的基础省，收腰款式还需要设计腰省，这两条基础省虽然具有重要的功能性，但其装饰效果并不理想，因此在女装设计中，省就成为设计重点。经过设计的省集功能性与装饰性于一体，很好地诠释了"省是女装的灵魂"这句话。

当衣身上的省不在基础省的位置时，称为异位省。异位省必须具有基础省的功能性，且保持衣身廓形的对称。异位省是由基础省转移而来，因此在结构设计时，需要将省与省相通，为省的转移创造条件。

1. 对称式异位省

左右对称的异位省是最常使用的设计形式。

例5. 人字形异位省（图6-12）

首先按照款式确定异位省的位置及长度，将异位省的省尖与BP相连。再将腋下省转移至异位省处，并修正省尖至设计的4cm处。利用对称法修正省的边缘线。

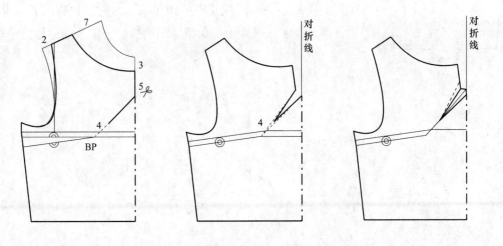

图6-12

在这个款式中，由于衣片左、右相连为一个整体，因此中线须为对折线。在异位省的设计时，省道的倾斜角度和省角受到一定限制。其中最关键的是在省转移后边缘线的修正所多出的小角，必须保持在对折线的同一侧，如果超出了对折线，就会成为无效设计。如图6-13所示，如果将腰省与腋下省都向异位省转移，将省的边缘线修正后，就会使部分裁片到对折线的另一侧，则无法完成对折的目的。因此在省转移时，必须同时考虑其他相关条件，才能使结构设计合理。

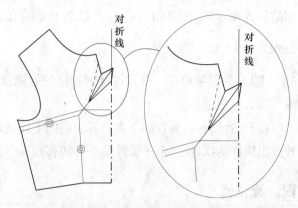

省量倒向领窝方向，因此省中线的对称线（虚线）位于省的上方，由对称法可知，省中线长=虚线长，这样所修正后省的边缘线超出了对折线，违反了结构原则，因此这种结构不成立。

图6-13

2. 不对称异位省

省为不对称设计时，必须保证服装的外部造型左右对称，省尖仍分别对准左、右两个胸点BP，并且两个省的省角相等，即所须转移的基础省相同。在省的设计上应注意视觉上的协调、均衡。

例6. 不对称人字省（图6-14）

由左侧袖窿出发至胸点的不对称人字形异位省，两个省尖各指向一个胸点，使胸部突出量相同，并处理相应方向的基础省。

两条省均需要修正省尖的位置。通过省转移得到的左侧异位省的省量较小，需修正省的边缘线。右侧异位省的省量非常大，因此在工艺处理上应保留适当的缝份，多余部分修剪掉。

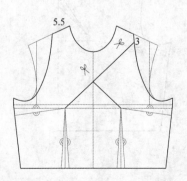

图6-14

例7. 平行异位省（图6-15）

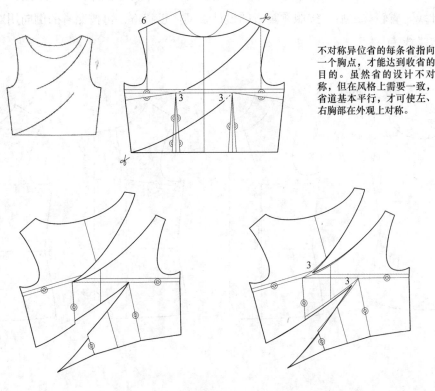

不对称异位省的每条省指向一个胸点，才能达到收省的目的。虽然省的设计不对称，但在风格上需要一致，省道基本平行，才可使左、右胸部在外观上对称。

图6-15

在款式设计时，省与省的方向应协调，如设计纵向省，一般就不应再出现横向的、与之交叉的省；设计横向省时，省的装饰性较强，再增加纵向省就应特别小心。总之在款式设计时重点突出、简洁明快是首先要遵循的原则，这样可以避免线与线的交叉和视觉的混乱。

五、直身结构与断腰结构的省转移

从结构角度看，衣身可以分为断腰结构与直身结构两大类，断腰结构是指在腰节附近衣身有横向分割线，上下两部分分别裁剪，在腰节附近车缝为一体的结构形式。直身结构是指将衣身向下延伸，在腰节附近没有横向分割线。

1. 直身结构的省转移

省转移需要一个重要条件，即所转移省的剪开线必须直接或间接达到裁片的边缘。直身结构在腰节附近没有横向分割线，腰省没有与任何边缘线相通，无法进行省转移，且使腋下省的转移受到限制。直身结构通常只在腰节以上部位的不同边缘线上设计异位省，将它们与腋下省建立联系，实行省转移。异位省设计的部位有领窝、肩线、袖窿以及侧缝等位置，或者与纵向分割线结合，如公主线等。

例8. 腋下省向领窝转移（图6-16）

领窝省距胸点4cm，但欲将腋下省转移至领窝，需将领窝省与腋下省连接，构成省转移的剪开线。省转移之后，按照领窝省的设计长度修正省道，再按照省的倒向用对称法修正省的边缘线。

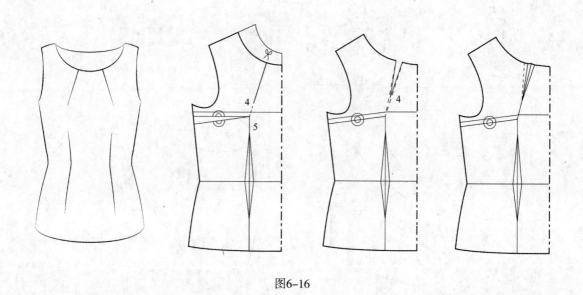

图6-16

例9. 腋下省向中线转移（图6-17）

款式设计明贴边，在衣片上确定异位省的位置，双省关于胸点上、下对称，以保持较好的胸部外形。一条腋下省向两条中线省转移，首先将腋下省一分为二，每条中线省转移一部分，这样可以保证两条中线省的省量。最后需要修正省的边缘线。

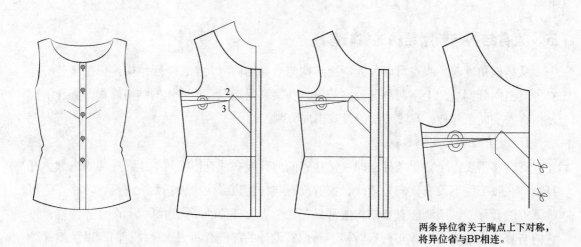

两条异位省关于胸点上下对称，将异位省与BP相连。

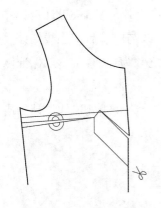 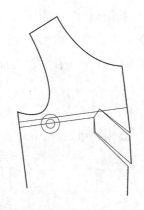 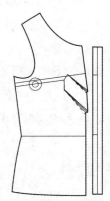

将腋下省的省量分别转移给两条异位省，使两条异位省都有一定省量。　　　　　修正异位省的边缘线。

图6-17

2. 断腰结构省的变化

断腰结构在腰节附近有横向分割线，为腋下省与腰省之间建立了联系，腰省从直身结构的菱形省分解成为上、下两个三角形省，为省转移提供了条件。

例10. 腰省的不同形式转移（图6-18）

断腰结构，腰节以上为公主线，断腰线以下将腰省向下摆转移，加大下摆的量。后中心线装拉链。款式变化较大，设计重点是翘肩和前短、后长的下摆结构。

参考尺寸：

（单位：cm）

	L	B	W	H	S
净尺寸	60	84	66	90	39
放松量		+6	+6	+10	
成品尺寸	60+5	90	72	100	39

结构分析：

（1）对于上紧下松的款式，三围的放松量需要科学设计，臀围的放松量需要加大。长短不一的下摆，可以确定一个标准长度（此处为60cm，恰为臀围的位置），短于或长于此位置的量可以进行相应调整。

（2）翘肩结构只是肩点附近增加垫肩，而领窝侧点的位置不变，因此需要在基础肩线的领窝侧点处开始设置新的肩线，增加0.5cm翘肩量。

（3）断腰线：断腰结构在腰节将衣身分成上、下两部分，下摆部分的腰围线在前中点有0.5cm下降量、腰侧点增加0.5cm的起翘量，其原理与半身裙相同。腰节以上部分在腰侧点处下降0.5cm，以保证腰围线与侧缝垂直。

（4）下摆曲线：前短、后长的设计，前中心处剪短3cm、在后片加长5cm设计量，并为使后片摆量达到设计值，在后中心线处增加4cm摆量。下摆曲线与前、后中心线保证垂直，在侧缝处，前、后下摆曲线必须呈互补状态（前、后夹角之和为180°），以保证侧车缝后，下摆光滑。

（5）腰省向下摆转移：前片下摆褶量设计较大，需要在省的剪开线处追加设计的褶量；后片摆量相对小一些，因此只需将腰省向下摆转移即可。

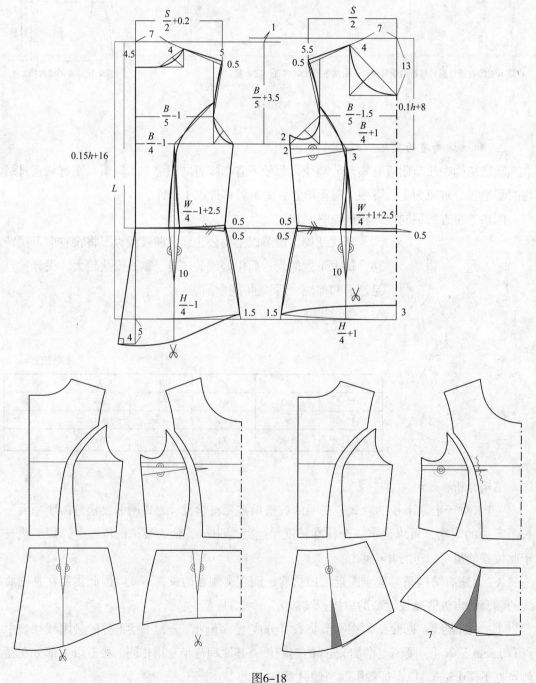

图6-18

第二节　衣身褶的结构原理

　　褶在女装中的应用十分广泛，它可使设计更富有表现力、更丰满而具个性。褶可分为自然褶、悬垂褶和规律褶三大类。自然褶蓬松、有体量感；悬垂褶自然、流畅；规律褶规矩、大方。不同部位、不同形式的褶具有不同的性格特征。在款式设计时，很好地利用褶，可以使服装具有时尚感和时代气息，同时也可以利用褶掩饰人体的缺点，弥补人体的不足。

　　在结构制图中，褶的来源有两个途径：由省量转化为褶量，还可以通过剪开放出褶量，或将两种方法合并使用。

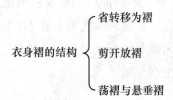

衣身褶的结构 ｛ 省转移为褶 / 剪开放褶 / 荡褶与悬垂褶

一、女装衣身褶的设计范围及结构形式

　　褶所具有的功能性与省相同，此外还具有很强的装饰效果。在款式设计时，可以根据褶的特点，在不同部位设计褶。但褶的设计具有规律性，自然褶有一定体量感，在女装衣身的设计上必须注意位置的合理性。自然褶设计在胸部，可以增加女性胸部的丰满程度，但如果在腹部或者两胯设计自然褶，就会使这些部位更加突出，无法达到现代审美要求的效果。在设计女装衣身的褶时，多数都应以胸部为重点（图6-19），即褶应设计在胸部上缘、下缘、侧缘及中线所包围的范围之内，使衣片在抽褶的方向形成突起以容纳女性胸部。多数成年女性两乳之间空隙很小，只形成乳沟，而双乳侧缘与人体胸宽的位置相同，因此在结构设计时，只需要测量或者估算出上缘和下缘的位置，在这之间设计自然褶，即可得到很好的效果（图6-20）。胸部下缘设计分割线（称为高腰分割线），可以在分割线以上抽自然褶，使胸部更丰满。分割线以下的腹部不需要有复杂的设计，应保持腹部的平坦。在女装中，高腰分割线的位置非常重要，如果分割线低于胸部下缘，自然褶的突起量会使人感觉胸部下垂，影响服装的外观效果。

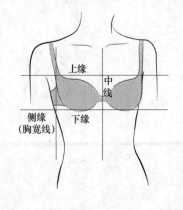

图6-19

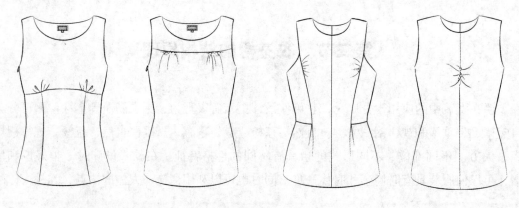

图6-20

在胸部以外设计自然褶通常只起装饰作用，与胸部的突起无关，褶量设立应尽可能小一些，以免抽褶影响服装的外形。不同部位的褶及褶的形式给人以不同的感觉，有的浪漫、有的活泼、有的稳重，适合不同服装款式的需要。

褶的设立与省一样都需要考虑与之相关的前中心线的存在形式：哪一部分为分割线，哪部分是对折线，避免结构上出现矛盾。

二、省转移为褶

腋下省的重要功能就是处理女性人体由于胸部突起而形成的浮余量，收腰款式需要设计腰省达到收腰目的。而女装衣身的褶继承了省的功能，褶可以直接由省转化而来。

例11．肩褶（图6-21）

为保证抽褶均匀，褶的剪开线应设计在分割线的等分点处，两条基础省分别转移至两条剪开线中。每个剪开线所放出的褶量抽在其左右两侧。最后光滑修正褶的边缘线。

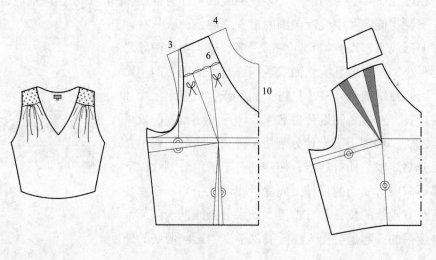

图6-21

肩线距胸部较远，如果直接在肩线上设计褶，可使肩线附近形成凸起，无法达到理想的外观效果。因此可在肩线以下设计分割线（此处为6cm），将腋下省和腰省均向分割线转移，抽自然褶后会使肩部平整，胸部饱满，达到理想效果。

例12. 领口抽褶（图6-22）

兜肚形吊带款式。按照款式设计，确定领深、袖窿以及后片露背的位置。大袖窿需要增加袖窿省，以保证穿着时边缘线能紧密包裹胸部。领口处确定三条剪开线，位于领宽线的等分点处。三条省分别转移到三条剪开线。

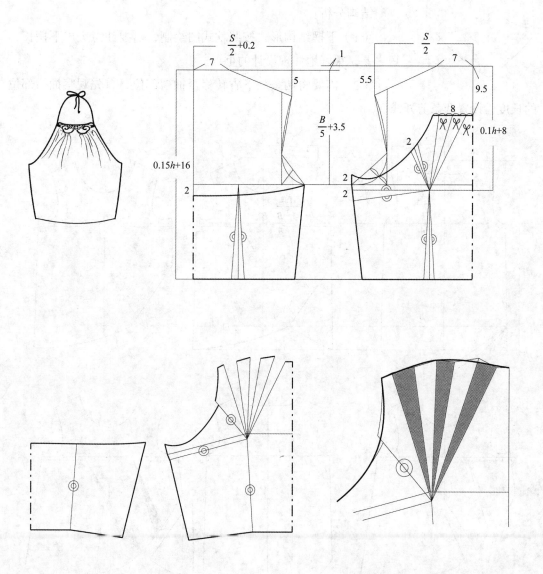

后片省合并，前片三条基础省分别转移至三条剪开线中。

按照中点原则，修正袖窿及褶的边缘线，使之光滑。

图6-22

例13．侧摆抽褶（图6-23）

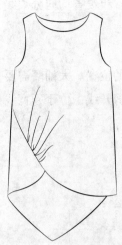

款式特点：宽松型，腋下省向右侧下摆分割线转移。

参考尺寸：

（单位：cm）

	L	B	H	S	胸宽	背宽
净尺寸	68	86	90	39	33	34
放松量		+12	+16			
成品尺寸	68	98	106	39	33	34

结构分析：

（1）下摆结构形式按照款式图绘制，需要注意突出下摆长、短之差，很好地体现设计的重点。

（2）需要将两条腋下省转移至抽褶部位，首先观察抽褶部位的长度，设置两条剪开线。

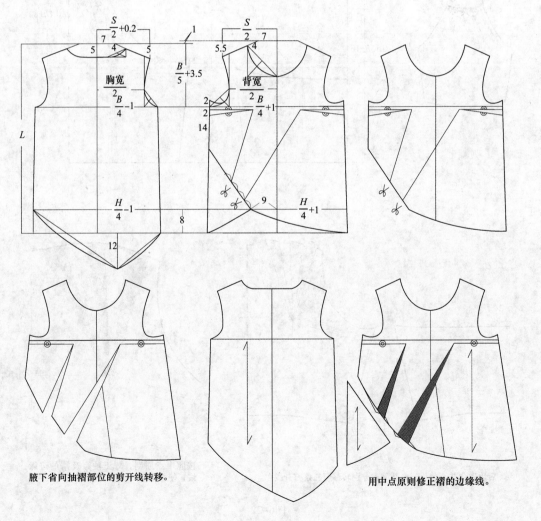

腋下省向抽褶部位的剪开线转移。

用中点原则修正褶的边缘线。

图6-23

三、剪开放褶

当褶距离胸点较远时，将省转移为褶可以获得较大的褶量，以满足抽褶的需要。但当褶距离胸点较近时，所转移出的褶量多数不足褶的设计量，这时就需要追加部分褶量，使总褶量达到设计量。

例14．中心线抽褶（图6-24）

由于两个基础省转移的褶量较小，没有达到设计的褶量，因此需要另外设计剪开线，以追加所缺少的量。抽褶的部位应该关于胸点BP上下对称，可使胸部的外观轮廓更佳，因此三条剪开线均匀分布在褶位之中。

三条剪开线需将褶位6等分（3×2），剪开线位于等分点处。将两条基础省分别转移至两条剪开线处，测量所得到的褶量，上面一条剪开线所放出的褶量以这两个褶量的平均值为准。最后修正褶的边缘线。

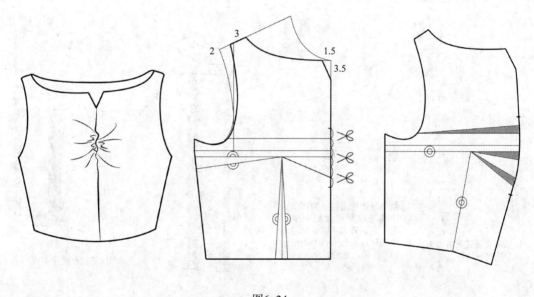

图6-24

例15．垂直放褶（图6-25）

宽松款式，但整体造型还需要显露腰身，因此在侧缝略收腰。

袖窿较大，需增加1.5cm袖窿省，以保证袖窿边缘不会走光。

前短、后长的下摆设计，下摆曲线需要进行调整、修正：将前、后片纸样对合，观察下摆曲线在侧点处是否光滑，如有问题可以进行修正。

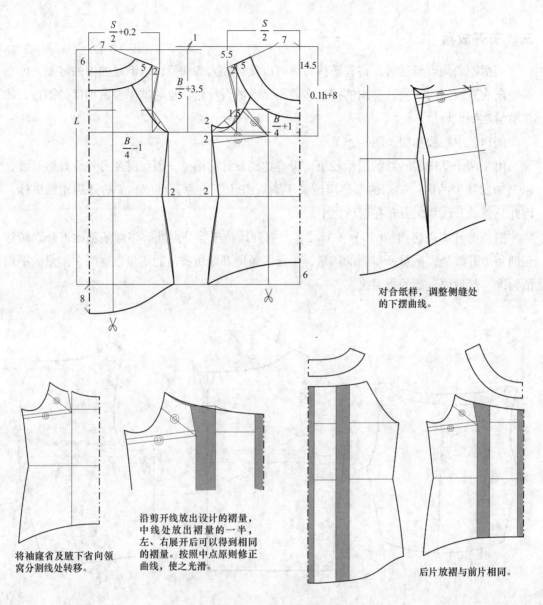

对合纸样，调整侧缝处的下摆曲线。

将袖窿省及腋下省向领窝分割线处转移。

沿剪开线放出设计的褶量，中线处放出褶量的一半，左、右展开后可以得到相同的褶量。按照中点原则修正曲线，使之光滑。

后片放褶与前片相同。

图6-25

四、胸高的补充量

胸部附近设计省或褶时，需要增加分割线，其中最典型的是高腰结构。女装的高腰结构是重要的结构形式，高腰结构的重点是分割线设计在胸部的下缘，恰当的位置能修饰女性胸部外形，并使胸部更加丰满。在胸部下缘设计分割线，有调节体型的作用，因此需要充分利用这条分割线，使服装更合体。

女性人体胸部突出，前身较后背长（图6-26），因此在基础结构图前片的上平线处增加了胸高量（0~1.5cm）。当女性人体的胸部较丰满，上平线的胸高量不能满足前、后差量时，可以在服装的前片另增加一个补充量，以达到前、后片的平衡。直身式上装可以在前片的下摆处给予胸高量的补充量（图6-27）。

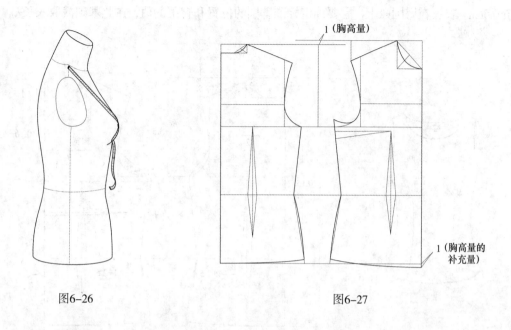

图6-26　　　　　　　　　　　　　　　　　　图6-27

高腰结构在胸部下缘有横向分割线，可以利用分割线对所缺少的胸高量进行补充。

胸下缘水平线是绘制分割线的基础，其位置由胸部下缘确定，胸部较平坦的女装，上平线1cm的胸高量足以满足胸高的需要，因此只需在水平线侧增加0.5cm的起翘量，使分割线呈弯曲状（图6-28a）。如果胸部较为丰满，可以在分割线以上的裁片补充一定量，以满足胸高的需要，胸高量的补充量通常为0.5~2cm（图6-28b）。

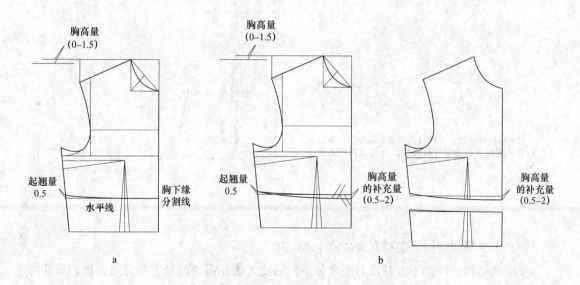

图6-28

例16. 胸部下缘抽褶的高腰结构（图6-29）

胸部下缘设计分割线，可以补充胸高量，具体补充量视人体胸部丰满程度而定，此处补充0.5cm。衣长在臀围以上，需要确定标准臀围的位置和臀围的值，在此基础截取衣长L。

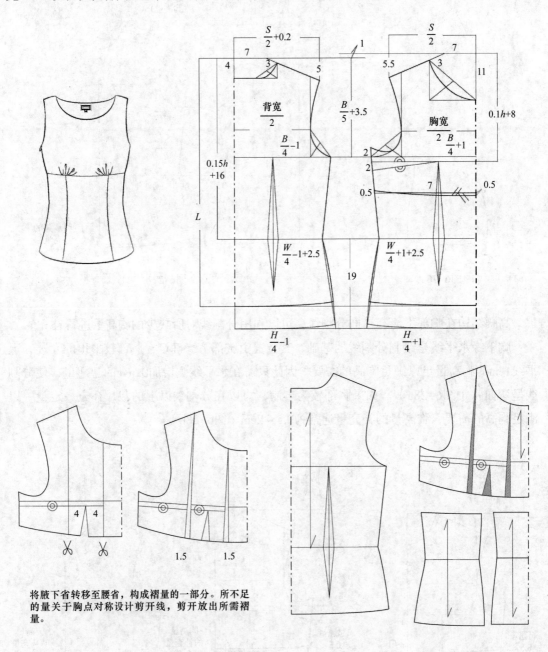

将腋下省转移至腰省，构成褶量的一部分。所不足的量关于胸点对称设计剪开线，剪开放出所需褶量。

图6-29

例17. 半断腰结构下摆补充胸高量（图6-30）

半断腰结构在胸部下方并没有完全分割，因此无法在需要的地方补充胸高量，只能与直身结构一样，在下摆进行补充。前后袖窿为直线形，成为款式的设计重点。

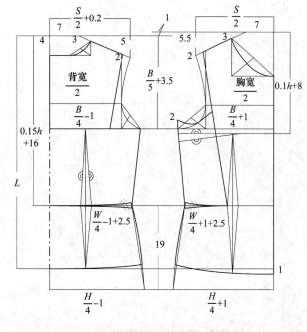

前片为半断腰结构，后片全断腰，前、后片均可在腰侧点进行修正，但前片的胸高量却无法处理，只能在下摆进行补充。

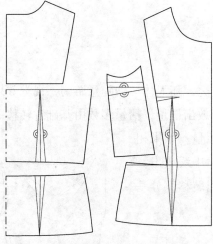

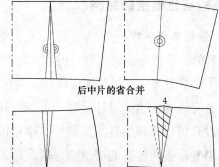

后中片的省合并

后片下摆部分在基础腰省上继续增加量至4cm，构成后片的褶量。

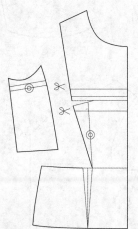

合并腰省，转移到所剩下的腋下省处。

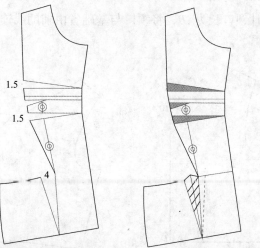

关于胸点上下对称各追加1.5cm褶量。下摆部分的腰省追加褶量至4cm。利用对称法修正褶的边缘线。

图6-30

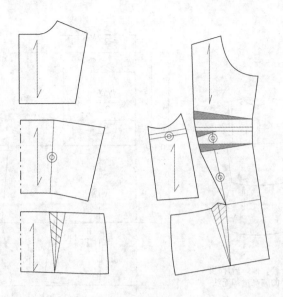

图6–30

五、荡褶与悬垂褶的结构原理

1. 荡领结构分析

领窝处的荡褶是女装中常见的款式。荡褶横向重叠，随人体活动随意游荡，视觉效果独特。不论褶量大小，领深确定以后，需在此基础上放出褶量，褶量多数由基础省转移而来，当省转移无法达到设计量时，可以另外补充荡褶量。如果相关裁片没有可以转移的省，荡褶所需褶量可以直接由中线放出。当然如果基础省所转移的褶量超过所需褶量时，可以转移部分基础省，保留其余省量。

例18. 荡领（图6–31）

设计领口长为AB，将领口与基础省由辅助线连接，辅助线的

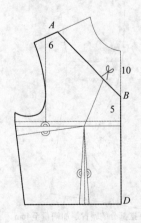

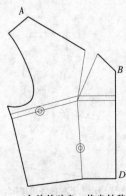

合并基础省，将省转移
至剪开线处。

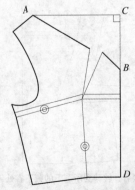

延长中线DB，过A作中线的垂直线AC；
测量AC的长度，作为下一步的基础。

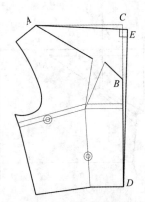
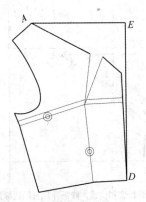
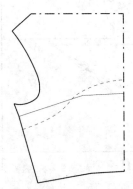

经过测量，得到AC＜AB，在中线处追加所缺少的量，使AE＝AB，DE即为新的前中线。

将中线DE摆正，即得到荡领的结构。

前中线与领口线均为对折线，虚线部分为领口的贴边。

图6-31

位置可以在AB上任意选取，由于所要转移的基础省的省角为固定值，所以不论剪开线在何处，都不会影响所转移的结果。

例19. 后片剪开放出褶量（图6-32）

荡褶设计在后片，领口很大，前片设计为一字领，且为保证大开的领口不致使肩部滑落，在后片领口上部系带牵制。

后片的荡褶没有可以转移的基础省，只能在后片中心线处放出褶量。

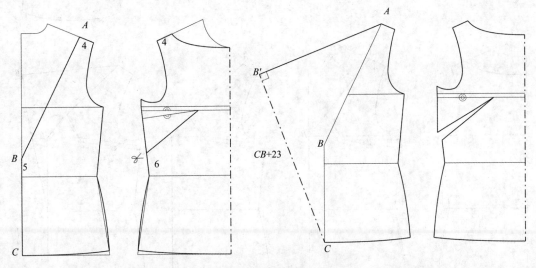

后片领口长度为AB，设计荡褶的褶量23cm，测量领深点B至下摆的长度BC，二者相加得到新的后中心线的长度，即CB′＝CB＋23；过A点作CB′的垂线AB′，且AB′＝AB，即得到后片荡领结构。前片腋下省转移至异位省处。

图6-32

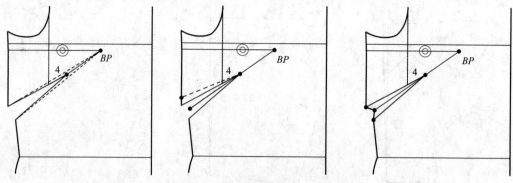

确定省的长度和位置，修正异位省的边缘线。

图6-32

荡领应该使用垂性特别好的面料才能达到较好的悬垂效果。多数荡领所在的中线没有分割线，是一个完整的裁片，但有些款式需要在荡褶以下合体，中线就无法成为一条直线，这样的款式在中线处需要进行分割，更需要柔软、垂性好的面料，以使荡领在车缝线处仍具有较好的褶的效果。

例20. 腰身合体的荡领（图6-33）

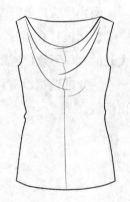

设计领口为AB，当款式为直身结构无法进行腰省转移（或没有腰省）时，通过腋下省转移而来的量不足设计的褶量，需要在中线另补充褶量，这样前中线就成为一条曲线。

将腋下省向领口转移。荡领的设计褶量$+CB=CB'$，$AB'=AB$（领口长）。新领口与中线的夹角必须为直角，得到前中线从领口至下摆中成为一条曲线，因此前中线必为一条分割线。

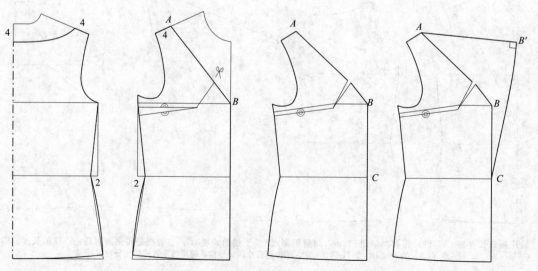

图6-33

2. 悬垂褶结构原理

悬垂褶在女装，尤其是夏装中的应用较多，前襟、领口、袖口等部位是装饰的重点。悬垂褶的形式主要有两种，可以从一个点出发形成褶，也可以从一条线出发形成褶。前者的结构原理与半身裙的悬垂褶相同，后者在边缘线上以不同位置放出褶量。

例21. 前襟以点出发的悬垂褶（图6-34）

前襟悬垂褶的褶量设计往往需要根据面料进行，所放褶多以水平为准，可以保证边缘线的横纱向经过处理后不会成为波浪状。前短、后长式下摆，需要检查下摆侧缝处前、后连接是否光滑。将腋下省转移至下摆，将增加的摆量与悬垂褶结合，使前片褶量更加饱满。

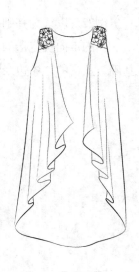

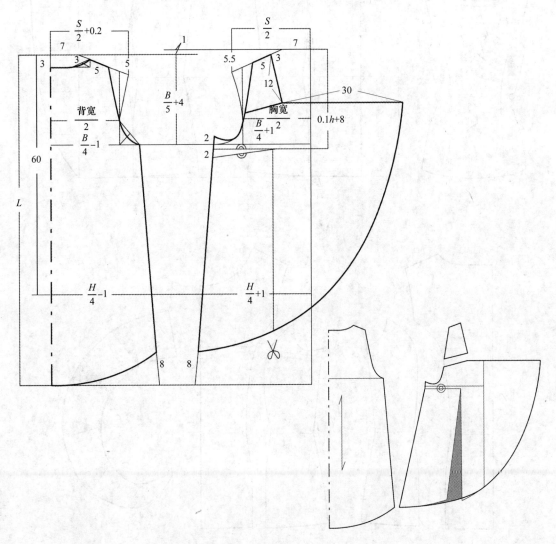

图6-34

例22．以线为基础的悬垂褶（图6-35）

褶的走向决定褶的结构形式，荷叶边构成的悬垂褶夹于前中缝内。悬垂褶是以夹缝为基础，从褶的一条边缘线出发，均匀旋转放出褶量，形成褶的状态。

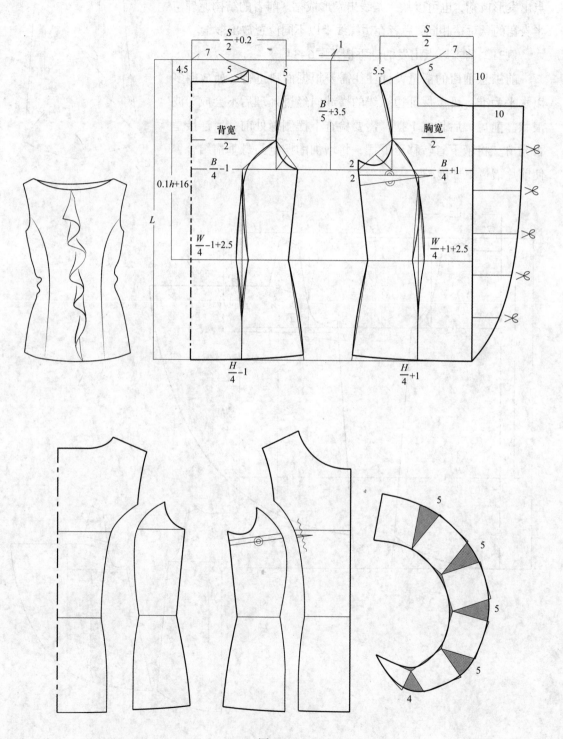

图6-35

例23. 以点出发的悬垂褶（图6-36）

以点出发的悬垂褶与前片衣身为一个完整的裁片，悬垂褶以每条折叠线的长度与角度为基础进行绘制，还需对折叠过程中转折所需要的量进行补充。

通摆省结构，腋下省向下摆转移，款式干净，更加突出重点。

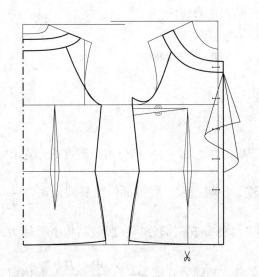

腋下省向下摆转移，形成通摆省。

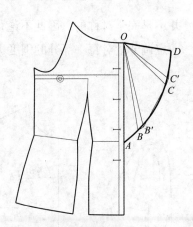

由于通摆省的省量非常大，需要对省道按照女性人体胸部轮廓进行修正。

按照悬垂褶的折叠线长度与角度展开，得到基础形。

测试所使用面料的悬垂效果，补充面料折叠时所需要的折叠量。

图6-36

第三节　女装三开身与侧缝转移

服装的作用是包裹人体，一件服装在何处进行分割、拼接是设计师的任务，但分割的部位是受到人体曲面限制的，分割线的设计恰当才能更好地表达女性人体的曲线。按照人体纵向曲线的特点，女装经常使用的分割形式为四开身结构，即在人体体侧进行分割，形成衣身前、后片，人体左右对称，便得到四片的结构形式。此外还可以按照人体背宽的位置对衣身进行分割，就形成三开身结构。

女装衣身的不同侧缝位置 $\begin{cases} 三开身结构 \\ 四开身的侧缝转移 \end{cases}$

一、衣身不同位置侧缝的理论基础

人体有身前和体后两个方向，左右对称，从围度上说，每一部分占总围度的 $\frac{1}{4}$ 左右。因此在服装结构上就形成四开身结构（图6-37），胸、腰、臀等部位的基础公式为 $\frac{B}{4}$、$\frac{W}{4}$、$\frac{H}{4}$。此外，人体也可以背宽为界，这样周身就分成三部分，在服装结构上就称为三开身结构（图6-38），每一部分占周身的 $\frac{1}{3}$ 左右，基础公式即为 $\frac{B}{3}$、$\frac{W}{3}$、$\frac{H}{3}$。人体前后并不是完全对称的，因此不论是三开身结构还是四开身结构，在公式的应用时，还需要有一定调节量对每一部分的围度进行调节，使其与人体一致。

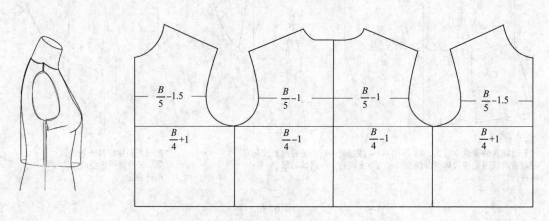

图6-37

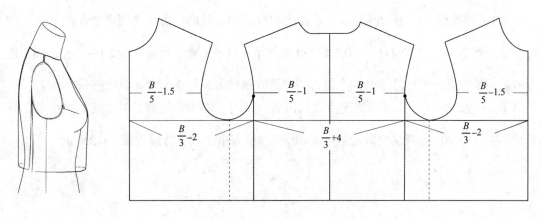

$$\frac{B}{5}-1.5 \qquad \frac{B}{5}-1 \qquad \frac{B}{5}-1 \qquad \frac{B}{5}-1.5$$

$$\frac{B}{3}-2 \qquad \frac{B}{3}+4 \qquad \frac{B}{3}-2$$

图6-38

二、三开身结构原理

三开身结构是男装的常见结构形式，女装的三开身结构来源于男装，因此具有与男装相似的结构特点，在廓型上体现出直线、硬朗的效果。女性人体的X型廓型主要由人体侧面胸、腰、臀的差所体现，但三开身结构的分割线在背宽附近，腰侧的凹形结构并不能很好体现，因此，女装三开身结构多用在传统女西装、外套、大衣等以直线条为主的、具有中性特质的服装上。

例24. 三开身西装（图6-39）

款式特点：较合体型，三开身结构，连体立领，领角与前襟的独特设计是款式的重点。

参考尺寸：

（单位：cm）

	L	B	W	H	S
净尺寸	55	86	68	90	40
放松量		+8	+12	+8	
成品尺寸	55	94	80	98	40

结构分析：

（1）前后中线之间的距离$=\dfrac{B}{2}+0.6$（腋下预留省量）$+0.5$（背缝预留省量），其中前片胸围$=\left(\dfrac{B}{3}-2\right)+0.6$，后片胸围是三开身后片胸围的一半增加0.5cm背缝预留量。

（2）腰围值的确定：以胸围为基础确定前后中心线的位置，腰围需要在此基础上进行设计，腰围前后总省量=[$\frac{B}{2}$+0.5（背缝预留量）+0.6（腋下预留省量）]−$\frac{W}{2}$=8.1cm，这个省量需要合理分配在腰围的四个位置，背缝收量较多，可以使背部曲线感强。

（3）在基础线中，臀围值无法达到所需尺寸时，需要在侧缝处补充所缺少的量，补充量=$\frac{H}{2}$−[$\frac{B}{2}$+0.5（背缝预留量）+0.6（腋下预留省量）−2（背缝省量）]=2.9cm。

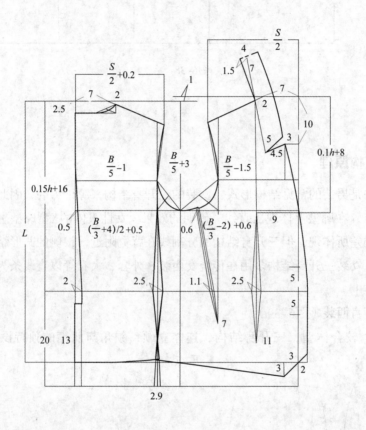

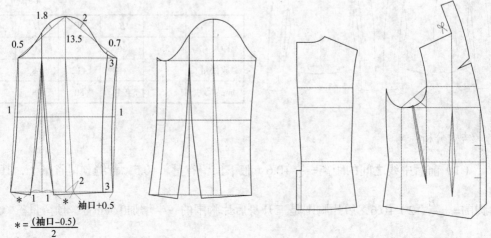

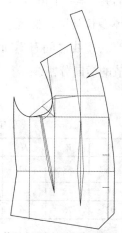

以腋下省的省角α为基础，
在肩省的位置以胸点为旋转
点，放出省量。同时袖隆曲
线在腋下发生改变。

修正由于省转移所变形的袖
隆曲线。

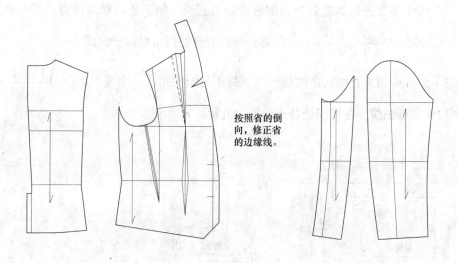

按照省的倒
向，修正省
的边缘线。

图6-39

三、四开身侧缝转移

　　女装常用的四开身结构与三开身之间并没有本质的区别，只是衣身的纵向分割位置不同，一个是在人体体侧，另一个是在背宽附近。也就是说，四开身与三开身结构之间是可以互换或调整的。在四开身结构中，可以将原来体侧的分割线挪至背宽处即可以得到三开身结构。

例25．四开身侧缝转移（图6-40）

款式特点：合体型长马甲，侧缝合并，半公主线结构，后片半公主线之间有横向装饰腰带，可以遮挡住腰节的横向分割线。

参考尺寸：

（单位：cm）

	L	B	W	H	S
净尺寸	70	86	68	90	40
放松量		+6	+8	+6	
成品尺寸	70	92	76	96	40

结构分析：

（1）前、后衣身在款式设计上风格一致，均为公主线与胸宽、背宽线处的纵向分割线（半公主线）相结合，形成两条平行的公主线外观。中片在腰节处设计横向分割线，可使半公主线有条件放缝份。

（2）由于需要进行侧缝合并，侧缝必须为直线，腋下省转移后所得到的折线需要修正为直线。胸腰差=$\frac{B}{4}-\frac{W}{4}$=4cm，腰省分配在衣身的两条纵向分割线中。

（3）侧缝必须为直线状态的情况下，臀围与胸围在同一个范围内，但$\frac{H}{4}-\frac{B}{4}$=1cm，可以利用纵向分割线，在臀围处补充所缺少的量。

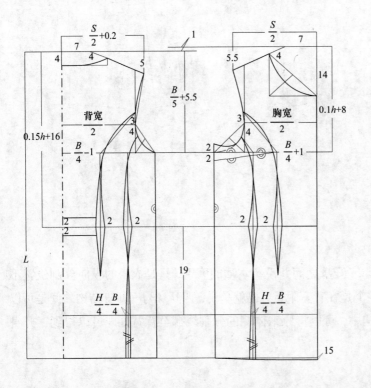

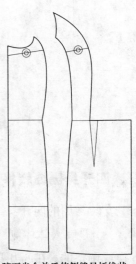

腋下省合并后使侧缝呈折线状态，需将其修正为直线方可进行侧缝的合并。

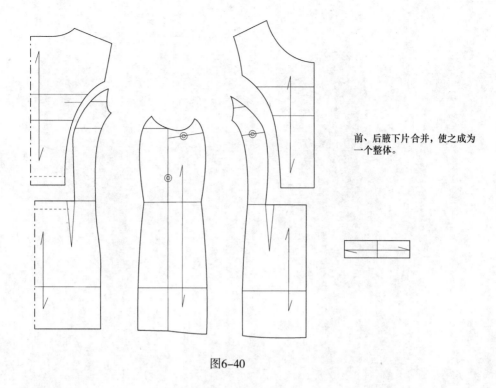

前、后腋下片合并，使之成为
一个整体。

图6-40

课后思考题

1. 省与褶的设计对女装有何重要意义？

2. 根据每节内容，设计相应女装衣身部分的款式，并进行结构分析、绘制结构图。

基础理论——

领子结构设计原理

课程名称： 领子结构设计原理

课题内容： 领子是女装中重要的结构部件，领子的结构设计也成为女装结构设计的重点内容。无领片的领口单独使用具有独特效果，大领口与胸省之间存在一个由女性人体胸部所形成的特殊关系。在不同领片形式中，根据结构原理可以分为立领、平领、驳领，它们的基础结构以及变化领型、综合领型等的结构设计是本章的重点内容。

课程时间： 10课时

教学目的： 掌握脖子、领窝、领片之间的协调关系，掌握立领、平领、驳领的基础结构，对不同领型结构变化能很好掌握。

教学方式： 理论讲授

教学要求： 1. 掌握领口单独使用时的结构原理。

2. 掌握立领、平领、驳领的基础结构图的制图原理。

3. 掌握不同类型领型变化的结构原理，对领子省与褶的变化有较好地理解。

第七章　领子结构设计原理

　　领子是服装上重要的部件，其重要性可以从"领袖"一词看出来。领子与衣身的关系紧密，附着人体脖子附近，因此其结构必须考虑人体躯干、肩和脖子以及它们之间的关系。当然，衣身领窝也可以单独使用成为服装中一个重要的类型。

　　从结构上讲领子可分成立领、平领和驳领三类，而立领又可归结为平领的一种特殊情况。

第一节　脖子与领子

一、女性人体脖子特点

　　人体躯干至肩膀的曲面较为平缓，脖子与肩膀呈十字结构，并前屈，男性脖子较女性前屈量略大。脖子下粗、上细，但前、后与侧面各部位的倾角各不相同，并且脖子与肩膀前、后的结构关系也有很大区别（图7-1）。因此，在衣身结构中，前片领深较后领深大得多。脖子最细处距颈跟4.5cm左右，合体领子，尤其是立领的高度最好不要超过这个值。

图7-1

二、领口的变化

　　不论是否有领片，领口都是制图的基础。领口具有穿着的功能性和装饰性两方面的特点；领口越小，功能性所占的比重就越大，合体型的领口曲线必须按一定比例绘制。当领口开得较大时，领口远离脖子，装饰性突出，领口曲线可以按照设计绘制。不论有无领片，领口结构都具有相同的原理。

1. 常见领口结构

常见的领口形式有圆领、方领、一字领、V形领等，这些领口形式按照制图基础可以分为矩形领窝形式与三角形领窝形式两类。

基础领口（图7-2）：采用相对固定的值，对多数人来说都与颈跟围度有约0.5cm松量。当需要领口较大时，必须在由基础领窝确定的肩斜线上将领口开大。

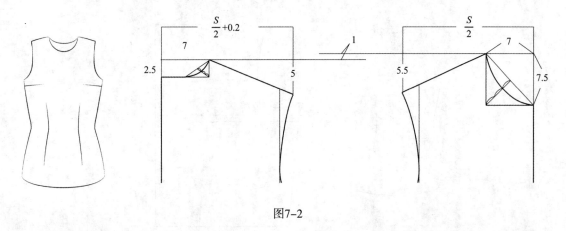

图7-2

圆领、方领、一字领等均以矩形为基础，也就是在确定领宽和领深后，确定领口矩形，在此基础上绘制领口曲线。

当领口加大时（图7-3），按照款式设计领深，领宽必须在基础肩斜线上增加设计量，这样可使肩斜线保持不变。当领口较大时，不需要按照比例绘制领口曲线，而多以所设计的款式直接绘制。

夏季贴身穿着的服装，领口的深度应当受到限制，过深的领口使胸部裸露太多，

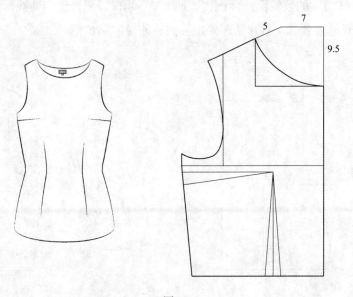

图7-3

影响穿着。日常穿着服装的领深≤15cm；礼服、休闲类服装的领口深度可按照设计需要加大。

如图7-4所示为组合领型，在圆领口的基础上增加水滴状开口。结构设计时，应综合考虑圆领窝与水滴的总深度以及二者之间的比例关系。

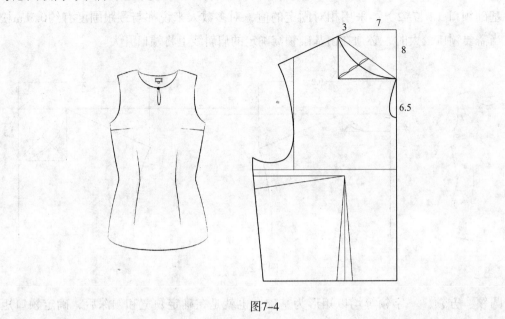

图7-4

一字领（图7-5a）结构受到人体肩宽的限制，在结构设计时，应该尽量将领宽增加，同时减小领深，以达到一字形效果。一字领的后领窝的形状可以任意选择，一字领、圆领或V字领等都是很好的搭配。

V字形领口（图7-5b）本身为三角形结构，因此在结构制图时以三角形领窝为基础进行制图。由于人体前胸的倾斜而产生视错，通常V字领口需要修正为曲线形式。

当V形领口开得很大时，后片领深要小一些，避免肩部滑落。

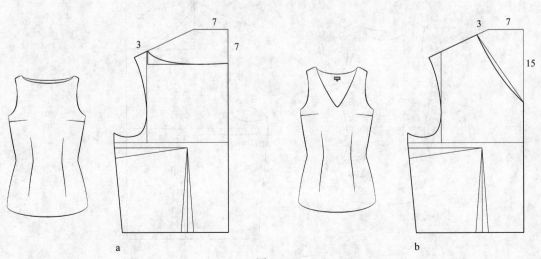

图7-5

2. 低胸领口

低胸领口多设计在礼服及休闲类服装上，款式变化多样，装饰性强。低胸领口裸露身体面积大，低胸、露肩或袒胸露背，在结构上注意领深的确定以及领口收省量的设计。

例1. 抹胸领口设计（图7-6）

抹胸设计的低胸领口多用在礼服或内衣上，胸围放松量≤2cm，并在胸部上缘收省，使胸部造型符合人体曲线。对于没有吊带的抹胸服装来说，还应在衣服内侧的侧缝处夹缝宽3cm左右的松紧，在后中心处以尼龙搭扣固定，以防衣服滑落。

领口设计在胸部上缘，曲线造型依照胸部形状设计。前片公主线设计在胸点所在的位置，可以更好地突出胸部的廓型。分割线修正为与人体相应位置一致的曲线，使衣服的整体造型更加美观。

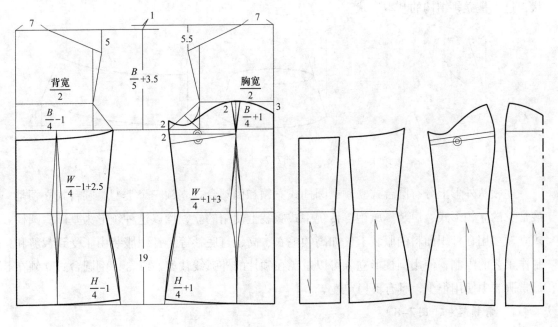

图7-6

第二节　立领结构设计原理

立领是领子中面积最小的领形，但立领与人体脖子的结合却最紧密。因此，立领结构必须与脖子很好地结合，才能体现出领形的特点。

$$立领结构\begin{cases}圆台式立领\\圆柱式立领\\倒圆台式立领\\连体立领\end{cases}$$

一、立领与前领起翘

颈与领的关系是立领结构制图的关键，立领大多是合体与较合体的款式，这就决定了领片制图的准确性较高，因此对颈与领之间关系的讨论就是立领制图的最重要的理论依据。

人体颈根较粗而中部细，也就是不同部位的围度不同。可将颈部近似地看作一个圆台，如图7-7所示，我国成年女性平均颈侧倾角为7°，圆台表面积展开后为一个扇面的形状，这也是立领结构的基本形状。

图7-7

立领从外形上分有圆台式立领、圆柱式立领和倒圆台式立领三个类型。圆台式立领是最常见的立领形式，唐装、旗袍等传统中式服装上使用的立领均以这种领形为基础；圆柱式立领多用在针织面料的服装上，如高领毛衣、高领打底衫等。针织服装由于受到裁剪和制作工艺的限制，使用圆柱形立领可以避免在领片的外弧线裁剪、缝合；倒圆台式立领在日常服装中使用很少，具有不稳定性。

1. 前领起翘（图7-8）

立领的基础线为后中心线（纵向）和以领底弧线的后中心点为起点的下平线（横向）。立领的前领中心点距下平线的距离a称为前领起翘。前领起翘量a的多少决定了领的直立状态，不同取值使得领底弧线曲率不同，前领起翘量越大，曲率也越大，相应领子的内、外弧线的差也就越大，领的合体程度就越好。当起翘量减小时，领的内、外弧线差也随之减小。

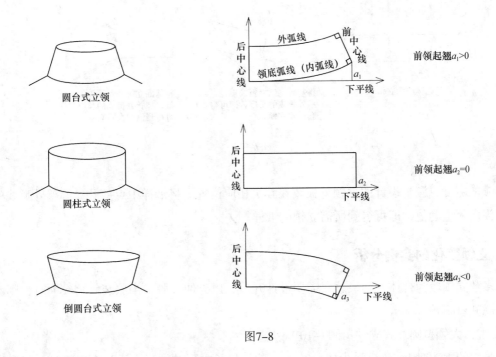

图7-8

立领是由领底弧线、领子的外弧线、后中心线以及前中心线围合成的裁片。不同形式的立领，由于领片的领底弧线与外弧线长度不同，所形成的结构也不同。圆台式立领的外弧线较领底弧线短，因此结构呈上弯状态，这与圆台表面展开图相似。圆柱式立领的内、外弧线长度相同，所得到的结构图即为一个矩形。而倒圆台式立领外弧线长，所以结构呈向下弯曲的状态。

领底弧线前中心点的起翘程度（前领起翘）即成为描述不同立领形式的重要指标，不同的前领起翘量可以得到不同形状的立领：圆台式立领的前领起翘$a_1>0$，圆柱式立领的前领起翘$a_2=0$，倒圆台式立领的前领起翘$a_3<0$。

圆台式立领的前领起翘值的正确选取非常重要，取值过大，可使领口尺寸太小而无法穿着。基础领窝所对应立领的前领起翘≤2.5cm，当领窝较大时，前领起翘的值可适当加大，将立领围合后的领口不超过基础7°线即可。倒圆台式立领外弧线较内弧线长，成为不稳定的领型，前领起翘值的选择通常受到领宽、面料及制作工艺的限制。

2. **领宽的确定**

在基础领窝上装缝立领时，领宽受到脖子长度的限制，领子的外弧线应该位于脖子的最细处，也就是低头时，项下至颈跟的距离即为领子的高度。一般女性脖子所适应的领宽≤4.5cm，年龄越大，项下的赘肉越多，领子应该越窄。

当领子的宽度超过实际情况时，立领的前部分即可由于人体正常活动、低头等，受项下赘肉的阻挡而发生变形，影响穿着效果。

对初学者来说，正确选择前领起翘是较困难的，可以利用圆柱式立领的纸样转换而来（图7-9）。衣身领窝长度是一个确定的值，利用该值绘制出圆柱式立领的纸样，按照设

基础圆柱式立领　　　将基础立领外弧线重叠，减　　　将基础立领外弧线放出一定
　　　　　　　　　　小外弧线的长度，即可得到　　　量，加长外弧线的长度，即
　　　　　　　　　　圆台式立领。　　　　　　　　可得到倒圆台式立领。

图7-9

计立领的宽度，测量设计的立领外弧线在脖子相应位置。将纸样中点剪开，调整外弧线的长度为所测量的值，即可得到所需立领的纸样。

二、立领变化的实例分析

多数立领较为合体，套头款式需要设计开口，以方便穿脱；当服装领窝较大时，则不必考虑开口问题。

例2. 大领口圆柱式立领（图7-10）

肥大的立领T恤，放松量为60～80cm，裁片呈长方形结构。由于没有肩斜量，且肩宽大大超过人体肩宽，因此在穿着时两侧下摆下坠，使得下摆呈很随意的曲线造型。很大的领口，柔软的针织面料，使得圆柱形立领随意下垂、堆积。

由于胸围放松量特别大，由基础袖窿深公式$\frac{B}{5}$得到的值很大，按照设计袖窿的深度，调节量选择负数。其实对于这种款式，袖窿深的值并没有合体款式那样重要，在此只有确定侧缝车缝位置的作用。T恤使用针织面料，无需设计腋下省，整件衣服呈平面状态。

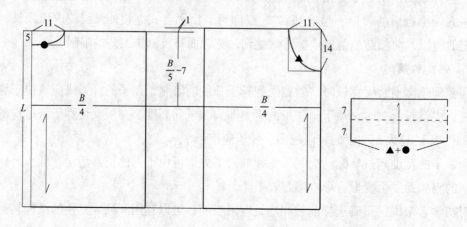

图7-10

例3．中式立领（图7-11）

中式立领多数较为合体，可在基础领窝上装领片。首先测量基础领窝的长度，以此为基础绘制领片。

中式立领是在基础圆台式立领上将前角修正为圆角。

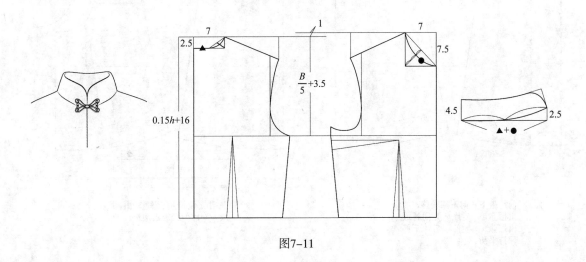

图7-11

例4．纵向褶立领（图7-12）

较宽松的款式，但无袖装的袖窿不宜太深，因此袖窿深的调节量应该小一些。

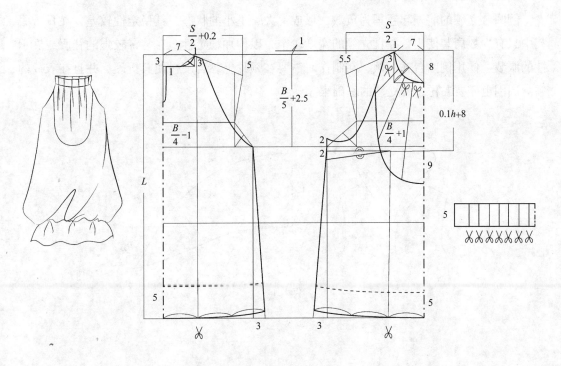

图7-12

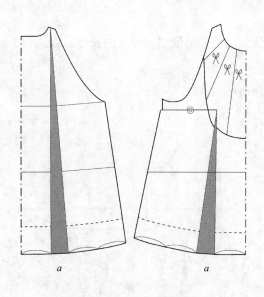 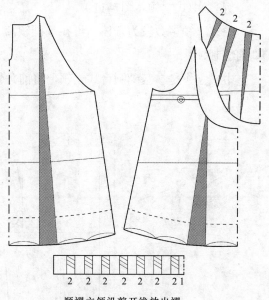

前片腋下省向下摆转移，放
出摆量a，后片剪开同样放
出摆量a，使前、后片下摆
保持平衡。

顺褶立领沿剪开线放出褶
量。胸片剪开放出褶量。

图7-12

例5. 倒圆台立领（图7-13）

倒圆台立领的前领起翘量为负数，形成上大、下小的状态，其稳定性较差，在日常服装中只有少数唐装使用，并且立领的宽度较窄，以增加稳定性。在装饰较强的礼服或展示性的服装上使用倒圆台式立领，在制作时需要在领片上黏合硬衬使其挺硬，并且在衣片的领窝周围也需要黏衬，使立领的基础牢靠。

 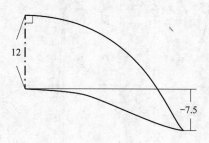

图7-13

三、连体立领

连体立领是指领片与衣身连为一体或部分相连的领型。人体躯干与脖子连接处的转折较为复杂，连体立领的结构与人体相吻合部位有较大的矛盾，因此对款式的限制较多，其合体性不如装领。在款式设计上，连体立领的领窝通常开得大一些，使结构尽可能与人体实际接近。结构制图要把握在基础领窝上以人体颈侧的倾斜度所构成的7°线作为基础值，领外弧线的侧点只要在该线以外，在穿着上就不会有功能上的障碍。连体立领多数使用在中式服装上，呈现含蓄的特点。

例6. 前片连体、后片不连体的立领（图7-14）

领口开大2cm，在此基础上绘制立领。首先确定领底弧线，在颈侧点处确定颈倾角的7°线，立领向内倾斜不超过此线即可。领窝的半分割线与领窝省结合，使腋下省向该处转移成为可能。后片衣身与领片分开，立领结构同普通立领，衣片领深仍为2.5cm，立领的后中心点在领窝以上1cm处，所绘制出的领底曲线弯度较小，且较衣片领窝曲线短，因此需要在领片的后中心线处进行调整以使两条曲线长度相等。

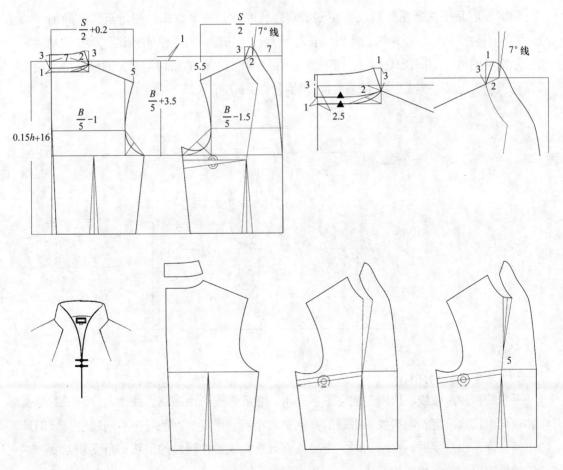

图7-14

第三节　平领结构设计原理

平领是女装中使用率最高的一类领形，不同的外形有的表现为朴实、大方，有的则俏丽、可爱。平领与衣身的接触面较大，因此受到人体的影响也大。

$$
\text{平领结构}\begin{cases}\text{平领与倾倒量}\\\text{衣片上制图的平领}\\\text{平领上的褶}\end{cases}
$$

一、平领结构原理

倒圆台式立领从结构可以看出是一种很不稳定的领型，由于领子的外弧线较内弧线长，领片很容易形成外翻状态，而得到平领。衡量平领与衣身关系的量称为倾倒量，倾倒量具体指领的下平线至后领中心点的距离。

领窝长度是平领制图的基础，在测量领窝长度时，按照款式，测量至领窝的前中心点，领台不包括其中。领片的领底斜线长与领窝长度相等。对于平领来说，重要的是确定领子倾倒量的值，不同领窝大小、领子的宽度、领片与身体的贴切程度，倾倒量都不同，若在基础领窝上装平领，领宽为8cm时，倾倒量在3cm左右（图7-15）。

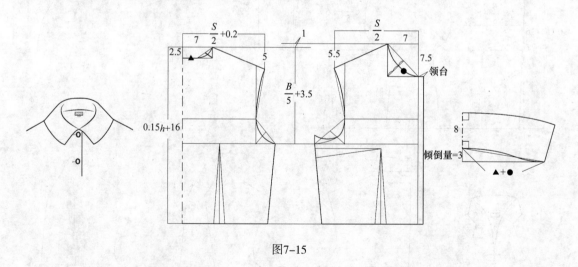

图7-15

平领的领片由三线、两面构成（图7-16）。领底弧线长由领窝弧线确定，领子的外弧线和领角由款式决定，翻折线由平领的倾倒量大小自然形成。因此对于不同领型，倾倒量的正确选择是很重要的。在制图时，需要认真观察款式图中领角的形状、角度和宽度，才能正确绘制出与款式相同的领片。

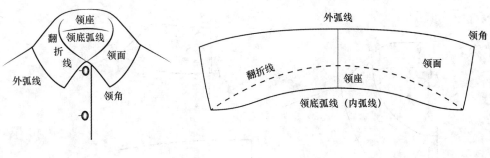

图7-16

二、平领与倾倒量

对于平领来说倾倒量是最重要的量，不同状态的平领，其倾倒量也不尽相同。

1. 立领的前领起翘与平领倾倒量的关系

立领形态不同时，前领起翘的值也不同，当前领起翘为负数时，立领为倒圆台式，成为不稳定领型，而这种领型的结构与平领的结构非常相似（图7-17）。其实，立领与平领在结构上属于同一原理，只是结构图的下平线的位置有所不同：立领下平线（X_1 轴）确定在立领的领底弧线的后中心点，而平领的下平线（X_2轴）是以领片的前中心点为标准。

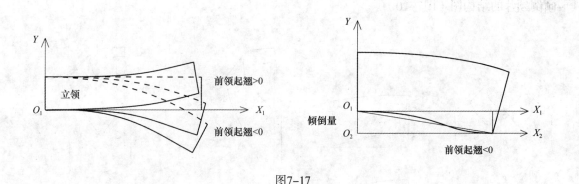

图7-17

2. 领片与领窝的关系

领片结构准确与否在于能否与衣片很好地吻合并准确地表达设计要求。平领的三线两面与领窝及衣片有着密切的联系，如图7-18所示，在平领的成品形态的前、后示意图中，可以很清楚地看出领座、领面与衣片之间的关系。

3. 不同倾倒量与领片倾倒状态的关系

当领窝、领片宽等因素不变时，决定平领不同倾倒状态的决定性因素就是倾倒量。如图7-19所示，倾倒量为3cm时，所得到的平领的直立状态较好；当倾倒量为6cm时，平领趴伏在肩上的量增大。

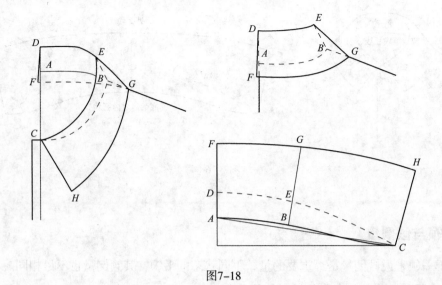

图7-18

实际上，平领趴伏在肩上的状态如何，主要是领片的外弧线长度增加所致。内、外弧线长度的差越大，领片的弯曲程度就越大，所得到的倾倒量也越大，领子趴伏在肩上的量也就越大。

领片趴伏在人体肩上的幅度加大时，前身与后背并没有对领片进行阻挡，影响趴伏效果的是人体的肩部。在基础领片上若将肩线所在位置剪开，放出相应的量，即可得到所需倾倒领片的结构图（图7-20）。

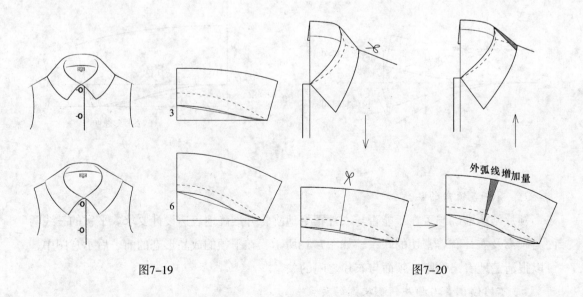

图7-19　　　　　　　　　　　　　　　图7-20

当领片外弧线长度增加时，翻折线的长度也随之增加，这时由领片翻折而形成的状态就将领片自然分为领面和领座两部分，而领座的宽度随着外弧线长度的增加而减少，领面的宽度就会相应增加。

4. 领宽与倾倒量的关系（图7-21）

领窝弧线的长度与形式没有变化，只增加领片的宽度，领片在肩膀处就会受到阻挡，因此在这部分须剪开增加一定量，使外弧线的长度增加，同时倾倒量也随之增加。由此可知，领宽增加，倾倒量的值也需相应增加，它们之间密切结合是决定领子结构的重要因素。

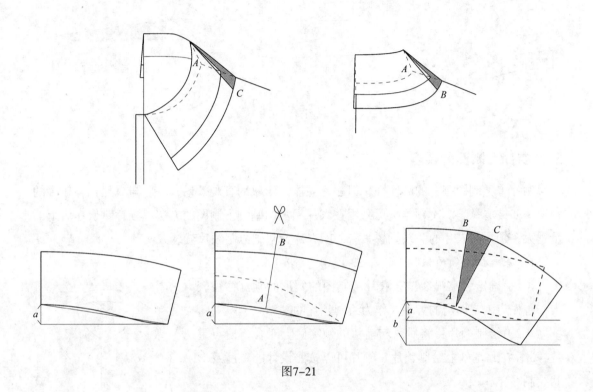

图7-21

5. 领座的调整（图7-22）

平领的领座部分实际呈立领形态，如果用立领结构分析，平领的前领起翘为负值，形成倒圆台式立领，这样就使领子远离脖子，与所需要的平领领座形式有一定差距。由于面料有一定伸缩性，常常在缝制过程中利用归拔手段将领片进行整理，使之尽量达到较好的状态。但由于一片完整的织物，归拔、整理是有限的，因此为使平领结构达到理想的形态，可将领片一分为二，对领座和领面分别进行适当调整·B点位置要离开领片的前中点，可以更好地隐藏分割线。领座部分分割线AB的长度减少1cm左右，使其尽可能达到较为理想的立领状态，领面分割线AB减少0.5cm，领面与领座的差为领面的吃量，这个吃量保证了面料厚度与领面在外层所需的容量。

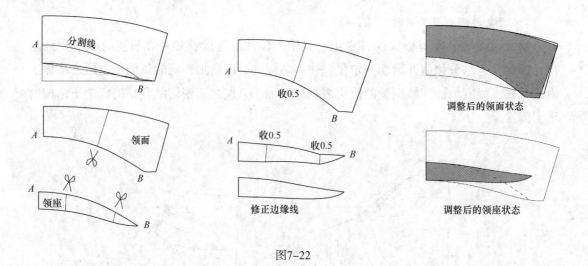

图7-22

三、衣片上制图的领型

领片单独制图有它的简便性，但缺乏立体、形象的直观效果，一些与衣片相叠较多的领型（如披肩领、海军领等）可采用在衣片领窝的基础上制图的方法。领片趴伏在肩上的量越大，领片与衣片的关系就越紧密，以衣片为基础绘制领片就越方便。

1. **基础披肩领的结构**（图7-23）

（1）确定领窝弧线：在衣片上制图的领形的领窝往往较大，首先应确定领窝的大小，作为绘制领片的基础。

（2）绘制领片：将后片与前片的领窝侧点对合、肩点重叠4cm，在此基础上绘制领片。领片可以按照设计的宽度及形状绘制。

（3）领底弧线修正：对领底弧线的前部分进行适量修正，使之更符合领窝的凹量。

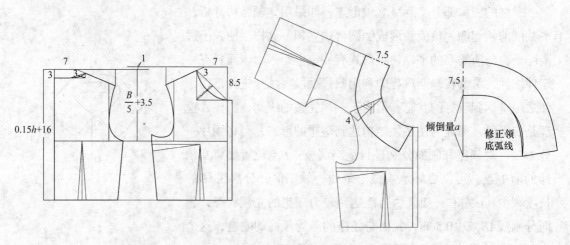

图7-23

2. 肩点重叠量与平领倾倒量（图7-24）

肩点重叠量不同，所得到的平领倾倒量也不同。从结构上讲，前、后肩点重叠量越小，领片的外弧线越长，领子的弯度越大，领片的趴伏量越大，领片与衣片贴合越好，倾倒量也大。也就是肩点的重叠量与倾倒量之间成反比。图中重叠量从0～6cm取值时，领片的倾倒量 $a > b > c > d$。因此在领片结构制图时，应该根据领子的状态确定肩点的重叠量，以达到较准确的结构。

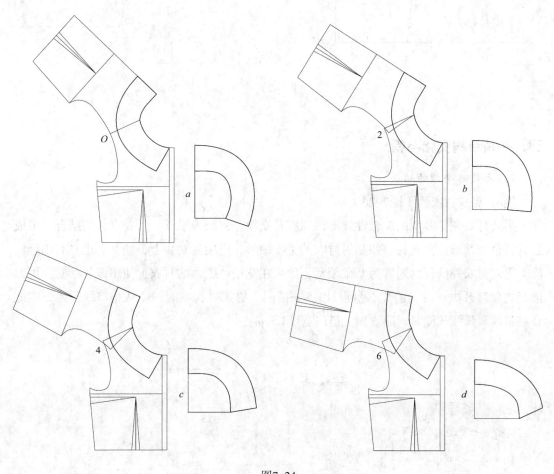

图7-24

例7. 海军领（图7-25）

海军领是使用率很高的披肩领，在小学的校服、鼓号队制服等服装上应用很多。前片是V形领窝，后片仍为基础领窝，领窝宽度增加1.5cm。海军领有较低的领座，因此肩点设计4cm重叠量。

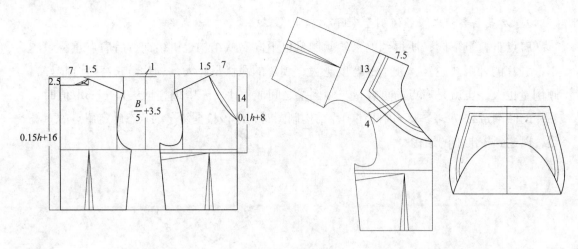

图7-25

四、平领结构变化与褶

1. 立领与平领的结合

例8. 男式衬衣领（图7-26）

男式衬衣领是典型的综合性领形，领座是立领，领面为平领，二者有机的结合，形成独具特色的领形。男式衬衣领是男衬衣的主要领形，应用到女装上，使女装也具有阳刚气质。男式衬衣领的领窝通常为基础领窝，如果在宽松、肥大的衬衣上使用该领形时，可以适当将领窝开大一些。前片衣身设计1.5cm搭门，男式衬衣领的领座从止口线开始，因此在测量领窝弧线长度时，应该加上搭门宽度1.5cm。

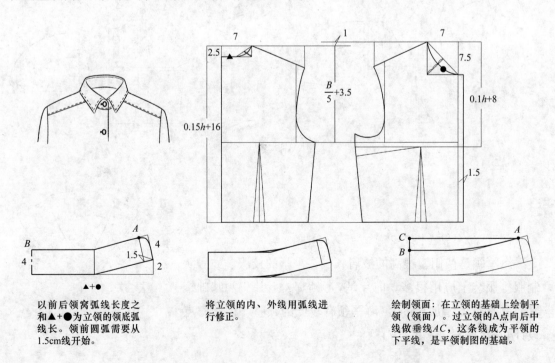

以前后领窝弧线长度之和▲+●为立领的领底弧线长。领前圆弧需要从1.5cm线开始。

将立领的内、外线用弧线进行修正。

绘制领面：在立领的基础上绘制平领（领面）。过立领的A点向后中线做垂线AC，这条线成为平领的下平线，是平领制图的基础。

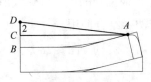

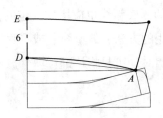

过平领的下平线后中点C确定平领的倾倒量2cm。连接AD，即平领的领底斜线。

将AD修正为小弧线，即领底弧线。设计平领的宽为6cm，按照设计画出平领的领角，并作平领的外弧线。

领面宽度的确定：由于平领作为领面，应该完全覆盖领座。领面的转折需要消耗0.5cm左右量，里外共需要0.5×2=1cm。领面还需要遮挡领座的领底弧线，所需量大约为1cm，因此领面宽=4（领座宽）+0.5×2+1=6cm。

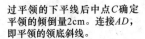

图7-26

2. 褶领

平领的省和褶主要出现在领的外弧线或领的前部。在结构上首先画出基础领片，在需要褶的地方剪开，按不同的需要（平移、旋转或同时使用）放出省量或褶量。

在披肩领中，当领窝长度不变，只在领的外弧线增加褶量，可旋转放褶（图7-27）。

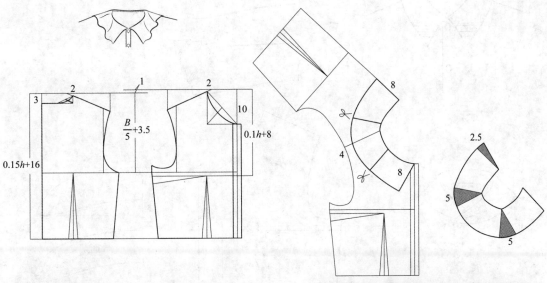

由于领子完全趴伏在肩上，因此用衣片上制图的形式来绘制领片。

等分领窝曲线，设置放褶剪开线。按照设计的褶量，沿剪开线放出褶量，在后中心线处放出褶量的一半，领片左右对称，此处的褶量与其他部位相同。

图7-27

若在领窝处也设计褶，领片的领底弧线也应增加一定的褶量，根据领的里、外弧线所增加褶量的长度之差来决定所使用的方法，或旋转、或平移、或两者结合使用。

当只在领片的个别部位设计褶时，可只将该部位剪开放出所需的褶量（图7-28）。

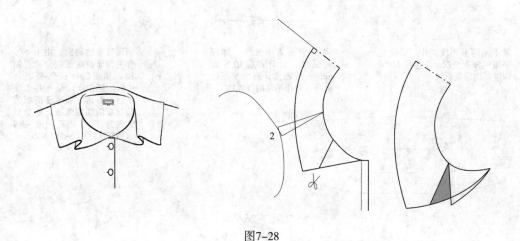

图7-28

平领褶的设计常出现在领的前端或领角处，其变换应在基础领片上需要褶的位置剪开，放出褶量（图7-29）。

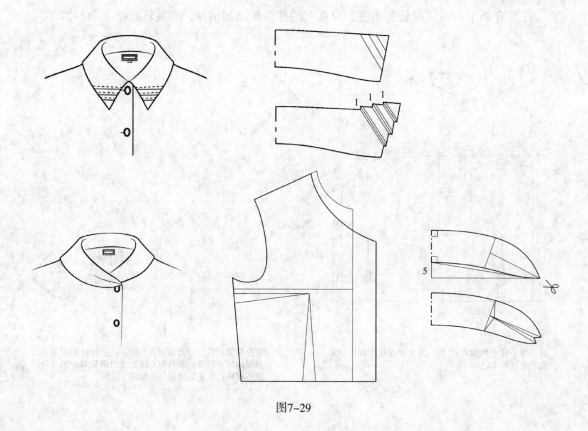

图7-29

第四节　驳领结构设计原理

驳领是有领子翻驳部分的领型，西装领就是典型的驳领，驳领的形态各异，但制图原理却大同小异。在结构制图上与平领最典型的区别是驳领是在前衣片的基础上制图。有一些驳领款式与平领或立领相结合而成，所以在结构制图上结合了两种领型的制图方法。衡量、绘制驳领的最主要指标是倒伏量，它决定了驳领领片的贴体程度。

$$
驳领的结构\begin{cases}对称法绘制驳领\\[4pt]驳领与倒伏量\\[4pt]驳领的褶\end{cases}
$$

一、对称法绘制驳头

对称法是服装结构制图中常使用的手法，在驳领结构中，对称法是指驳头关于翻折线的对称结构。利用对称法绘制驳头非常简单、易懂。

例9. 连体领片（图7-30）

翻折的领片（驳头）与衣片连为一体，翻折线应该为直线，但由于面料柔软、轻薄的特性，较长的翻折线使领窝弧线自然形成悬垂状态，成为曲线形式。

直线连接前领深点与领宽点，构成驳领的翻折线。按照款式图的设计，绘制出驳头。利用对称法，关于翻折线对称绘制驳头。在款式设计时，需要注意驳角必须在前中线（对折线）的裁片一侧，以保证驳头的缝份。

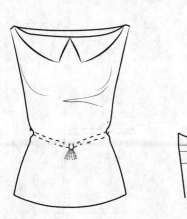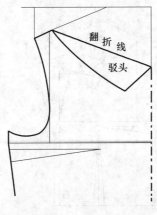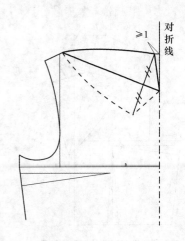

图7-30

二、典型的驳领——西装领结构图

驳领与衣身之间的关系较平领更为紧密，因此以衣片为基础，可以更准确、更便捷地绘制结构图。西装领的领片与平领结构相似，领片与驳头相连（连线称为串口线），而驳头与前衣身连为一体，是前衣身的一部分（图7-31）。

在女装中，领角、领片、驳头都没有一定的程式，可随流行、个人爱好较灵活设计。

1. 西装领结构图绘制（图7-32）

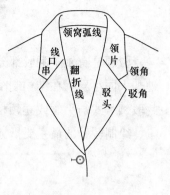

图7-31

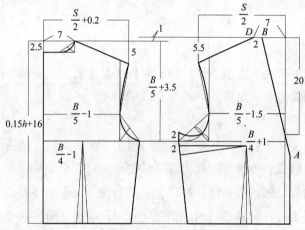

确定翻折线：设计领深为20cm，距领窝侧点D 2cm确定点B，连接B与领深点，并延长至止口线于A点，AB即为驳头的翻折线。

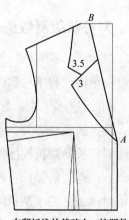

在翻折线的基础上，按照款式设计绘制出驳领。

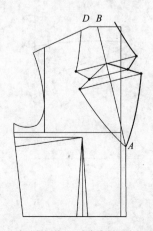

关于翻折线AB对称绘制驳头与部分领片，注意对称点的选取。

过D点，作翻折线AB的平行线DC，延长串口线至C。

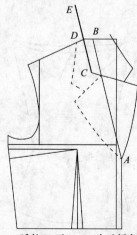

延长CD至E，DE为后领窝弧线长。

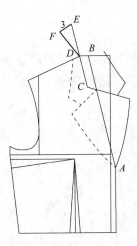

过D，作DF=DE，形成底边长为3cm的等腰三角形，3cm即为驳领的倒伏量。

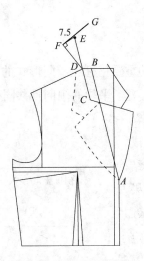

过F，做DF的垂线GF，该垂线即为领片的后中心线，领宽GF=7.5cm。

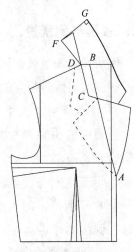

过G做领片的外弧线，光滑连接至领角。绘制该曲线时，需保证外弧线与后中线垂直。

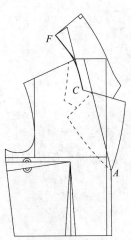

将领片的领底弧线CF修正为光滑的曲线。

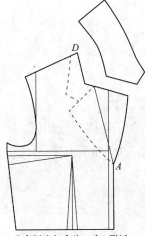

分离领片与衣片。在D附近，领片与肩点有少量重叠。

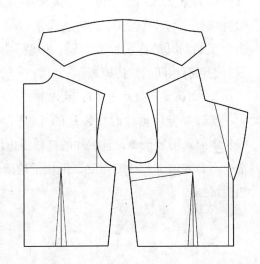

图7-32

2. 驳头与领片夹角的确定（图7-33）

夹角的大小完全是设计量，但其选择应该按照人们已经习惯的视觉效果来确定，通常取值75°左右。由于服装在穿着时面料及领片的张力作用，有时夹角会被拉大，在结构设计时应该考虑到实际情况设计夹角的量。

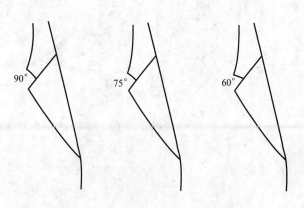

图7-33

三、驳领与倒伏量

倒伏量是衡量驳领倒伏状态的重要指标，不同形式的驳领在结构上由不同倒伏量所决定，驳领的倒伏量与立领的前领起翘、平领的倾倒量共同构成领子结构的基础。

1. 倒伏量与倾倒量的关系（图7-34）

驳领由驳头和领片两部分组成，它们合理、有效地结合，使领的结构完整、形态达到与设计相符的效果。对于领片，倒伏量的大小决定着领片的领底弧线曲率的大小，最终决定了领片内、外弧线的差。由此可以看出，驳领的倒伏量与平领的倾倒量具有同样的意义和功效。由于驳领领片的特殊性及与平领制图习惯的不同，决定了制图时的衡量标准不同，但驳领与平领有相同的结构原理。

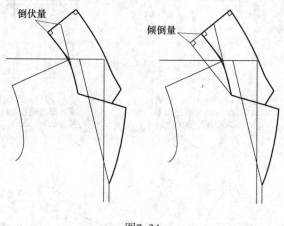

图7-34

2. 倒伏量与领片宽（图7-35）

当领片宽度增加时，领片的外弧线长由原▲增加至●，且领片的整体量也增加了阴影部分的值，所以在领窝、领座不变的情况下，要增加领片的宽度，倒伏量的值由AB增加至AC。因此当领宽增加时，倒伏量也相应增加。

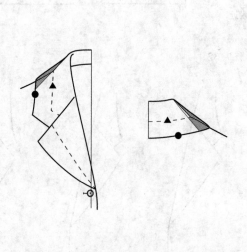

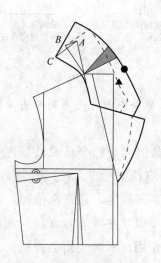

图7-35

3. 倒伏量与前领深（图7-36）

假设领片的宽度与串口线的位置不变，只增加前领的深度，翻折线的位置随之发生变化，领片的外弧线与内弧线的差减小，领片外弧线的曲率也随之减小，相应倒伏量就应减小。一般向下移一个扣位，倒伏量减少0.5cm左右。

4. 倒伏量与搭门宽的关系（图7-37）

双排扣设计需要较宽的搭门，当止口点的位置不变、而搭门宽度增加时，领深同时减小。这时领片的外弧线长度增加，倒伏量随之增加。

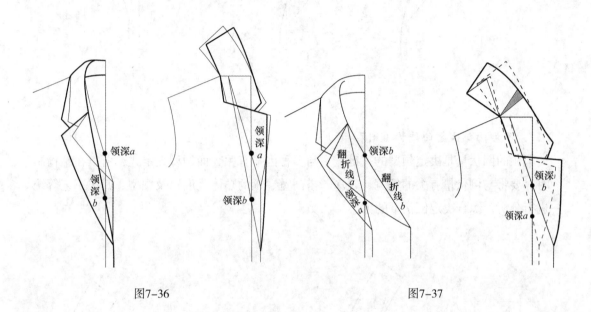

图7-36   图7-37

5. 倒伏量与领的贴体度（图7-38）

倒伏量加大时，领的外弧线相应加长，领子趴伏在肩上的量增加，领座宽度减小并远离颈部，同时领面宽度增加。为使领片更好地与脖子结合，也常常使用与平领相同的做法，即将领面与领座分离，进行相应地调整，使领座的直立程度增加，同时将领的外弧线加长，使领子的适体程度更好。

6. 倒伏量与领子造型的关系（图7-39）

领子造型千姿百态，不同的造型对倒伏量的要求也不同，有无领嘴及领嘴的大小，其倒伏量的取值都有小的改变，一般在0.5cm左右。有领嘴时，成品的领片、驳头部分的外弧线牵扯力相对较小，有一定调节能力，相应倒伏量可小一些。无领嘴时，如青果领，外弧线为完整的曲线，翻折时牵扯力较大，相应倒伏量应较相同情况下有领咀的领型增加0.2~0.5cm。

图7-38

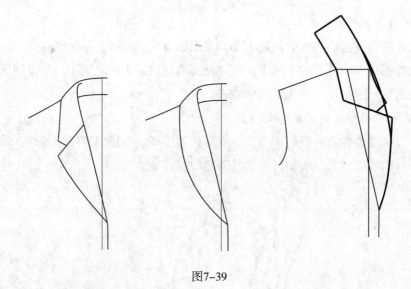

图7-39

7. 不影响倒伏量的结构（图7-40）

驳领的倒伏量是决定领型的关键，它与多种因素有关，而领型无定式，所以在结构制图时，要将与倒伏量有关的领宽、领深、搭门宽、领的贴体程度以及领型、归拔工艺等统一进行分析，综合决定倒伏量的大小。

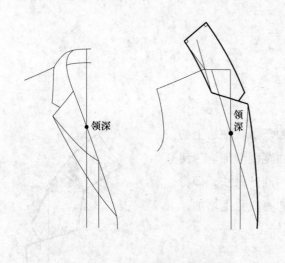

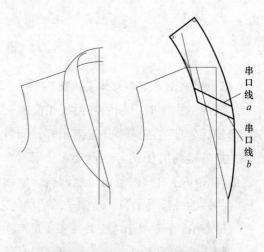

在领深不变的情况下，增加搭门的宽度，领片外弧线长度的不变，倒伏量不变。

当串口线升高、降低或倾斜度发生改变时，领片内、外弧线的长度并无变化，串口线改变的同时领片与驳头之间有互补关系，所以当领的其他因素不变，只改变串口线的位置时，倒伏量不随之变化。

图7-40

四、驳领结构变化与褶

1. 与衣身分开制图的驳头形式（图7-41）

驳头与衣身连为一个整体时，翻折线在理论上是一条直线，当面料柔软、垂性较大时，由于重力的作用可能出现少许弯曲。如果在款式设计上需要翻折线为曲线时，则可以将驳头与衣身分别绘制。

驳头翻折需要一定量，面料的厚度、驳头的缝制工艺等都对驳头的翻折有一定影响，因此需要增加驳头的宽度，以使成品的驳头宽度与外形及设计一致。

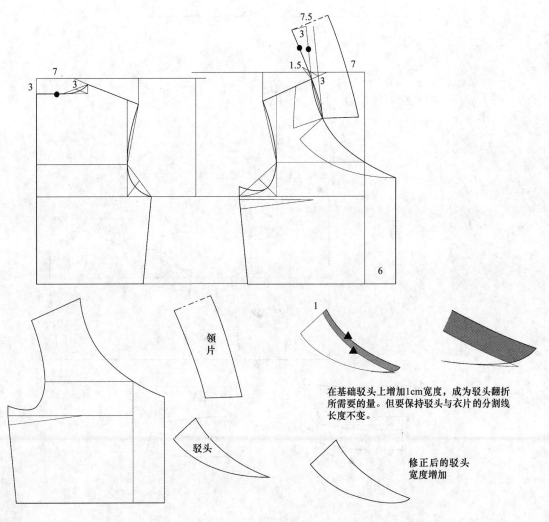

领片

驳头

在基础驳头上增加1cm宽度，成为驳头翻折所需要的量。但要保持驳头与衣片的分割线长度不变。

修正后的驳头宽度增加

图7-41

2. 驳头与其他领形结合

驳头可以与其他领型结合，形成独特造型。在结构上，这种综合型领子的领片与驳头分别制图，但需要考虑整体效果的协调。

（1）驳头与平领结合（图7-42）

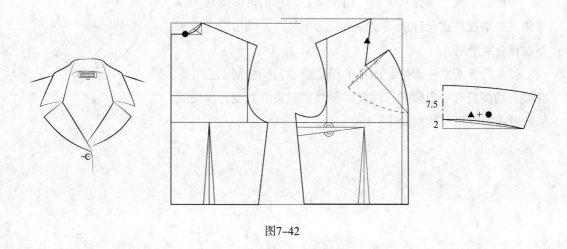

图7-42

（2）驳头与男式衬衣领结合（图7-43）

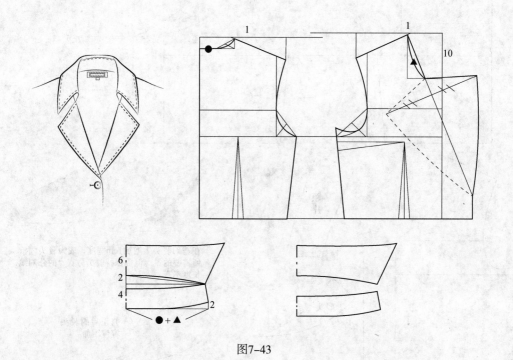

图7-43

（3）驳头与立领结合（图7-44）

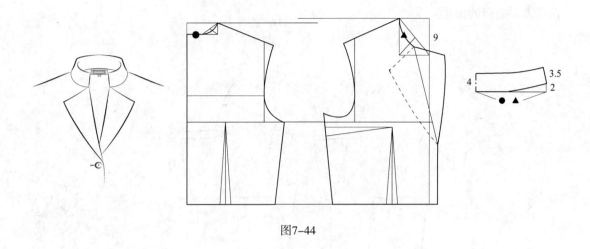

图7-44

3. 驳领褶的变化

驳领褶的形式主要出现在驳头或领角附近，装饰效果明显，但褶量不宜太大，否则褶的突起量会使整个领片的轮廓发生改变。以下两款驳领褶的形式类似，结构上有褶的一侧应属于被叠压的部分，所以较窄，这样在视觉上有平衡感。

（1）驳头部分有褶（图7-45）

驳头的面是贴边的一部分，而衣片的驳头部分则是里子，因此驳头上的特殊设计都是在贴边上作的文章。

驳头上的自然褶是在驳头的面（贴边）上，而里子则是平整、无褶的。串口线的长度有限，褶量不应过大，这样可以减少抽褶处的突起量和厚重感。

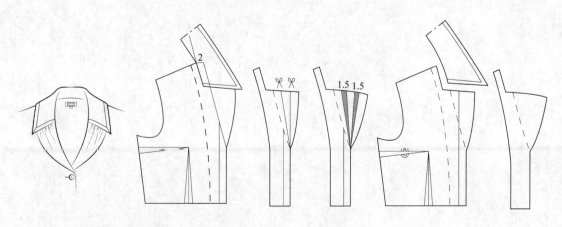

图7-45

（2）领片部分有褶（图7-46）

领片部分的自然褶应在肩线之前，可以成为视觉的焦点。领片上褶的剪开线应该设置在所需要抽褶的部位。

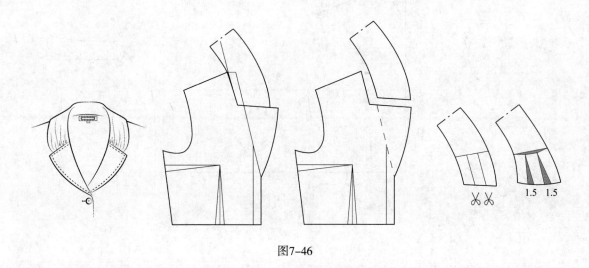

图7-46

课后思考题：

1．如何理解"领袖"一词？现代女装中领子的重要作用是否依旧？

2．根据每节内容，设计相应领子款式，并进行结构分析、绘制结构图。

基础理论——

袖子结构设计原理

课程名称： 袖子结构设计原理

课题内容： 一片袖的结构基础以及不同款式一片袖的变化、省与褶的结构。明确一片袖是多数袖型的基础，在这个基础上变化而来的两片袖及连袖使袖子形式更加丰富多彩。

课程时间： 12课时

教学目的： 很好掌握一片袖的结构原理，在此基础上变化的其他形式也是必须掌握的内容。

教学方式： 理论讲授

教学要求： 1. 掌握一片袖基础结构图的制图原理。

2. 掌握不同类型　片袖的结构原埋，对袖子省与褶的变化有较好地理解。

3. 掌握由一片袖变化而来的两片袖及连袖的结构，对插肩袖褶的变化有较好掌握。

第八章 袖子结构设计原理

袖子是包裹胳膊的服装部件，从袖子的结构特点来说，可分为一片袖和两片袖，袖子裁片数量的不同反映了袖子与胳膊贴切程度的不同。两片袖以胳膊肘与胳膊弯为分割的基础，成为合体袖子的基础；而一片袖与胳膊弯曲状态矛盾较大，因此多为较宽松的袖型。

第一节　一片袖结构设计原理

一片袖是最简单的袖型，也是其他袖子的结构基础。一片袖变化多样，长短、肥瘦、抽褶、分割等可以使一片袖具有魔术般的效果。

$$
一片袖结构\begin{cases} 一片袖的结构原理 \\ 袖山高与袖型的关系 \\ 一片袖的前倾量 \end{cases}
$$

一、胳膊与袖子

袖子是衣服的重要部件，不论袖子的款式如何，它与人体上肢的自然状态以及正常活动的幅度紧密相连。也就是说，袖子的结构必须依上肢正常活动量为基础进行设计，这样才能使袖子的结构更符合人体工程学的要求。因此在胳膊上的一些关键点是分析袖子结构的基础（图8-1）。

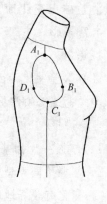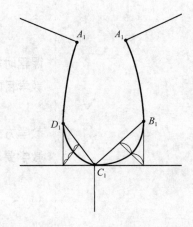

图8-1

胳膊与人体相连的四个点：肩点A_1、腋下点C_1、胸宽点B_1、背宽点D_1，这四个点位于人体的上、下、前、后四个方位，这四个点所构成的袖根形式是前倾的、近似椭圆的一条封闭曲线。胳膊的活动范围较广，自然下垂时，前倾7°左右（图8-2a）。

胳膊肘处的四个方向为：肘关节上A_2、肘关节下C_2、肘弯B_2、肘凸D_2。

手腕的四个点：手背中A_3、手腕中C_3、桡骨侧B_3、尺骨侧D_3。

因此，胳膊从上至下的四条方位线为：

肩点向下：A_1、A_2、A_3（图8-2b）

胸宽点向下：B_1、B_2、B_3（图8-2c）

腋点向下：C_1、C_2、C_3（图8-2d）

背宽点向下：D_1、D_2、D_3（图8-2e）

袖子的四个方位分别是袖中线L_1、前（后）袖缝L_2、前袖片中线L_3、后袖片中线L_4。

从图8-2f中可以看出袖子与胳膊的四个方位纵向线之间的关系。在袖片上可以调节的部分只有袖缝（位于腋下），但胳膊弯曲的位置（肘关节）与袖缝之间有90°的差，一片袖无法满足胳膊的自然状态及活动状态，所以多数一片袖设计为较宽松的形式。

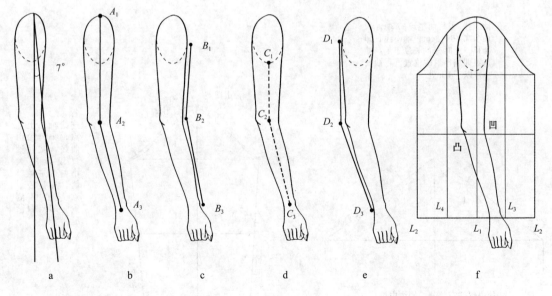

图8-2

二、一片袖结构原理

　　一片袖是较为简单且常用的袖型，也是其他袖型的基础。袖子与衣身相连，形成一个整体。因此袖子结构制图的基础是衣身袖窿弧线的长度，首先需要测量袖窿弧线长AH=前袖窿长+后袖窿长，在此基础上绘制袖片（图8-3）。

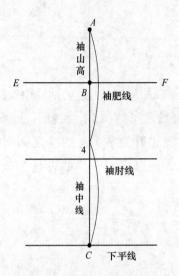

袖中线AC与袖肥线EF垂直，袖山高AB=13cm；袖中线长即袖长，此时EF的长度不定。袖肘线即胳膊肘的位置，在袖长中点以下4cm处。

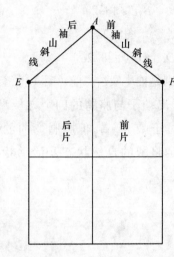

以测量得到的衣身袖窿弧线长$\dfrac{AH}{2}$为基础，从袖山顶点A向袖肥线作斜线（袖山斜线），前袖山斜线$AF=\dfrac{AH}{2}+0.5$，后片袖山斜线$AE=\dfrac{AH}{2}-0.5$。三角形AEF称为袖山三角形，袖肥线EF以下部分称为袖筒。

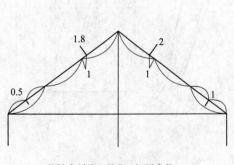

将袖山斜线三等分，如图中位置分别作小垂线。

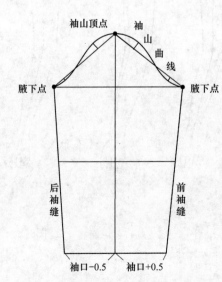

连接袖山上各点，得到袖山曲线。按照袖口设计的大小值，确定袖下点，连接腋下点与袖口侧点，即得到袖缝。

图8-3

三、袖山与袖型

在袖子结构中，袖长是已知量，袖山高值不同决定了袖肥线位置的高低，同时也决定了袖子的肥瘦与贴体度，因此，决定袖子的重要因素即为袖山高。

在袖山三角形（前袖片或后袖片的直角三角形）的三个边中，至少需要两个已知数据，才能绘制出袖山的直角三角形。其中袖山斜线的长 $\dfrac{AH}{2}$ 为已知数据，两条直角边中，袖山高和袖肥还需要确定一个值，在这两个值中不能简单地给出其中某个值，而应按照款式的需要综合确定值的大小。

1. 袖山高的确定

袖山的高低决定着袖的外形，不同款式的服装应与相应的袖型相匹配，合体的服装，袖子应该合体、贴体性好，袖山就高；宽松、休闲的服装，袖子肥大、活动量大，袖山则低。服装的胸围放松量与袖山的高度成反比。如职业套装大多数是较合体款式，胸围的放松量在 6~10cm，袖山高通常在 13~14cm 之间。宽松的休闲款式，胸围放松量多在 12~20cm 之间，袖山高却在 12cm 以下。因此可以说，用胸围的一定比例确定袖山高的方法是不尽合理的。那么如何确定袖山高的值才比较科学、合理呢？我们知道，袖山高是决定袖款的重要因素，而且对于不同人体、同样类型的服装它的变化是很小的，因此袖山高的值的选取主要应由服装的款式所决定。不同款式类型的女装袖山高的参考取值（表8-1）：

表8-1　　　　　　　　　　　　　　　　　　（单位：cm）

款式类型	休闲装	衬衣	宽松外套，大衣、风衣	西装、套装，合体、较合体型大衣、风衣
袖山高	6~10	10~13	12~14	13~15

表8-1中每一种服装款式袖山高的取值是在一个范围之内，但具体值的确定应考虑到袖肥与整体款式的联系，一般情况下，由以上条件确定出的袖肥值应在 $\dfrac{B}{5} \pm 3$ 之内，如果超出这个范围，则考虑调整袖山高的值。

当然服装款式千变万化，有一些服装的袖款特别，其袖山高并不能用上表中的值套用，在这种情况下就应结合款式、上表中相近的值及经验来综合确定袖山高。

2. 袖山与袖肥之间的关系

当袖山高人为确定之后，袖肥的尺寸即随之确定。袖肥与服装的款式有关，越合体的服装袖子越瘦，袖肥的值就越小；反之，宽松、肥大的衣服袖子就肥，而且袖子的肥瘦与袖山的高低恰成反比。确定袖子的袖山三角形时，必须将袖子的形状与袖山高、袖肥一同分析，才能达到理想的效果。如图8-4所示，在袖山斜线上AH不变时，不同袖山高所对应的袖形。

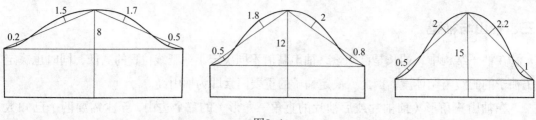

图8-4

3. 袖山高与装袖的吃量（图8-5）

袖山绘制的基础是袖窿弧线AH的长度，袖山斜线的长度与袖窿弧线的长度相等。但在袖山三角形中，曲线的长度一定大于直线，这个差量随袖山的高低不同也发生着变化：袖山越高，差越大；反之，差则小。这个差量在缝制过程中作为袖山的吃量收回。这个规律也与服装的风格相符，休闲类服装袖山高度小，袖山吃量也少；制服所需要的袖山高，吃量也大。特殊款式需要的吃量更大或没有吃量时，可以另外进行调整。

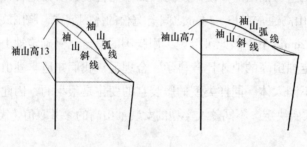

图8-5

4. 袖山高与人体活动机能的关系（图8-6）

由前面的讨论可知，袖山越高袖子就越瘦，同时人体上肢的活动量就受一定的限制，如西装、职业装等合体服装的瘦袖子就会使上肢活动受一定影响，当直立或小幅度活动时，它们的外观非常好，腋下平整，没有多余的量；但单只胳膊向上抬举的幅度大于120°时就会感到较大的牵扯力，而且衣服相应一侧的下摆起吊量相当大，从而影响了服装的舒适程度和整体效果。袖山高度较小的休闲装，腋下余量堆积，外观效果差，但人体的活动却很方便。由此可见，袖山高与人体活动之间是一对矛盾的统一体，结构制图时，

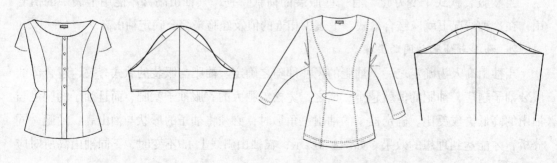

图8-6

在充分理解设计意念的同时，在袖山高的取值上既要保证款式的准确又要尽量使手臂的活动有一定的余量。

四、合体型一片袖的前倾量

人体直立时胳膊自然前倾7°左右。袖子受重力的影响向下悬垂，宽松的袖型，胳膊在袖子内有较多的活动空间，自然弯曲并不会影响袖子的外观。对于合体与较合体的袖子来说，由于袖筒与胳膊之间的缝隙小，人体活动时牵扯较多。如果要求袖与胳膊的自然弯曲相符，就需要对袖子进行结构上的调整，使袖子在肘部的弯曲与胳膊一致，这样可以更好地附和人体的自然状态。这种调整在袖子的结构图中表现为袖中线适当前倾，袖片也随之进行变化，使成品与胳膊相一致（图8-7）。

对一片袖来说，由于袖缝与胳膊的弯曲位置有90°差，一片袖的合体性较差，常使用在宽松、休闲以及柔软面料的服装上。但如果设计的一片袖需要较合体，也可以在一定范围内适当调整其结构，使之与胳膊的弯曲位置接近，即增加袖中线的前倾量，使袖子向前倾斜一定角度，尽量接近胳膊的自然弯曲状态，可以起到一定的调整作用。

增加袖中线的前倾量时，袖山部分没有变化，只是将袖筒进行修正。如图8-8所示，过袖中线与袖肥线的交点，将袖中线在袖口处向前倾一个设计量，得到新的袖中线。由于受到一片袖的结构限制，袖中线前倾量取值≤2.5cm。袖口关于新的袖口中点左右对称，画出袖缝，并在前袖缝处如胳膊弯一样向里凹1cm，在后袖缝的袖肘线处如胳膊肘向外凸1cm，使整个袖筒呈向前倾斜的状态。为保证后袖缝与袖口呈直角，在后袖缝的袖口处向下延长0.5cm，修正袖口曲线。这个多出的量作为吃量，收在后袖缝的袖肘附近，满足胳膊肘凸量的需求。

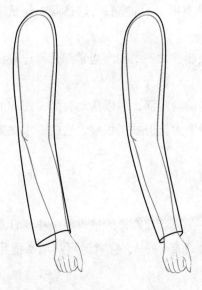

图8-7

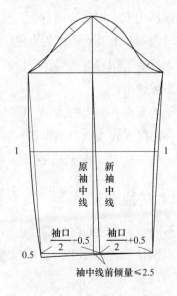

图8-8

第二节　袖窿结构变化

袖窿是衣身上重要的结构部位，袖窿可以单独使用，更多地是与袖子结合，成为有袖服装的基础。

$$袖窿深的确定\begin{cases}袖窿深的公式与调节量\\无袖装的袖窿深\\有袖装的袖窿深\end{cases}$$

一、袖窿深的确定

袖窿深由公式$\dfrac{B}{5}$+调节量确定，公式的值受到胸围B和调节量的制约。其中，胸围$B=B^*$（净胸围）+放松量，放松量的大小直接影响成品胸围的值，同时也影响$\dfrac{B}{5}$的值，袖窿深公式中的调节量应按照$\dfrac{B}{5}$及款式需要综合确定。

贴身穿着无袖装的胳膊裸露在外，袖窿一圈的密闭程度直接影响到服装的穿着状态。身体较丰满或年龄较大的女性，尤其避免胸宽点附近不恰当的裸露，而使服装失去穿着的美观效果。无袖装的结构设计必须测量胸宽、背宽的值，并以该值作为制图的基础数据。

无袖装多数为夏装或坎肩。在设计无袖夏装时，袖窿肩点处多数情况需要修剪掉2cm以上，这样露出肩头可使夏装更加性感、迷人。无袖夏装的袖窿深不应太大，以免腋下暴露过多或露出内衣，通常袖窿深可以选择人体腋点以下3cm左右，这样既不使腋下紧勒，也不会露出内衣，上肢活动较为方便。

外穿无袖装（坎肩）袖窿深度没有过多地限制，坎肩的袖窿通常都开得比较深，胸宽与背宽值多数较小。

有袖子的宽松、肥大的休闲、运动类服装的袖窿较深，可以活动自如，而职业装及合体服装的袖窿深度较浅。当然也有一些服装衣身肥大，但袖子很瘦，这就要求袖窿很浅。也就是说，袖子越瘦，袖窿应该越浅。

二、无袖装的袖窿深

款式不同，无袖装袖窿的形式也不尽相同，在肩点处修掉的量也不一样。日常穿着的无袖装肩点的位置可以不变，也可以在肩点处修去2~3cm，穿着时可将肩头露出，使服装更性感。

由于袖窿处无袖子的牵扯，无袖装的结构变化需要注意由于胸部支撑可能使袖窿处露出内衣，袖窿开得越大，暴露的可能性也越大。因此不论袖窿大小，无袖装应在袖窿增加一定省量，以减小袖窿松量，从而达到不会由于袖窿边缘松弛而影响服装的穿着效果。再者，袖窿开大后，由于斜纱向使得袖窿边缘有一定拉长，因此也要设计一定省量，以保证袖窿大小符合要求。因此，在袖窿省量中包含了由于胸部支撑所形成的省以及面料斜纱向的松弛量。

无袖结构的胸宽与背宽必须以实际测量为标准，袖窿很大的款式，可以在基础胸宽、背宽上进行修正，得到所需结构。

例1. 合体型无袖装的袖窿深（图8-9）

较合体型，胸围放松量6cm左右，袖窿深度适中，所以袖窿深的调节量选择在正常范围之内。领窝与袖窿都开得很大，需要在这些部位增加省，以保证胸部不会走光。

假设人体胸部较丰满，在高腰分割线处补充1cm胸高量。

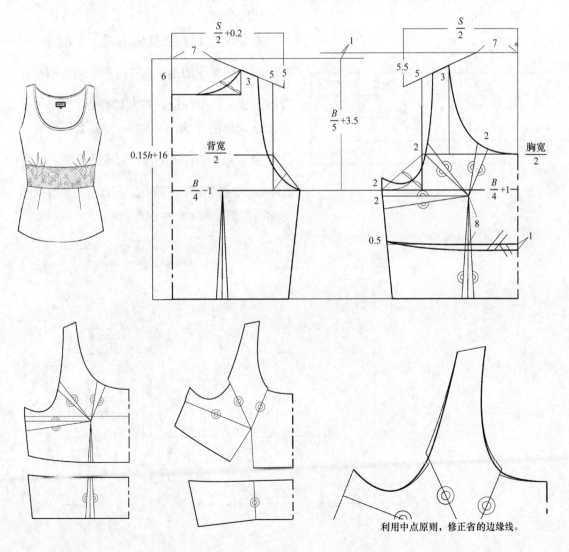

利用中点原则，修正省的边缘线。

图8-9

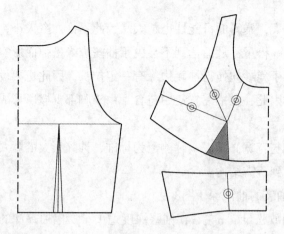

图8-9

例2. 宽松型无袖装的袖窿深（图8-10）

参考尺寸：

（单位：cm）

	B	S	胸宽	背宽
净尺寸	84	39	33	34
放松量	+14			
成品尺寸	98	39	33	34

结构分析：

宽松款式夏装胸围放松量较大，由参考尺寸计算出袖窿深的基础值 $\frac{B}{5}$=19.6cm。贴身穿着的服装，袖窿深应该在基础腋点以下3cm左右，该人体的净胸围是84cm，那么，腋点的位置为 $\frac{B^*}{5}$+1=17.8cm左右，假设袖窿深在腋下2.5cm，需要袖窿深17.8+2.5=20.3cm，由此确定袖窿深调节量=20.3-19.6=0.7cm。

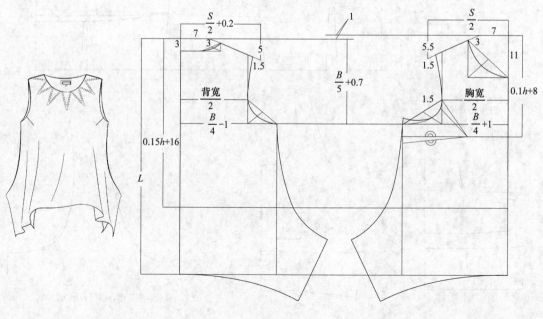

图8-10

由于人体胸宽和背宽的值不变，所以胸围的放松量都集中于人体侧面，虽然袖窿并不深，但宽度较大，在穿着时，多余的量会下垂，使得袖窿加深，腋下至下摆均有下垂，下摆形成侧长、中短的外观。当然可以利用这个特点设计不规则下摆，得到意想不到的效果。

例3. 马甲（外衣）的袖窿深（图8-11）

参考尺寸：

（单位：cm）

	L	B	W	H	S
净尺寸	50	86	68	92	39
放松量		+8	+8	+6	
成品尺寸	50	94	76	98	39

女式马甲源于男子马甲，线条硬朗，具有中性风格。马甲套穿在衬衣外，袖窿深度应该较内穿服装更深，通常袖窿深在腰节以上10cm左右，即袖窿深在30cm左右。短款马甲在结构制图时，需要增加臀围线，辅助绘制腰臀曲线。为突出人体后背的曲线，采用后中心收省的结构，且背缝省与腰省之和与前片省的差量≤0.5cm，保证前、后侧缝缝合后平整。

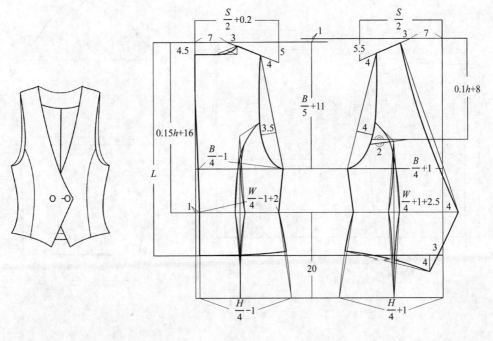

图8-11

三、有袖子服装的袖窿深

通常衣身的宽松度与袖子的肥瘦成正比，在确定袖窿深的调节量时，需要首先明确所需要的袖窿深度在人体的位置，根据基础公式 $\dfrac{B}{5}$ 综合确定调节量的大小。合体与较合体的服装，胸围放松量适中，调节量取值 3～4cm。宽松款式胸围放松量较大，$\dfrac{B}{5}$ 的值也较大，因此一般情况下，袖窿深的调节量应该小一些。但如果服装的衣身较宽松，而袖子却需要合体，这时调节量可能很小，甚至为负数。

例4. 合体衣身与合体袖的结合（图8-12）

参考尺寸：

（单位：cm）

	B	S	袖长
净尺寸	84	39	55
放松量	+6		
成品尺寸	90	39	55

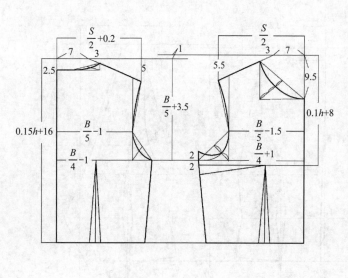

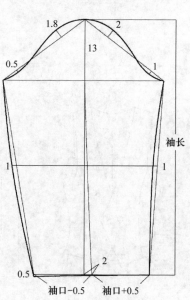

图8-12

例5．宽松衣身与宽松袖子的结合（图8-13）：

参考尺寸：

结构分析：

（1）宽松款式的衣身胸围公式中的调节量也可以适当减小，甚至没有调节量。

（2）衣身与袖子都宽松，可适当增加袖窿深的调节量，以达到款式设计的要求。宽松款式的袖窿弧线可以利用简单的方法绘制：连接肩点与腋下点，在$\frac{1}{3}$处向里凹一定量即可，凹进的量可视款式而定。

（3）当袖窿深超过胸点的位置时，可将前片浮余量（即一般情况下的腋下省）设计在袖窿弧线上，并对省的边缘线进行修正。

（4）宽松款式的袖子，袖山高要减小，同时袖山曲线的各部分值都需要适当调整。袖缝按照款式需要向里凹进一定量。

（单位：cm）

	B	S	袖长
净尺寸	84	39	55
放松量	+24		
成品尺寸	108	39	55

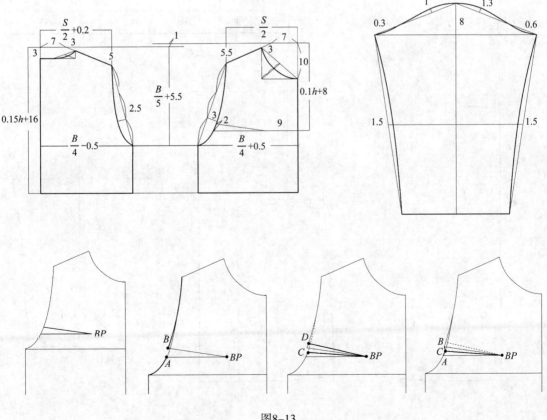

图8-13

例6. 宽松衣身与合体袖子的结合（图8-14）

合体袖子在人体活动时对胳膊的牵制较大。由于袖子瘦，袖山高的值就大，因此，当袖窿较深时，袖子与衣身的连接部分的位置低，胳膊抬举就会受制于腋下部分衣身的牵制，而限制了袖子的活动量。因此，当袖子较瘦时，不论衣身肥瘦，袖窿都应该较浅。

结构分析：

（1）很肥的衣身，胸围的放松量大，袖窿深的基础值$\dfrac{B}{5}$=21.6cm，按照袖子设计的基本情况看，这个值即应该为袖窿深，因此公式中调节量取值为0。当胸围放松量更大时，调节量还可以取负值。

（2）当衣身很肥，按照公式计算出的胸宽与背宽值超过肩宽值时，即以肩宽为基础，确定胸宽与背宽，也就是说，胸宽与背宽的值通常不能超过肩宽。

参考尺寸：

（单位：cm）

	B	S	袖长
净尺寸	84	39	55
放松量	+24		
成品尺寸	108	39	55

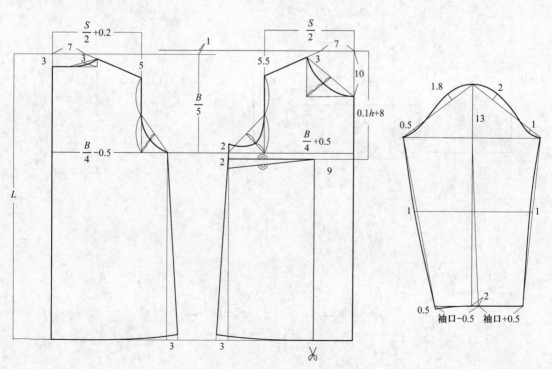

图8-14

第三节 一片袖的结构变化

　　一片袖在服装中应用非常广泛，许多常见款式都是由一片袖变化而来，多数其他袖型也是以一片袖作为变化基础，因此一片袖的变化非常重要，这些变化原理可以使用到其他袖型上。

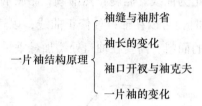

一片袖结构原理 ⎰ 袖缝与袖肘省
　　　　　　　　 袖长的变化
　　　　　　　　 袖口开衩与袖克夫
　　　　　　　　 一片袖的变化

一、袖缝与袖肘省

　　袖缝是袖子中非常重要的线之一，不同款式服装配合不同形式的袖缝。袖缝可以是直线或曲线。对于不同袖缝的变化，相应部位需要进行调整，以满足结构的需求。

　　1. 袖口曲线的调整（图8-15）

　　由于胳膊上粗下细，多数情况下袖片的袖肥与袖口之间有较大的差量，使袖缝与袖口线之间的夹角α、β均大于90°。为使袖口在袖缝处光滑，就应对袖口进行适当修正，保证袖口与袖缝夹角为直角，或两角互补（即α+β=180°），缝合后袖口线才能光滑。

　　对于增加袖中线前倾量的合体袖来说，袖筒向前倾斜，前袖缝与袖口线夹角α接近直

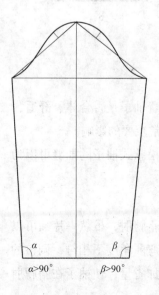
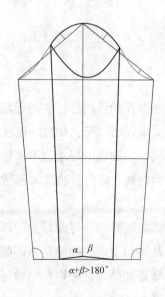
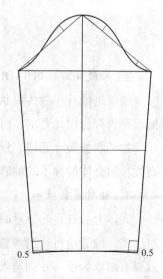

α>90°　　β>90°　　　　α+β>180°　　　　0.5　　0.5

图8-15

角，但后袖缝的倾斜加大，因此可以只将后片袖口进行修正，使α+β=180°（图8-16）。

袖缝与袖口曲线的夹角在理论上要求为直角或者两角互补，但面料都具有一定的伸缩性，在实际操作时，略小于这个理论值也可以保证车缝之后袖口的光滑。

除特殊设计外，袖缝曲线与袖口曲线的夹角符合互补的要求，是袖子须遵守的原则。但对于不同款式的袖子来说，袖口的形式是多种多样的，因此袖口曲线也有各种形式。

服装袖子款式不同，面料软硬、薄厚、垂感各不相同，袖口的设计也有较大差别，休闲、宽松、肥大的服装或面料松软、轻薄，袖口可以是直线。当袖子较合体或面料厚实、挺硬，袖口应该按照需要修正为曲线。胳膊自然前倾，胳膊肘所在纵向线要长于胳膊弯同样位置的长度，因此在需要时，可以在袖口处修正曲线，以达到要求（图8-17a）。灯笼袖通常使用柔软、悬垂性好的面料，需要在袖口处增加悬垂量（图8-17b）。

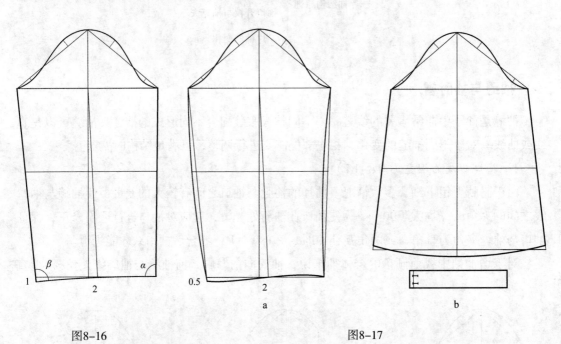

图8-16   图8-17

2. 袖缝曲线（图8-18）

袖缝是袖片车缝为筒状结构所存在的结构线，它的形状决定着袖子是否合体、舒适，袖型是否符合设计要求，对于不同款式的袖子，袖缝的形状有非常重要的影响。

袖子的长短、肥瘦、形状不同，对袖缝的要求也不一样。宽松款式袖子的袖缝可以为直线，但合体的袖子的袖缝通常为曲线，以符合胳膊的形状。

3. 袖肘省的结构

人体上肢在自然下垂时，胳膊向前倾斜，弯曲最大的部位是胳膊肘，虽然一片袖可以对中线、袖缝进行适当调整，但从结构上讲，袖缝与人体胳膊的弯曲角度不相符，调整的效果有限。为使一片袖与人体上肢更加贴合，可以在胳膊肘处增加省量，使袖子在胳膊肘处呈弯曲状，符合胳膊的自然形态。

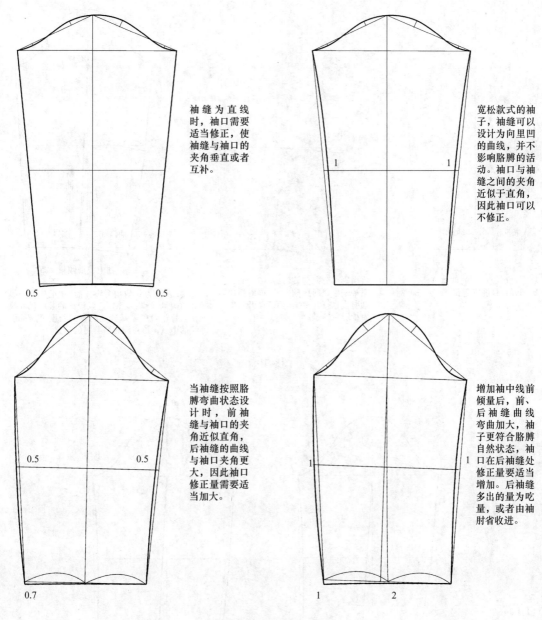

袖缝为直线时，袖口需要适当修正，使袖缝与袖口的夹角垂直或者互补。

宽松款式的袖子，袖缝可以设计为向里凹的曲线，并不影响胳膊的活动。袖口与袖缝之间的夹角近似于直角，因此袖口可以不修正。

当袖缝按照胳膊弯曲状态设计时，前袖缝与袖口的夹角近似直角，后袖缝的曲线与袖口夹角更大，因此袖口修正量需要适当加大。

增加袖中线前倾量后，前、后袖缝曲线弯曲加大，袖子更符合胳膊自然状态，袖口在后袖缝处修正量要适当增加。后袖缝多出的量为吃量，或者由袖肘省收进。

图8-18

　　袖肘省的省尖由其功能决定只能指向肘部，收省可以使肘部突出，袖筒自然前倾，与胳膊的自然弯曲相符。袖肘省的结构原理与袖中线的前倾量相同，它们之间有着十分紧密的关系（图8-19）。

　　袖肘省的结构设计是建立在增加袖中线前倾量的基础上，前倾量越大，袖肘省量越大，但对于胳膊肘的弯曲状态而言，袖肘省通常≤2cm。大于此量，会使胳膊肘过于突出，而不符合胳膊的自然状态；当然特殊的款式设计可以突破这个限制。袖肘省的大小决定了袖口补充量的大小（图8-20）。如果款式要求没有袖肘省，袖口的补充量≤1cm，这个量应该在肘部吃进。补充量的大小，与款式、面料所能吃进量的大小有直接关系。

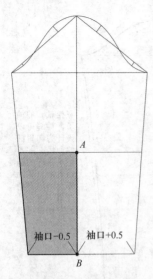

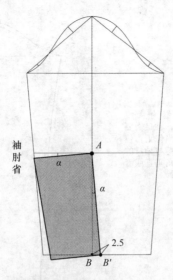

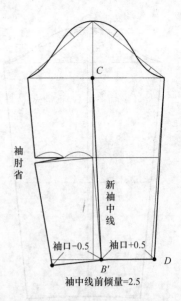

后片袖肘线以下的部位（阴影部分）将进行变化。

将阴影部分向前旋转BB'=2.5cm，原袖子中线向前倾α角，同时后片袖肘线也打开角α，相应展开量即为袖肘省的量。

连接CB'，为新的袖中线，而BB'正是袖中线的前倾量（≤2.5cm）。以设计的袖口尺寸修正前片袖口值。基础袖肘省的长度至后袖肘线的中点，该点即为胳膊肘的位置。

图8-19

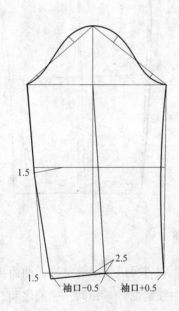

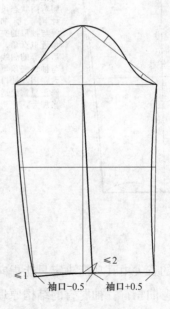

图8-20

　　袖肘省转移在女装中是常使用的技法，基础省转移可以在后片的任何位置，最常见的是向袖口转移，装饰性很强。在结构上，以袖肘省为基础省，将该省转移到袖口，得到所需的省（图8-21）。

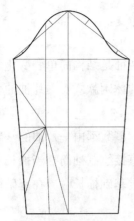

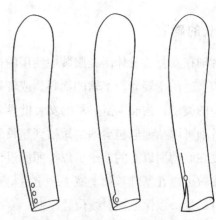

袖肘省可以在以肘点为中心的后片的任何位置。

不同设计的袖口省，将省与其他装饰相结合，成为配合女装重点设计的绿叶。这类袖口省的位置通常位于胳膊肘的正下方，即后片袖口的中点处。

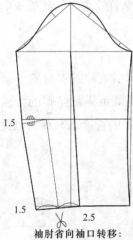

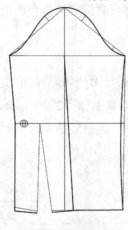

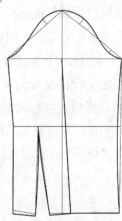

袖肘省向袖口转移：设计剪开线。

将袖肘省转移至袖口处，修正后袖缝。

将袖口省修正为曲线。

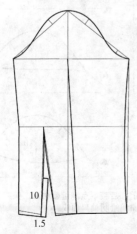

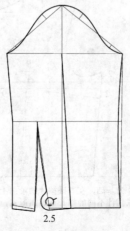

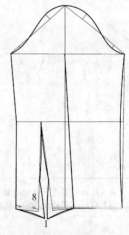

款式1：利用袖口省的大省量，设计开衩的底襟，长度由袖口扣子的数量与直径决定。

款式2：设计半圆型搭门，其半径=扣子半径+0.5。

款式3：装饰性很强的尖角形袖口，尖角之间的距离需保持≥1cm，以满足缝份的需要。

图8-21

二、袖长的确定

一片袖在女夏装及休闲类服装中使用的很多，其主要特征是结构简单、变化多样，但合体性差，适用于轻薄、柔软的面料，或者是宽松、肥大的休闲款式。一片袖的变化是女装中主要的类型，构成丰富多彩的女装世界。

一片袖可以从形似包肩袖的短袖到超长的装饰性袖子，多数都由一片袖的基础结构得到。长度在胳膊肘以上的袖子可以按照所设计的袖口尺寸直接绘制袖筒。当袖长超过胳膊肘时，多数可以在基础整袖上减去一定量得到；当袖长超过基础袖长时，在基础袖子上增加所设计的量，以保证袖肘线位置不变。

中袖款式的袖长设计需要根据人体胳膊肘的位置确定，切记袖子长度不能位于胳膊肘。如果在此位置，在胳膊弯曲时，袖口撮在弯曲处会造成袖口不平服，如果是棉质、丝绸等易出褶的天然纤维面料，胳膊弯曲造成的褶会严重影响穿着效果。因此最长的短袖长度可以测量至胳膊弯曲时的肘弯处。

例7. 小短袖（图8-22）

小短袖设计的衣身胸宽与背宽与无袖装原理相同。由于小短袖的衣身腋下呈裸露状态，袖子的装袖点应在胸宽点及背宽点以下2~3cm处，这样既可满足胳膊的活动量，又可使胳膊抬举时尽可能不露出腋下。测量装袖点以下袖窿弧线的长度▲与●，以此作为绘制袖片的基础。

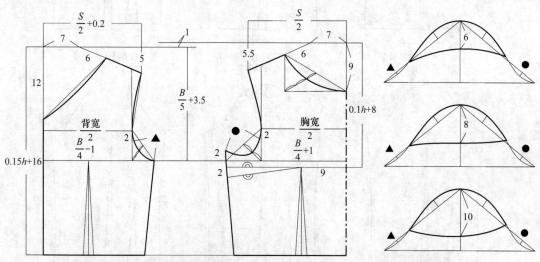

由衣片袖窿弧线所测量的●和▲作为基础，在基础袖片的袖山上分别从前、后腋下点测量●和▲，保留此点以上的袖山部分。按照款式设计不同的袖长及曲线形式，以光滑曲线绘制袖口曲线。

图8-22

袖子的基础结构为整袖，具有一定宽松量，尤其在袖山部分应该具有使上肢抬举，前、后活动等基本活动量。在此基础上结构截取的小短袖多数会有袖口过松、不服贴的缺点，因此可以在小短袖的基础上将袖口收回一定量（图8-23），所收回量的大小应该按照面料和款式的具体情况确定。

当短袖有腋下部分时，不论袖子长短，都可按照基础袖片绘制，袖口值可以给定，也可以按照袖子的长度确定适当的收口量。除特殊设计外，袖缝与袖口必须呈直角状态（图8-24）。

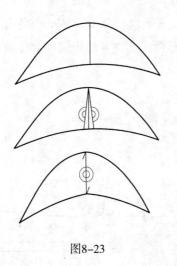

图8-23

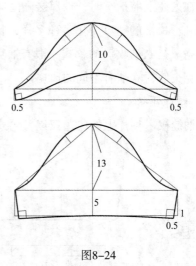

图8-24

长袖款式多数需要根据基础袖增加或减少所需量来确定袖长（图8-25）。

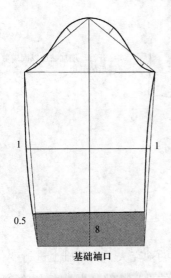

七分袖结构是在基础袖
上减去相应量，新的袖
口需要修正。

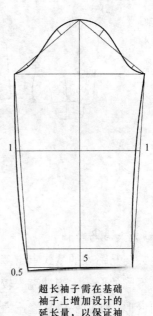

超长袖子需在基础
袖子上增加设计的
延长量，以保证袖
肘线位置不变。

图8-25

三、袖口开衩与袖克夫

袖口的大小与袖子的功能性有密切关系，宽松款式的袖口可以根据设计量确定。对合体型袖子来说，袖口必须满足穿脱方便的功能需要，此外，还需要给出人体上肢抬举、胳膊弯曲以及正常活动时所需的活动量。有袖克夫的袖子袖口开衩、开口，穿脱问题可以解决，但在人体上肢抬举时，袖口会随之向上，因此袖口尺寸需要增加上提时所需量。

女装一片袖的袖口变化多种多样，长袖短袖、宽松合体、正式休闲……各有不同的款式、风格。衬衣袖收口的款式一般有袖克夫，并有开衩。不同开衩形式和部位以及不同款式的袖克夫使衬衣袖有不同的风格。

1. 袖口开衩

有袖缝衩、袖片上的包边衩以及男式衬衣袖衩等形式（图8-26）。

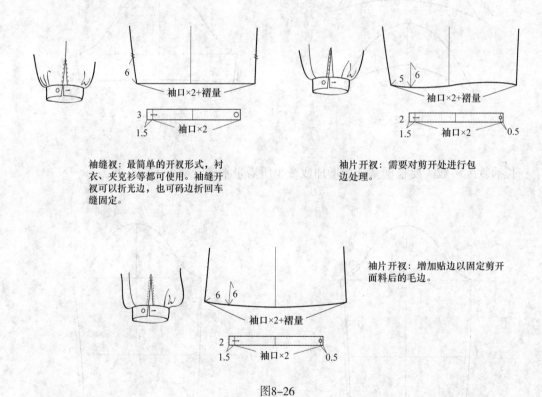

袖缝衩：最简单的开衩形式，衬衣、夹克衫等都可使用。袖缝开衩可以折光边，也可码边折回车缝固定。

袖片开衩：需要对剪开处进行包边处理。

袖片开衩：增加贴边以固定剪开面料后的毛边。

图8-26

2. 袖克夫与马蹄袖

袖克夫与马蹄袖的款式丰富多样，对于装饰性强的袖克夫，在基础上进行变化，可以得到许多不同的形式。当袖克夫较宽时，需要与胳膊的外形相符，即袖克夫必须呈上大下小的倒圆台形，所以要将它修正为扇面形（图8-27）。

马蹄袖是女装中常用的袖克夫形式。马蹄袖在结构上主要以旋转为结构特点，也可以直接绘制出其结构。

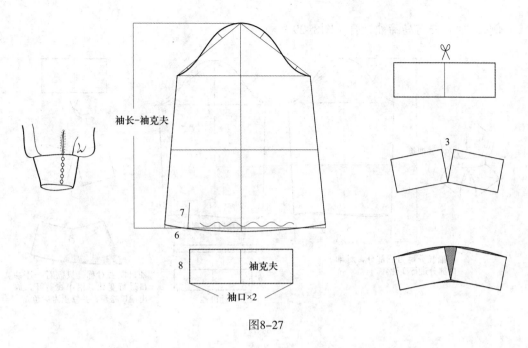

图8-27

例8. 外翻式马蹄袖（图8-28）

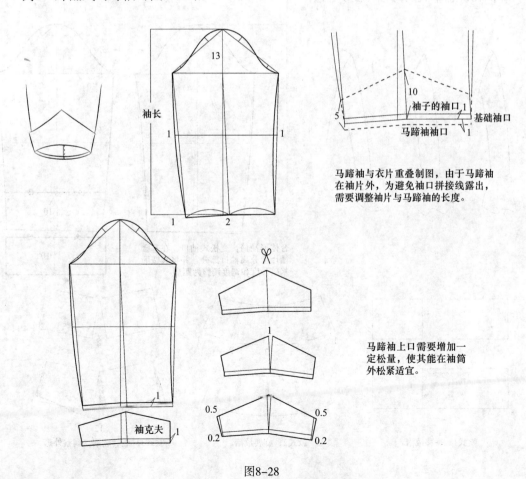

马蹄袖与衣片重叠制图，由于马蹄袖在袖片外，为避免袖口拼接线露出，需要调整袖片与马蹄袖的长度。

马蹄袖上口需要增加一定松量，使其能在袖筒外松紧适宜。

图8-28

例9. 袖克夫与马蹄袖结合（图8-29）

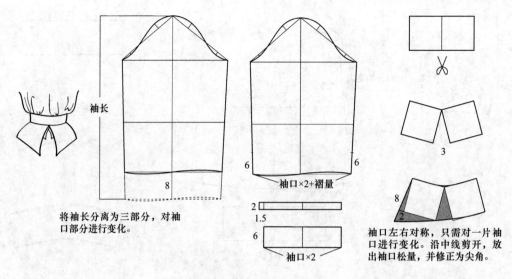

将袖长分离为三部分，对袖口部分进行变化。

6 6
袖口×2+褶量

2
1.5
6
袖口×2

3

8
2

袖口左右对称，只需对一片袖口进行变化。沿中线剪开，放出袖口松量，并修正为尖角。

图8-29

例10. 悬垂式马蹄袖（图8-30）

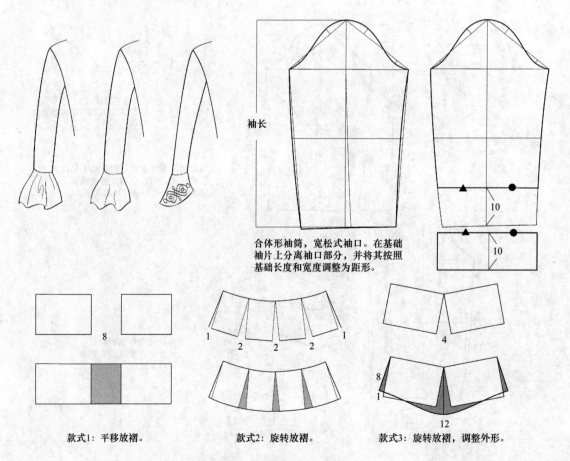

合体形袖筒，宽松式袖口。在基础袖片上分离袖口部分，并将其按照基础长度和宽度调整为距形。

10

10

8

款式1：平移放褶。

1 2 2 2 1

款式2：旋转放褶。

4

8
1
12

款式3：旋转放褶，调整外形。

图8-30

四、一片袖的变化

一片袖的变化非常丰富，但在有些情况下，袖子与衣身需要同时变化，因此设计袖子结构的同时，衣身与之相适应的结构需要同时进行设计。

例11. 露肩袖（图8-31）

按照基础结构绘制衣身与袖子，在需要开口的袖窿上确定开口的长度，并测量腋下点至开口位置的长度，以该值为基础，在袖山曲线上从腋下点起测量同样值，即得到袖山开口的位置，曲线连接前后袖山的两点即可。

领口的荡褶由腋下省转移而来。领口开得不宜过大，以免肩带滑落。

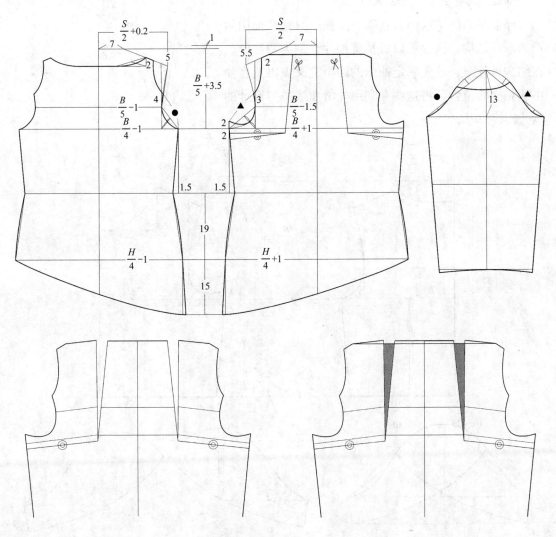

图8-31

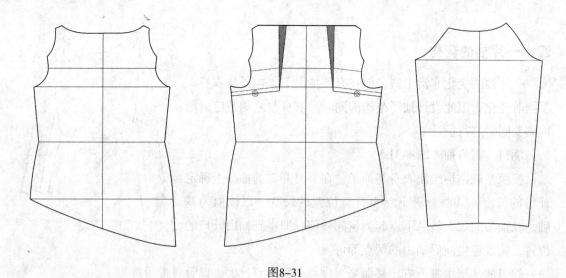

图8-31

例12. 郁金香袖（图8-32）

郁金香袖的结构仍为基础一片袖，只是在袖山附近为双层结构，因此可以将基础袖片分割为两部分。在结构设计时，首先确定袖山的两个交叉点以及在袖中线相交的位置，将这些点利用光滑曲线按照设计的款式连接即可。

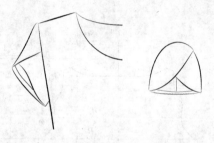

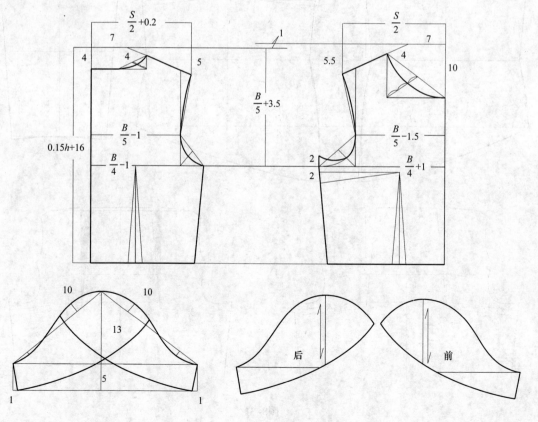

图8-32

第四节 一片袖褶的结构设计

一片袖褶的设计使袖子款式更加丰富。褶的形式千变万化，有袖山部分的褶、袖筒褶，有横向褶、纵向褶，还有不规则的褶，这些褶为女装增添了万千风情。

将较长的面料抽回或折叠便可形成不同形式的褶，纵向褶需要横向延长面料，横向褶则需要纵向增加面料的长度。

一、一片袖的纵向褶

纵向褶是一片袖中常使用的形式，纵向褶需要横向增加面料的长度，所加长的方式有旋转和平移，或两者结合使用。

1. 泡泡袖与灯笼袖

泡泡袖与灯笼袖的装饰效果明显、表现力强，是女装中使用较多的袖型。袖山抽褶称为泡泡袖，袖口抽褶形成灯笼袖，喇叭袖的袖口放量与灯笼袖口的结构原理相同，只是袖口处不抽褶，使袖口敞开呈喇叭状。泡泡袖与灯笼袖的结构特点均为在基础袖型上增加褶量而得到，从外形上来看，褶的形式都为纵向，因此褶量应横向放出。

（1）泡泡袖衣片肩宽的调整：泡泡袖由于抽褶而使肩部耸起，穿着后会增加肩宽，在外形轮廓上有失女装的特有感觉，而且夏季柔软的面料也无法支撑肩部的突起，会影响穿着效果。因此，需要对衣片肩部进行调整：将衣片肩点向里收2cm左右，修整的止点为胸宽点和背宽点，在袖山抽褶起泡后，人体肩的一部分将借于袖中（图8-33）。同时也可以满足利用人体肩部辅助支撑袖子的作用。衣片肩部向里收量的大小以泡泡袖褶量的多少为准，褶量大，收量多；反之肩部收量应少一些。

图8-33

（2）纵向褶的放出：在结构制图时，不论是袖山抽褶突起的泡泡袖还是袖口紧收的灯笼袖，或是飘逸的喇叭袖，它们都属于横向放出褶量的范畴。放褶的形式很多，不论是哪一种方法都是在所需褶量一定的情况下进行的。不同的放褶方法所得到的成品形式各不相同，在放褶的同时所涉及到的部位也将发生变化。因此在决定放褶前，应分析款式褶的形式、褶量和放褶部位，才能决定放褶的结构形式。

放褶常采用纸样法，简单、易懂、便捷。首先确定一个不变的点作为旋转点，其他有关点、线都要在此基础上进行旋转，从而得到所需的放量。当泡泡袖抽褶起泡量较大或面料较柔软时，袖子面料本身支撑力有限，应在袖山起泡处另增加袖撑使之形成泡泡状。

例13. 泡泡袖结构（图8-34）

泡泡袖需要对衣片肩部进行调整，袖山抽褶量设计5cm，褶量适中，适合于日常穿着，因此衣身肩部修正量为2cm即可。袖山抽褶，袖筒并没有改变，所以只在袖山处剪开放出所设计的褶量即可。

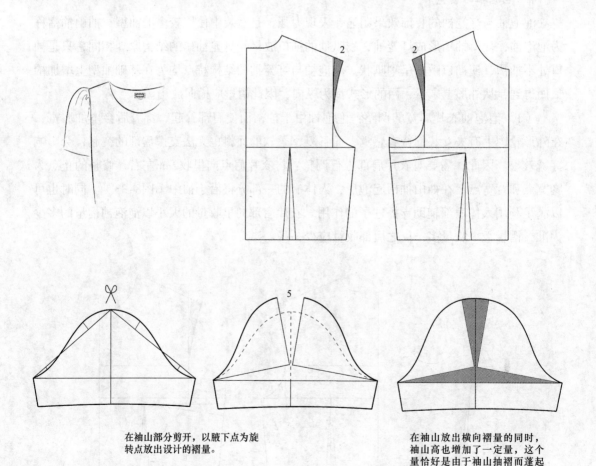

在袖山部分剪开，以腋下点为旋转点放出设计的褶量。

在袖山放出横向褶量的同时，袖山高也增加了一定量，这个量恰好是由于袖山抽褶而蓬起所需要的量。

图8-34

例14. 基础灯笼袖结构（图8-35）

灯笼袖是袖口抽褶、袖山不变的袖型，为固定褶，袖口需要设计袖克夫或用松紧抽褶。袖筒部分剪开，放出设计的褶量，并将袖口用曲线光滑修正。与泡泡袖相同，袖口放量后袖子长度所增加的量即为抽褶后的突起量。

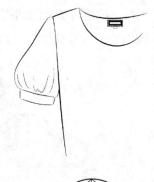

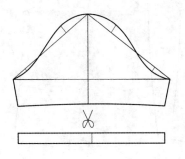

图8-35

例15. 上、下均抽褶的袖子结构（图8-36）

袖山抽褶部分与泡泡袖结构原理相同，因此需要对衣身肩部进行修正。袖子的袖山与袖筒的放量是泡泡袖和灯笼袖结构相结合后的形式。

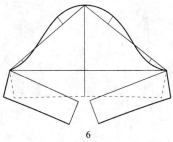
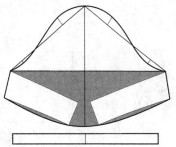

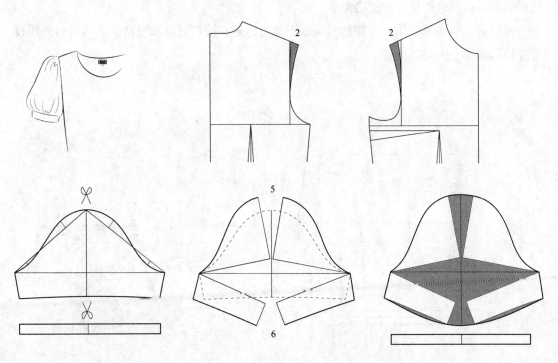

图8-36

例16. 抽褶灯笼袖的结构（图8-37）

袖口处有悬垂褶的七分袖，在基础袖子上减去设计量10cm，在所剩的袖片上做放褶变化。

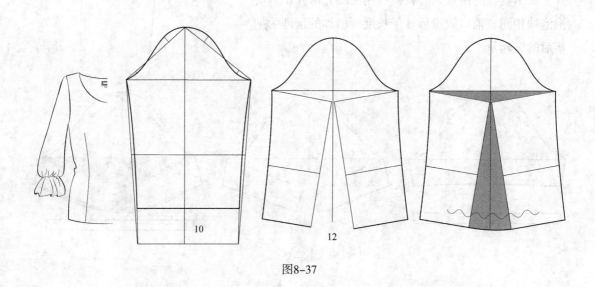

图8-37

灯笼袖的放褶形式和部位有多种设计，从袖筒根部放松的灯笼袖，是以袖肥线为放褶的剪开线，放出褶量。当放褶部分在袖筒的某一个设计部位时，就在该部位设计剪开线，放褶后要对袖缝进行修正，使之光滑。

袖子的上半部分合体，只在袖肘线以下宽松，并在袖口处抽大量褶，放褶的剪开线设计在袖肘线处（图8-38）。

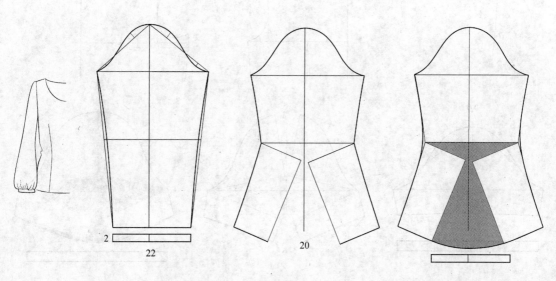

图8-38

2. 其他形式的纵向褶

例17. 放射状褶袖（图8-39）

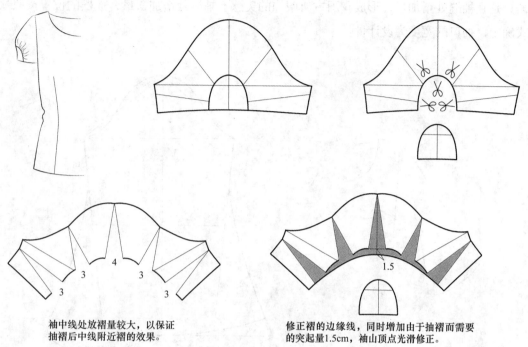

袖中线处放褶量较大，以保证
抽褶后中线附近褶的效果。

修正褶的边缘线，同时增加由于抽褶而需要
的突起量1.5cm，袖山顶点光滑修正。

图8-39

例18. 对褶袖（图8-40）

袖中线处设计纵向对褶，并熨烫定型。对褶在袖山以下8cm、袖口以上10cm车缝固定，袖口装饰珍珠扣，对褶中间部分散开，随胳膊的活动而开合。

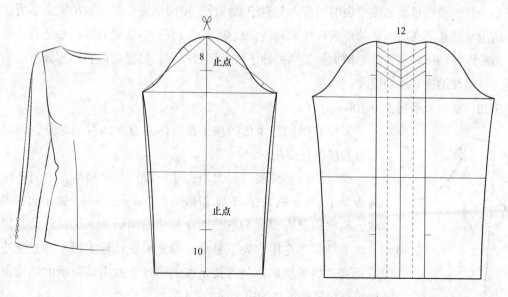

图8-40

例19. 喇叭袖——悬垂褶（图8-41）

喇叭袖与灯笼袖的结构原理相同，只是在袖口处散开呈喇叭状。许多舞台服装的喇叭袖只是在袖缝处增加摆量，形成我国古典服饰的美感。袖缝处增加摆量，放摆的位置按照款式确定，袖口的宽度为设计量。

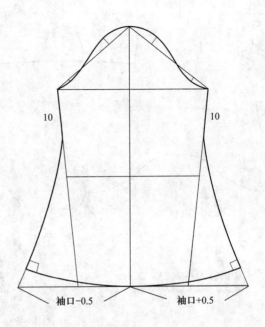

袖口-0.5   袖口+0.5

图8-41

二、一片袖的横向褶

横向悬垂褶袖是装饰性很强的袖型。与泡泡袖相反，横向褶需要纵向放出褶量。所放褶量应由基础袖形在所需褶的位置设计剪开线，放褶得到。有悬垂感觉的横褶袖适合于柔软、悬垂性好的面料；而需要增加挺括感的袖子应使用较厚实、挺硬的面料。不同质感的面料，横褶袖的视觉差别很大。

例20. 横向悬垂褶袖（图8-42）

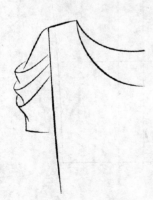

袖山有横向悬垂褶的袖子在肩部并没有加宽的感觉，因此衣身袖窿没有变化。

确定褶的部位及褶的大小：袖山设计三个横褶，之间的距离为3cm；每个褶大3cm，所需褶量为3cm×2=6cm。袖子面料柔软，横向褶具有很大的悬垂性，虽然横向褶是水平设计的，但呈现的结果却是中部向下悬垂。因此需设计较大褶量，才能使悬垂变形后的横向褶仍保持足够的褶量。袖山横向褶的结构设计重点是放褶后褶的边缘线的修正。

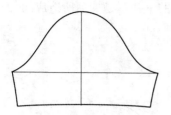

绘制基础袖。

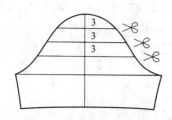

在三个褶的位置设计剪开线。

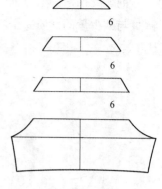

平移放出设计的褶量6cm。

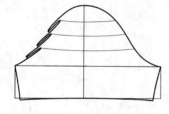

横向褶的褶量向下倒，褶口向上。

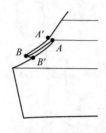

褶在折叠后，有两对儿对应点：
A与A'、B与B'。修正褶的边缘线
时，重点在于确定这两对儿点的
位置。

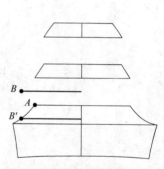

修正褶的边缘线：做褶的中线，
B与B'是一对儿对称点。

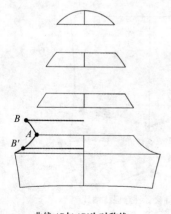

曲线AB与AB'为对称线。

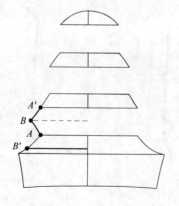

曲线BA与BA'为对称线。

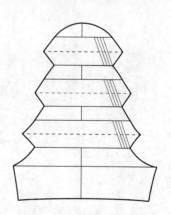

同理绘制出其他褶的边缘线，褶
向上折叠（褶量倒向下方），确
定褶的倒向符号。

图8-42

例21．袖口抽褶（图8-43）

袖缝处抽褶的七分袖，袖口设计为倾斜状，袖缝处所缺少的量并不是抽褶所造成的，褶量与缺少量的性质完全不同，它们之间并没有关系。

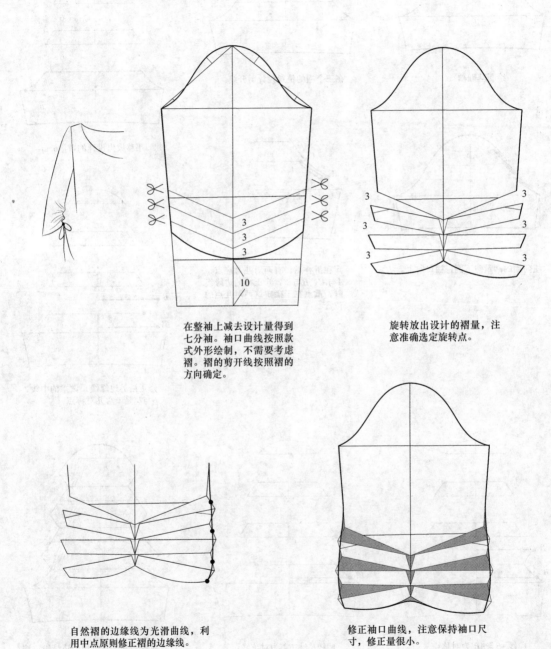

在整袖上减去设计量得到七分袖。袖口曲线按照款式外形绘制，不需要考虑褶。褶的剪开线按照褶的方向确定。

旋转放出设计的褶量，注意准确选定旋转点。

自然褶的边缘线为光滑曲线，利用中点原则修正褶的边缘线。

修正袖口曲线，注意保持袖口尺寸，修正量很小。

图8-43

第五节 两片袖结构设计原理

一片袖是袖子的最简单形式，筒状结构的袖子将胳膊包裹起来，虽然在结构上有一些调整，但袖子与胳膊之间仍有较大差别。若需袖子与胳膊很好贴合，需要使袖子与胳膊的弯曲状态相同，即胳膊肘与胳膊弯所在位置的纵向线正好是袖子的袖缝，这样就形成了两片袖。

一、从一片袖到两片袖的结构变化

不论哪种形式的袖子，其基础结构都是一片袖，只是在不同位置进行分割，形成不同的袖子形式。两片袖是指将基础一片袖在不同位置进行纵向分割所形成的两部分袖片，当然也可以分割为三片，得到三片袖。

1. 一片袖的纵向分割

一片袖可以在不同位置进行纵向分割，从形式上可以得到不同外观效果的设计，但从实质上讲，应该很好借助于这些分割线使袖子与胳膊更好贴合，也就是分割线的位置需要根据胳膊的外形进行设计，并且将分割线修正为曲线，可以得到外形与功能都达到很好效果的袖子（图8-44）。

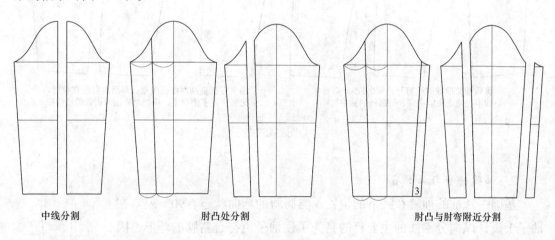

中线分割　　　　　　　　肘凸处分割　　　　　　　　肘凸与肘弯附近分割

图8-44

例22. 中线分割的袖型（图8-45）

中线分割是外套、大衣或休闲类服装常使用的袖形。休闲风格外套袖山高≤10cm，袖山曲线与袖山斜线的差较小，在车缝时，可以将缝份倒向衣身，缉明线装饰。在袖中线处设计分割线，得到两片袖。袖的中缝并不在胳膊肘的突出部位，所以袖口收量应控制在1.5cm之内，否则穿着后会有臃肿、笨重的感觉。

为使袖子更符合胳膊的弯曲状态，可以在胳膊肘处增加省，收省后袖肘处突出，袖子呈弯曲状态。

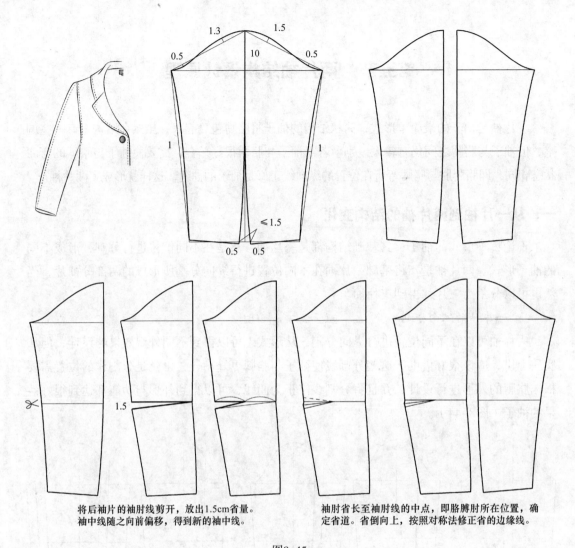

将后袖片的袖肘线剪开，放出1.5cm省量。
袖中线随之向前偏移，得到新的袖中线。

袖肘省长至袖肘线的中点，即胳膊肘所在位置，确
定省道。省倒向上，按照对称法修正省的边缘线。

图8-45

2. 袖缝转移与袖肘省

　　基础一片袖的袖缝在腋下的位置，与胳膊的弯曲状态有90°差。在袖子上设计纵向分割线的主要目的是为了使袖子更符合胳膊的外形，因此胳膊肘与胳膊弯位置的分割线最为重要。胳膊突出的部位是胳膊肘，袖子在该部位的分割线也应该为外凸曲线，同样胳膊弯所对应的袖子的曲线应该为凹形曲线（图8-46）。由基础一片袖通过分割线、袖缝转移与省的设计可以达到与胳膊很好结合的目的。

　　分割线的数量可以根据袖子的款式确定，分割线越接近胳膊弯曲的位置，袖子的外形越好。当然，有些服装的风格、面料等并不需要非常合体的袖子，可以按照需要确定分割线的位置、数量以及对分割线及袖片的修正量。

肘凸　　肘弯

图8-46

（1）省转移法绘制两片袖（图8-47）

纵向分割线可使袖子较为合体，因此基础一片袖应该增加袖中线的前倾量。胳膊肘位于袖肘线的后中点处（称为"肘点"），分割线即设计在该处，肘点为基础变换点。

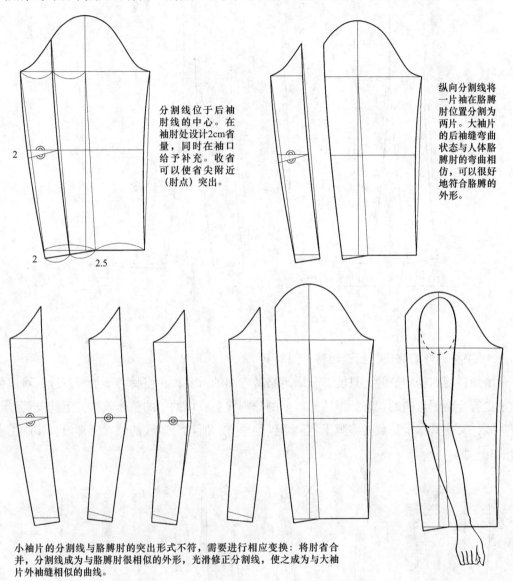

分割线位于后袖肘线的中心。在袖肘处设计2cm省量，同时在袖口给予补充。收省可以使省尖附近（肘点）突出。

纵向分割线将一片袖在胳膊肘位置分割为两片。大袖片的后袖缝弯曲状态与人体胳膊肘的弯曲相仿，可以很好地符合胳膊的外形。

小袖片的分割线与胳膊肘的突出形式不符，需要进行相应变换：将肘省合并，分割线成为与胳膊肘很相似的外形，光滑修正分割线，使之成为与大袖片外袖缝相似的曲线。

图8-47

（2）对称法绘制两片袖（图8-48）

可以使用对称法将一片袖分割为大袖与小袖，即在后袖片的中点处做纵向辅助线，再关于该线对称绘制小袖。

大袖片的分割线与前相同。确定分割线所在位置的垂直线，关于该线对称绘制小袖的外袖缝，小袖的袖口宽为基础袖口的一半，绘制小袖的内缝曲线。大袖与小袖的外袖缝在袖口处均延长1cm，以符合胳膊肘弯曲所需要的量。

按照对称法所得到的小袖与省转移所得到的小袖相同。

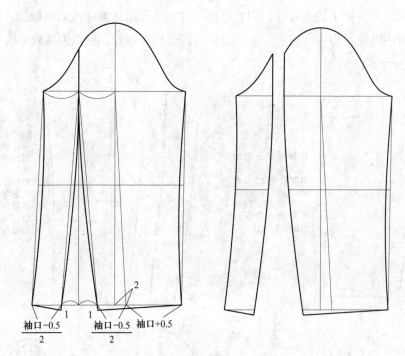

袖口-0.5 / 2　　袖口-0.5 / 2　　袖口$+0.5$

图8-48

（3）胳膊弯的修正与袖缝转移（图8-49）

增加胳膊肘处的袖缝，只能部分满足胳膊弯曲的需要；在胳膊弯增加分割线，可以使袖子更符合胳膊弯曲的状态。但胳膊弯处的分割线会破坏袖子的整体效果，因此既要设计分割线，又使其尽量隐藏在胳膊下不易看到的地方，所以分割线的位置通常设计在腋下点向前3cm处。

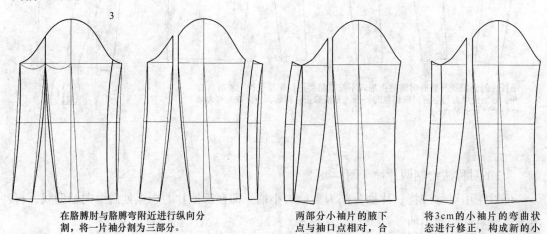

在胳膊肘与胳膊弯附近进行纵向分割，将一片袖分割为三部分。

两部分小袖片的腋下点与袖口点相对，合二为一。

将3cm的小袖片的弯曲状态进行修正，构成新的小袖。大袖与小袖的弯曲状态与胳膊基本相同，得到合体两片袖的结构。

图8-49

二、欧式两片袖结构原理

由一片袖在胳膊肘与胳膊弯附近进行纵向分割，整合形成新的袖缝，分割后的两个袖片成为与胳膊很好结合的袖子结构。两片袖常使用在面料较为厚实的外衣上，厚实的面料随体性差，袖子很难符合胳膊的弯曲状态，因此以两片袖来校正面料的缺陷，可以得到理想的袖型。由于两片袖是西装上使用的典型袖子，因此也称为西装袖。

西装袖的结构制图也可以使用欧洲的结构制图理论得到。由于西装是典型的欧式男士服装，后借鉴到女装中，因此女式西服也常使用男装结构的制图原理。男西装20世纪初传入我国，同时带来了一套完整的结构制图方法。如今女西装很少使用男式西装的结构理论，多采用女装结构原理，但从外形上讲，女式西装仍具有西装领、西装袖以及直线形腰身等特点。不论是以一片袖为基础进行分割得到的西装袖还是欧洲的西装袖理论，都可以得到相同的结果。

传统欧式西装袖的结构是以大袖片为基础，小袖片重叠的制图方法，因为两个袖片后袖缝（肘部纵向分割线）的结构基本相同，所以可以在相同的袖缝位置绘制小袖片，简化绘制过程。下面所介绍的西装袖欧式结构已经融入了现代袖子制图的内容，更符合现代女式服装的风格。假设制图所需数据：袖长=55cm，袖窿弧线长AH=44cm，袖口=13cm，设计袖山高=14cm。

1. 大袖结构制图

（1）基础线的绘制（图8-50）：

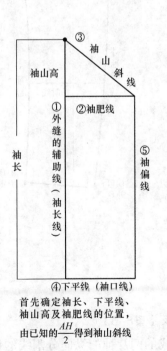

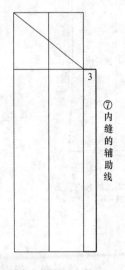

首先确定袖长、下平线、袖山高及袖肥线的位置，由已知的$\dfrac{AH}{2}$得到袖山斜线

袖肥的中点即为袖中线的位置，同时确定袖山顶点。

袖偏线向外3cm（袖偏量）确定大袖内缝的辅助线。

图8-50

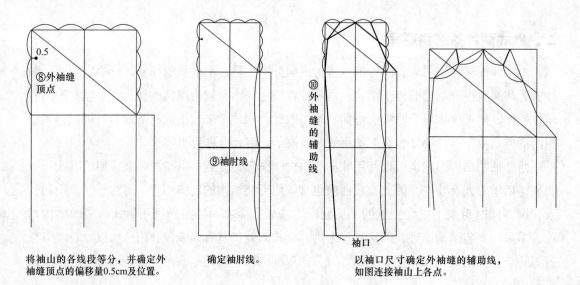

将袖山的各线段等分，并确定外袖缝顶点的偏移量0.5cm及位置。

确定袖肘线。

以袖口尺寸确定外袖缝的辅助线，如图连接袖山上各点。

图8-50

（2）曲线的绘制（图8-51）：

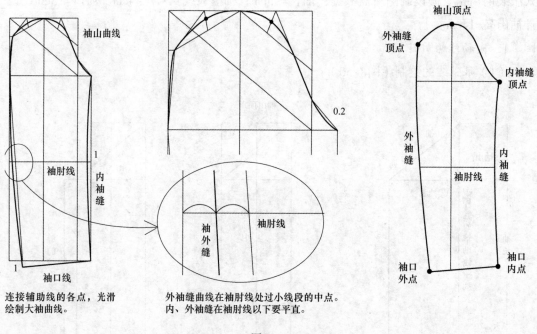

连接辅助线的各点，光滑绘制大袖曲线。

外袖缝曲线在袖肘线处过小线段的中点。内、外袖缝在袖肘线以下要平直。

图8-51

2. 小袖的绘制（图8-52）

3. 欧式西装袖结构与由一片袖分割而成的西装袖的比较（图8-53）

由欧式西装袖结构所得到的两袖片与由一片袖分割而成的两片袖的纵向分割线的位置、结构原理均相同。只有欧式西装袖的外袖缝顶点需要向里收一定量（大袖收0.5cm，

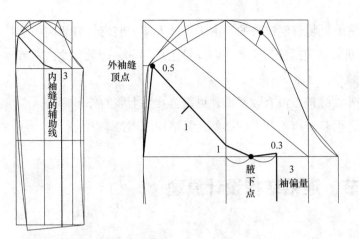

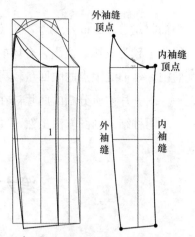

小袖较基础袖偏线向里收3cm袖偏量，与大袖向外放3cm形成互补。外袖缝顶点较大袖再向里收0.5cm。

小袖的外袖缝在袖肥线以下部分及袖口与大袖相同，内袖缝向里凹1cm。

图8-52

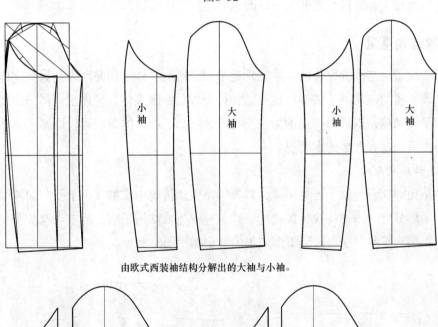

由欧式西装袖结构分解出的大袖与小袖。

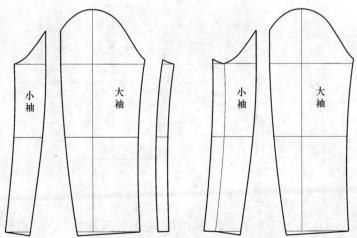

由一片袖分割而成的大袖与小袖。

图8-53

小袖收量总和1cm），这个特点是由男装借鉴过来的。由于男性人体上肢肩、臂肌肉（三角肌）较为发达、突出，合体的西装袖应适应这个特点。女性上肢匀称，因此在女式西装袖中，外袖缝顶点的收回量较男装小。

由一片袖所分割的两片袖在外袖缝顶点没有收回量，更符合女性上肢的外形特点。

两种结构制图方法虽然不同，但基础离不开人的胳膊，其结构原理是一致的。

第六节　连袖结构设计原理

连袖，即衣身与袖子相连，连袖服装在外形上具有肩部曲线柔和的特点，与装袖服装的利落、坚定性格相比，较符合中国人的含蓄性格。

在结构原理上，装袖与连袖是一致的，即连袖可以由装袖转化而来。

一、连袖结构基础

中国传统服饰与欧洲服装的本质区别是平面结构与立体结构的巨大差异。立体结构的特点是收腰（省的应用）、装袖，这些结构使得服装贴服人体，能体现人体的曲线。而中国的传统平面结构是以直身、连袖为主要特点，宽松、肥大的服装可以隐藏人体曲线，符合中国传统道德观和含蓄的审美观。

1. 连袖结构基础

连袖结构即衣身与袖子连为一体，其典型是中国传统中式袖。由于受到面料幅宽的限制，在袖子部分有一条拼接线（接缝）。我国传统连袖结构是前、后衣身及袖子相连，肩线与袖中线呈水平状，穿着后腋下形成很多堆积褶（图8-54）。

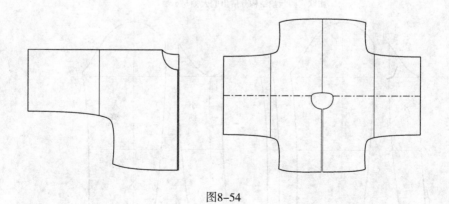

图8-54

传统连袖结构在我国延续了几千年，直到20世纪初西方服饰的引入，对传统服饰结构形式造成巨大影响。首先是腰身的变化，腰侧收量，形成腰部曲线；进一步增加腋下省及腰省，使女装越来越符合女性人体的曲线特征。其次，在肩袖部分增加了肩线的倾斜量，形成衣与肩的很好贴合（图8-55）。这种有肩斜的连袖结构一直延续到现在，如今许多宽松袖、蝙蝠袖等仍采用这种连袖形式，同时也可以与其他袖型结合，形成综合性袖子结构。

　　连袖结构可以由装袖得到。将袖片的袖山顶点与衣身对合，即可清楚看到袖子与衣身之间的关系（图8-56）。

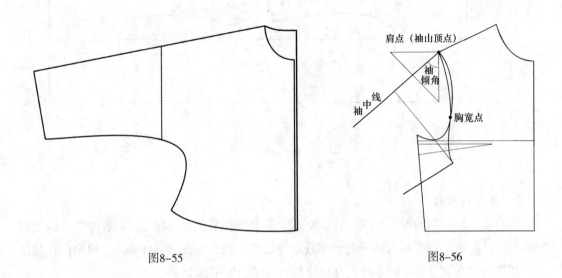

图8-55　　　　　　　　　　　　　　　　　　图8-56

　　袖中线与过肩点的垂直线之间的夹角称为袖倾角。袖倾角与袖窿深的关系：袖倾角越大，袖子就越宽松，胳膊的活动余地就大，袖窿深的值应该增大。这样的袖子适合于休闲、运动等宽松、肥大的服装；当胳膊自然下垂时，腋下会堆积褶量较多，外观效果一般。反之，袖倾角小，袖子就合体，为保证胳膊能自由活动、抬举，袖窿深的值应该较小，这样的袖子多用于较合体的服装。当然在宽松的服装上也可以使用瘦袖形，但要保证袖窿较浅。袖倾角小，外观效果好，但胳膊抬举或活动会受到一定限制，较常使用的袖倾角是45°左右，即过肩点的等腰三角形底边中点的位置所确定的袖中线。

　　例23.　蝙蝠袖（图8-57）

　　蝙蝠袖服装多宽松、肥大，放松量很大，但臀围可以较合体，突出上松、下紧的造型。

　　蝙蝠袖是以肩斜线为基础，将其延长所需长度而得到袖中线。袖口与袖中线垂直；为保证袖子内缝与袖口垂直，需要作0.5cm左右补充量。

　　蝙蝠袖的袖窿深多数直达腰节，当衣身宽松、肥大时，围度的调节量可以减小，甚至没有。

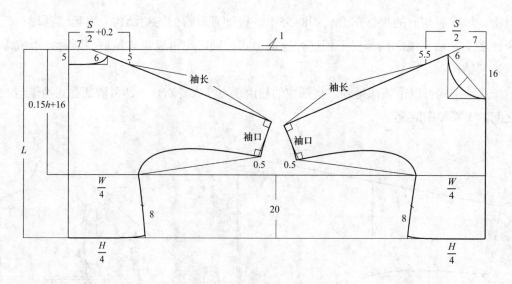

图8-57

2. 落肩袖结构

落肩袖是常使用的袖窿形式，较完全露肩的服装含蓄，可以在工作场合穿着，深受白领的喜爱。落肩结构实际为袖子的一部分借与衣身，成为衣身的一部分，是典型的连袖结构。落肩袖可在衣身袖窿的基础上直接绘制出所需的袖子部分。

不同宽松度的落肩袖是依人体上肢活动情况及款式而定。过肩点作垂直线，胳膊与这条垂直线夹角的大小代表着胳膊的活动量（图8-58），相应袖子的袖倾角也应与此相适应。职业装、白领服装、礼服等活动量较小的服装，胳膊活动量小，袖倾角也小；休闲、运动类服装上肢的活动量大，袖倾角也大。

袖中线的确定（图8-59）：过肩点作腰长为10cm等腰三角形（腰长取任何值均可，等腰三角形是确定袖倾角的辅助工具）。0为肩点，袖倾角取值应该在OA至OC（肩线的

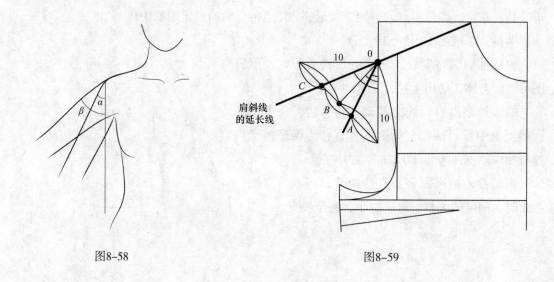

图8-58　　　　　　　　　　　图8-59

延长线）之间，其中*A*是等腰三角形底边的三分之一点，也是袖倾角的最小值，约为27°，这个角度是双手包合时的角度，也是上肢活动的基本量，袖倾角小于此值，上肢的活动将会受到较大限制。*OB*是等腰三角形底边的中点，此时的袖倾角为45°。最大袖倾角是肩线的延长线*OC*，特殊设计袖型的袖倾角可以超过该线。

袖倾角所确定的袖中线与袖口之间的夹角必须为直角，以保证袖口的圆顺。不同袖倾角与相关结构之间关系有以下要求（图8-60）：

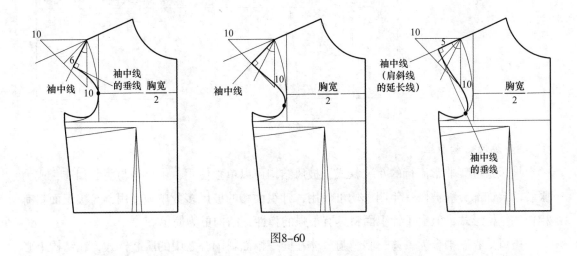

图8-60

（1）袖倾角最小值为等腰三角形底边长三分之一位置，此时胳膊的活动受到较大限制，袖子与衣身的交界点最低至胸宽点，袖子的长度≤6cm。超过此长度的袖子将对胳膊的抬举形成较大的阻碍。

（2）袖倾角在45°附近时，胳膊的活动余地较大，袖口曲线与衣身袖窿的交点可向下移动，也就是袖与衣身的连接量增大。此时的袖长可适当增加，一般袖长≤10cm。

（3）袖中线为肩线的延长线时（袖倾角约66°），袖口曲线与袖窿曲线的交点可延伸至腋下曲线的中点。为保证袖口与袖中线垂直，袖长通常≤5cm。

宽松服装的袖窿较深，通常袖中线为肩线的延长线，袖窿弧线可以直接绘制（图8-61）。此时袖长与袖窿深成正比，即袖窿越深，袖子可以越长，但必须保证袖口曲线与袖中线垂直。

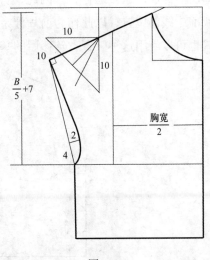

图8-61

例24．落肩袖（图8-62）

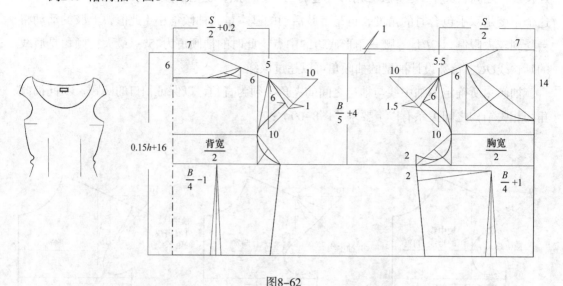

图8-62

3. 披风结构原理

披风是近年非常流行的女装款式，披风结构可以单独使用，也可以与服装相连，成为服装的装饰部分。披风一年四季均可使用，针织面料的披风多数单独使用，与梭织面料有相似的结构形式，但由于针织面料具有很强的弹性，结构更为简单。

披风是衣、袖合为一体，胳膊与身体在同一幅面料围合之中的服装样式，在结构上必须考虑胳膊活动便利。不同的披风，外观差异很大，休闲类披风具有较大的活动空间，摆幅也较大；而淑女型、职业型等披风的活动空间不需要过大，外形规整、简练，披风的摆幅较小，但也需要满足胳膊的基本活动需要，如双手抱合或单手叉腰等基本动作。

由于披风没有腋下部分，前片浮余量（腋下省）无法设计在侧缝，但女性人体胸部支撑所需的前浮余量还存在。因此，首先需要将基础腋下省转移至与腋下无关的领窝、肩线或前中线等位置，以此作为前片浮余量的基础省（图8-63）。其他腋下结构受到限制的款式也可以使用这种腋下省转移后的基本结构进行制图。

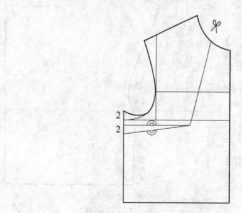
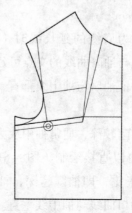

图8-63

　　披风的袖倾角与连袖一样，同样由过肩点的等腰三角形的底边位置所决定。当前片进行腋下省转移时，等腰三角形也随之旋转，当以省转移后的前片衣身作为基础版时，袖倾角应该考虑到这个变化（图8-64）。

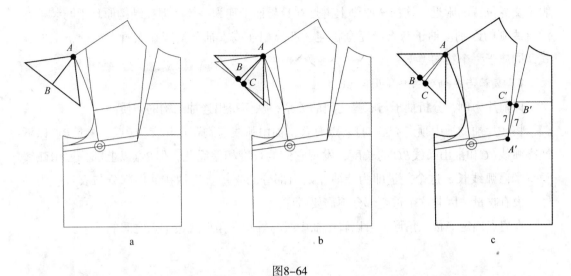

图8-64

　　（1）腋下省转移至领窝时，肩点处的等腰三角形会随省转移而倾斜。

　　（2）在转移后的肩点绘制正等腰三角形，两个三角形底边中点之间的距离为BC，即省转移之后的偏移量。这个偏移量与腋下省有直接关系。

　　（3）调整直角三角形：将腋下省合并、省转移至领窝处后，基础腋下省与转移后的领窝省的长度不同，省量也不相同，但省转移的实质是省角的等量变化，即腋下省、领窝省以及两个等腰三角形高之间的夹角都是相等的。以10cm为边长的等腰直角三角形的高$AB=7.07cm$，在领窝省上同样作等腰三角形$A'B'C'$，则$B'C'=BC$，如此可以确定省转移后袖倾角的位置=设计袖倾角（在等腰三角形上的位置）+偏移量$B'C'$。

　　例25. 休闲短披风（图8-65）

　　大下摆披风，将肩线延长，作为披风的侧缝。

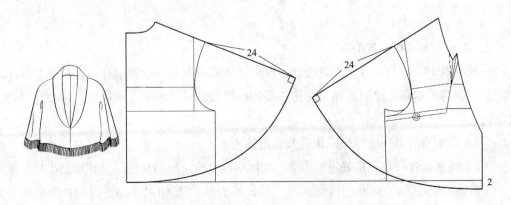

图8-65

二、连袖与装袖的结构关系

装袖是袖子与衣身分开裁剪，通过车缝相连的袖型，袖与身的分割线位于人体胳膊与躯干交界位置的附近。连袖从原则上讲是衣身与袖子连为一体，但在结构原理上与装袖并没有原则的区别。袖子与衣身完全相连、部分相连或衣袖分割线在衣身上或袖子上的款式，同属于一个结构类型。

1. 装袖与连袖的关系（图8-66）

以前片为例，分析袖子与衣身之间的关系，从而得出连袖结构的实质。

将一片袖的袖山顶点A与衣身肩点对合，袖山弧线与胸宽点相交于B点；测量B点以下袖窿弧线BC和袖山弧线BC'的长度，发现它们的长度相差无几，但B点以上部分袖山弧线长＞袖窿弧线长，这个差量即为装袖在袖山部分的吃量。连袖在袖山部分与衣身连为一体，没有吃量，因此这个重叠部分不需要考虑。

在肩点确定等腰三角形，可以看出袖中线与等腰三角形底边中点之间的关系。

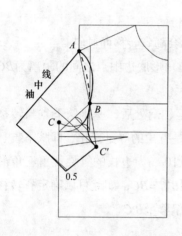
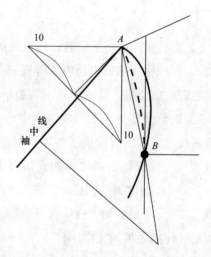

图8-66

2. 连袖结构原理（图8-67）

连袖可以由装袖与衣身的关系绘制，也可以在衣身上直接绘制袖片，它们的结构原理相同。在衣身的袖窿上绘制连袖，首先需要按照服装款式要求确定袖倾角，再在此基础上绘制袖片。

（1）在衣身肩点确定等腰三角形及底边的中点。

（2）按照设计的袖倾角确定袖中线，在袖中线上确定袖山高13cm，并绘制出袖肥线。

（3）过胸宽点A，向袖肥线做连线，其长度AB'=曲线AB−1.2cm，得到袖子的腋下点B'。以设计的袖长确定袖口线，且袖口线与袖中线垂直，袖口收量2cm。

（4）在线段AB'的中点做垂线，长1.2cm，绘制胸宽点以下部分的袖窿弧线。袖缝延长0.5cm，作袖口曲线，使其与袖缝垂直。

（5）修正肩点附近的肩线与袖中线为光滑曲线。

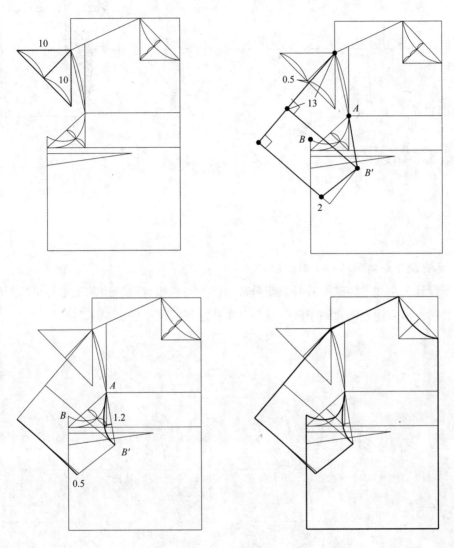

图8-67

三、衣、袖不同分割位置的结构分析

从结构可以看出，连袖衣身与袖片在腋下有部分裁片重叠（图8-68），作为衣、袖相连的连袖服装来说，重叠裁片无法完成裁剪，在结构上不成立。由此，可以将重叠部分与结构线设计结合，得到很好的款式效果。

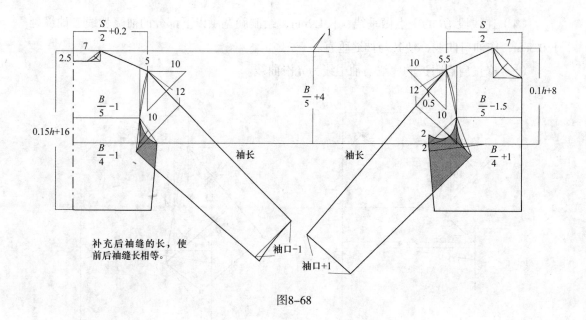

补充后袖缝的长，使
前后袖缝长相等。

图8-68

1. 衣身腋下分离的结构（图8-69）

衣身设计公主线可使腋下片与衣身分离，同时可以很好地解决腋下重叠量的矛盾。在结构设计时，需要注意前片袖子腋下点与公主线之间留足至少2cm车缝量。

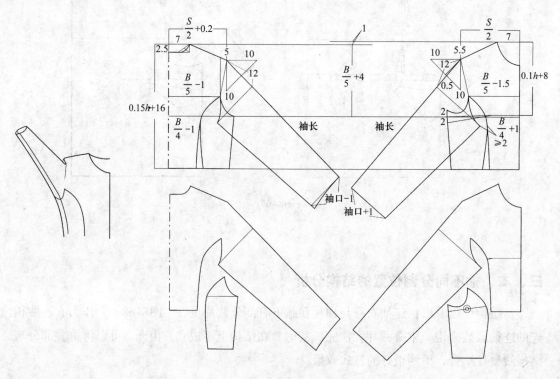

图8-69

2. 袖片腋下部分分离的结构（图8-70）

袖片腋下部分与衣身主体分离，需要特别注意衣身的腋下点与袖子分割线之间的距离必须保持在2cm以上，以保证车缝量。

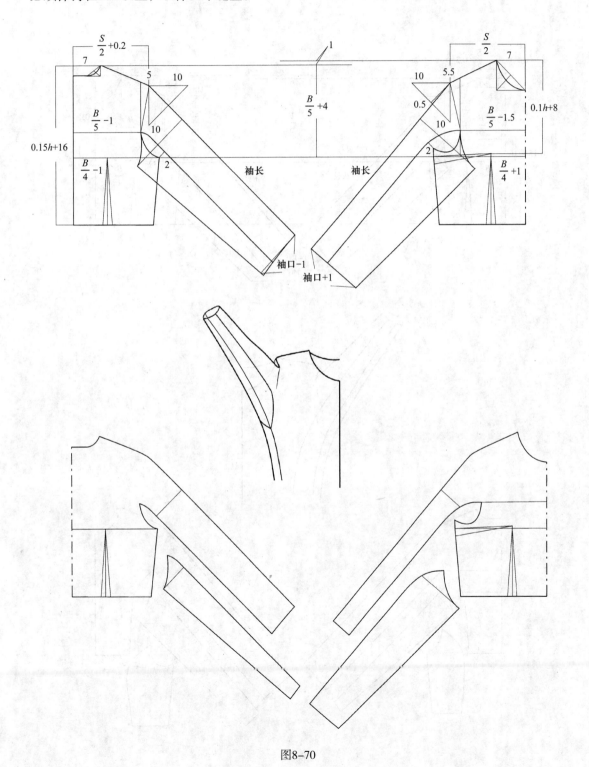

图8-70

3. 衣身与袖片部分均分离的结构（图8-71）

当衣身和袖片都有部分裁片与整体分离时，各点之间的距离并不是需要考虑的内容，此时以分割线位置与曲线的美观为重点。

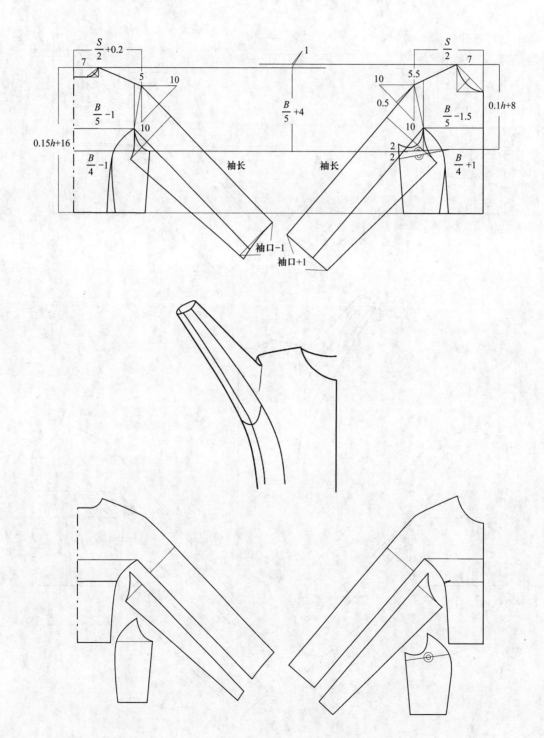

图8-71

4. 插肩袖结构（图8-72）

插肩袖是风衣、外套中常使用的袖型，插肩袖即是将衣身部分给予袖片，成为袖借衣身的典型。插肩袖衣身与袖片分割线的交界在胸宽点与背宽点以内1cm左右。要保证袖片分割线与衣身分割线均光滑、圆顺。

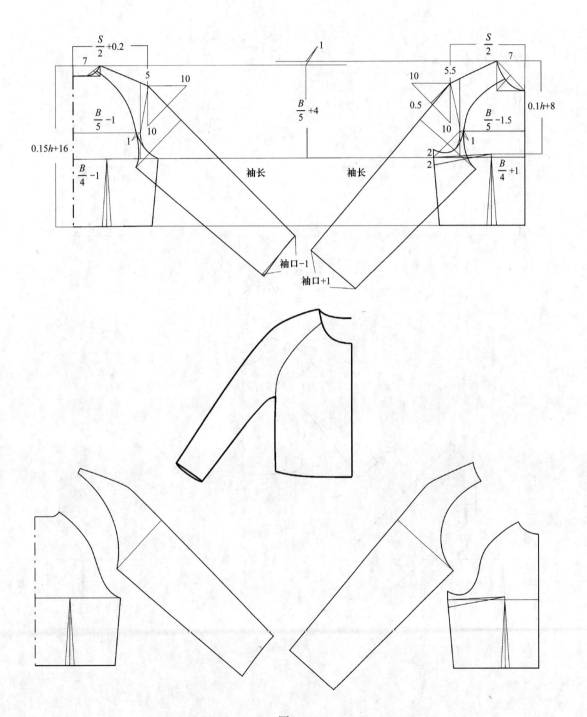

图8-72

5. 半插肩袖（图8-73）

将肩的部分借与袖子，得到半插肩袖，胸宽点与背宽点分别向内移动1cm。半插肩袖在衣身肩部的分割应在肩线中点以外，以领片不遮挡分割线为准，分割线可以成为一条很好的装饰线。

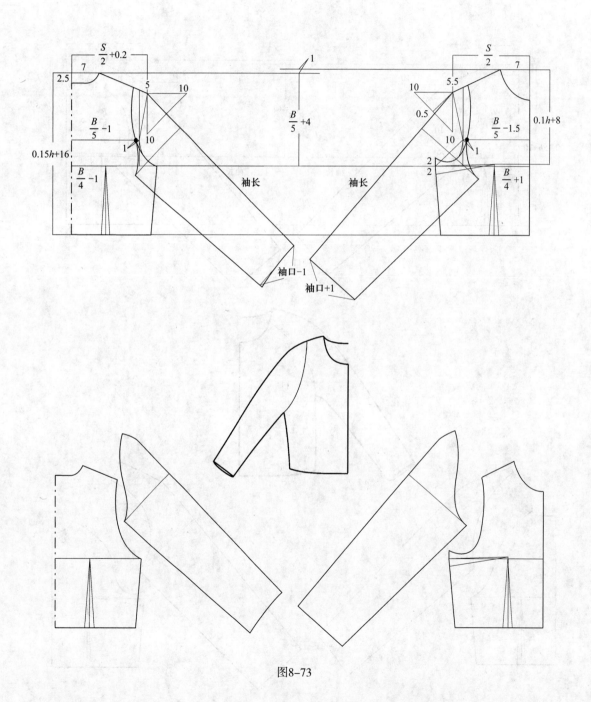

图8-73

四、插肩袖与褶

插肩袖的肩线与袖中线是一条折线，前、后袖片不能对折裁剪，因此连袖、插肩袖等服装类型的袖中线多为一条分割线。可以利用袖中线与肩线的这个特性，设计具有特点的袖型（图8–74）。

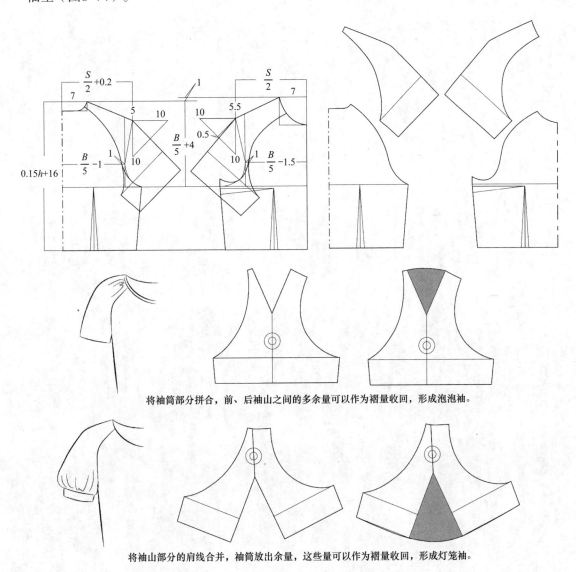

将袖筒部分拼合，前、后袖山之间的多余量可以作为褶量收回，形成泡泡袖。

将袖山部分的肩线合并，袖筒放出余量，这些量可以作为褶量收回，形成灯笼袖。

图8–74

课后思考题：

1. 为什么说一片袖是各种袖型的基础？

2. 根据每节内容，设计相应袖子，并进行结构分析、绘制结构图。

第四部分
衣、裙相连与衣、裤相连的结构设计原理

连衣裙结构设计原理

课程名称：连衣裙结构设计原理

课题内容：女装衣身与半身裙相连或将衣身延长便构成连衣裙，
但连衣裙的款式及结构还有其特殊性，因此，对连衣
裙结构的探讨可以结合女上衣的结构，也需要将特殊
性归纳和总结。当然，上装与加长后的连衣裙在结构
设计上并没有本质的区别，它们之间可以相互借鉴。

课程时间：24课时

教学目的：通过对连衣裙不同类型结构原理的探讨，以及各种
力对女装的影响作用，可对女装结构设计的理解更
深一步。连衣裙的省与褶的结构原理与其他类型女
装结构设计原理相同，应很好地掌握共同点，深刻
理解独特之处。

教学方式：理论讲授

教学要求：1. 掌握连衣裙的断腰结构与直身结构对省转移及褶变
换的限制和要求，将已经掌握的上衣与下装的结构
设计原理很好地应用到连衣裙的结构设计中。

2. 掌握连衣裙省与褶的变化规律。

第九章　连衣裙结构设计原理

连衣裙是上装与下装合为一体的服装，可以单独穿着。上装长至可以不与下装结合穿着即为连衣裙。现在有些连衣裙与长上装没有原则上的差别，有些连衣裙非常短、有些上装则很长，因此它们在结构设计上有同样的原理。

第一节　连衣裙直身结构与断腰结构的原理探讨

连衣裙在结构原理上可以分为两类，一个是腰节处没有分割线的直身式连衣裙，另一类是在腰节有分割线的断腰式连衣裙。这两种连衣裙的主要结构区别是：直身式连衣裙可以将上装直接延长得到，腰省为菱形结构，在进行省转移时会受到许多限制，其结构与上装相同。由于断腰式连衣裙在腰节处有分割线，即衣身与半身裙结合，腰节分割线为腰省转移提供了很好的条件。

连衣裙的结构除上、下装的结合外，还有很多特点，当然，上装、下装与连衣裙之间的结构设计可以相互借鉴。

连衣裙放松量通常指胸围的放松量，放松标准如下（表9-1）：

表9-1

（单位：cm）

合体程度	合体型	较合体型	较宽松型	宽松型
放松量	≤6	7~10	11~14	≥15

一、直身式连衣裙的结构特点

直身式连衣裙的腰省转移受到一定限制，所以在褶的设计、省转移、分割线等结构上，需要考虑的内容较多。但由于衣身上、下成为一个整片，使褶很完整，在省与褶的设计上也有许多优势。

直身式连衣裙在腰节附近没有横向分割线，但可以设计纵向分割线，如公主线，因此腋下省及腰省的转移需要依托这些纵向分割线或褶的设计形成。

例1. 直身式无袖连衣裙（图9-1）

款式特点：合体型，直身结构，无领、无袖，筒式下摆。在结构上可以将基础衣身延长至所需长度，即可得到最简单的连衣裙形式。

参考尺寸：

（单位：cm）

	L	B	W	H	S	胸宽	背宽
净尺寸	90	86	68	92	39	33	34
放松量		+6	+6	+6			
成品尺寸	90	92	74	98	39	33	34

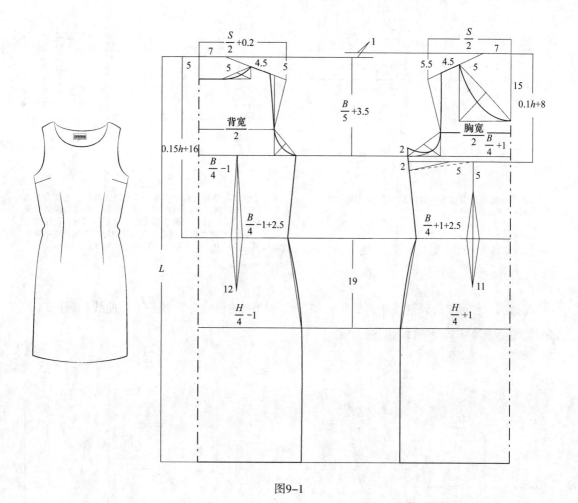

图9-1

二、断腰连衣裙的结构特点

断腰式连衣裙的主要特点是在腰节附近设计横向分割线，将裙身分割为上、下两段。横向分割线的设计范围在胸围至臀围之间，这期间涉及腋下省、腰省以及腰臀之间的圆台结构。横向分割线的设计对腋下省和腰省的转移、变换提供了很好的条件，分割线的基础形式也可以根据人体的基本廓型进行调整。

1. 不同位置横向分割线的理论探讨（图9-2）

横向分割线的结构设计需要对连衣裙前、后片的不同情况综合确定。如果前片有分割线，但后片没有分割线，或者前、后分割线不在同一位置，为保证前、后裁片的侧缝长度相等，横向分割线在腰侧点不能进行调整。

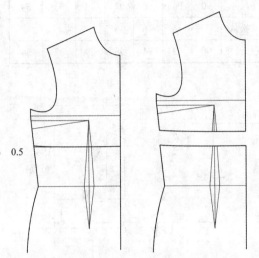
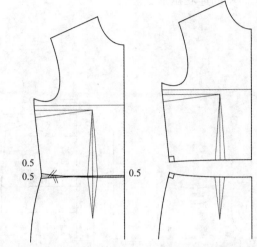

腰节以上的横向分割线多数设计在胸部下缘，侧点起翘0.5cm。

腰节处的横向分割线给予人体腰节上、下的倒、正圆台关系的很好调节条件。可以利用上、下的分割，在腰节线的中点与侧点进行一定修正：腰节以上部分为基础衣身，在腰侧点向下0.5cm，使腰节线与侧缝垂直。腰围线以下部分与半身裙结构相同：前中心点有0.5cm下降量，腰侧点起翘0.5cm。

图9-2

腰节以下的横向分割线相对简单一些，臀围以上的横向分割线是上弯曲线，臀围以下的横向分割线与下摆平行（图9-3）。

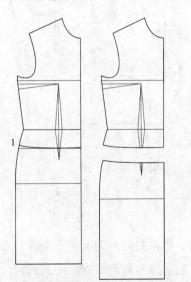
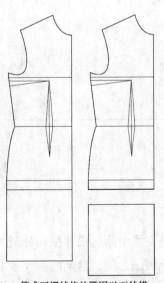
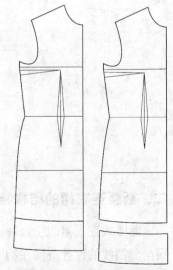

腰臀之间的横向分割线均为曲线形式，侧点起翘量为1cm左右，腰臀曲线斜度越大，起翘越大，并且要保证分割线与侧缝垂直。

筒式下摆结构的臀围以下的横向分割线为水平状。

放摆结构（A字裙）腰节以下部分的横向分割线应与下摆曲线平行。

图9-3

2. 腰节处有分割线的断腰式连衣裙结构实例

横向分割线为基础省的转移创造了有利条件，腰节横向分割线在分割裙片的同时，也将基础腰省的菱形分割为上、下两个三角形省，有很好的条件进行省转移。许多需要省转移或褶的设计的连衣裙，需要设计为在腰节处断腰的结构。胸部较为丰满的女性，断腰结构的连衣裙还可以利用断腰分割线在衣身分割线处补充胸高量，以满足胸部的需要，使连衣裙更符合人体。

例2. 断腰大摆裙（图9-4）

款式特点：合体型，落肩袖，断腰、270° 大摆裙。横条面料可赋予大摆裙意想不到的变化，成为设计的重点。

参考尺寸：

（单位：cm）

	L	B	W	S	胸宽	背宽
净尺寸	95	86	68	39	33	34
放松量		+6	+6			
成品尺寸	95	92	74	39	33	34

结构分析：

（1）衣身围度调节量出现不均衡设计，这种结构设计完全是考虑面料横条对条的特点：胸围有1cm调节量，而腰围没有调节量，在穿着时后片侧缝会向前倾斜。前片侧缝倾斜度很大，但将腋下省向腰省转移后，得到的侧缝倾斜度与后片相近，可以保证前、后片侧缝处横条对齐。另外，前、后片腰口值相等，同时可以满足裙片腰口值相同，使裙片侧缝横条对齐成为可能。

（2）落肩袖较为合体，袖倾角较小。

（3）裙片部分为270° 大摆裙，应按照圆裙结构绘制，不需给出臀围尺寸。

（4）圆裙结构：设计圆裙为270° （$\frac{3\pi}{2}$弧度），绘

制$\frac{1}{4}$裁片。圆心角$\theta = \frac{270°}{2} = \frac{3\pi}{2}/4 = \frac{3\pi}{8} = 1.18$。

由弧长与圆心角公式得到：

腰口半径$r = \frac{W}{4}/\theta = \frac{18.5}{1.18} = 15.68$

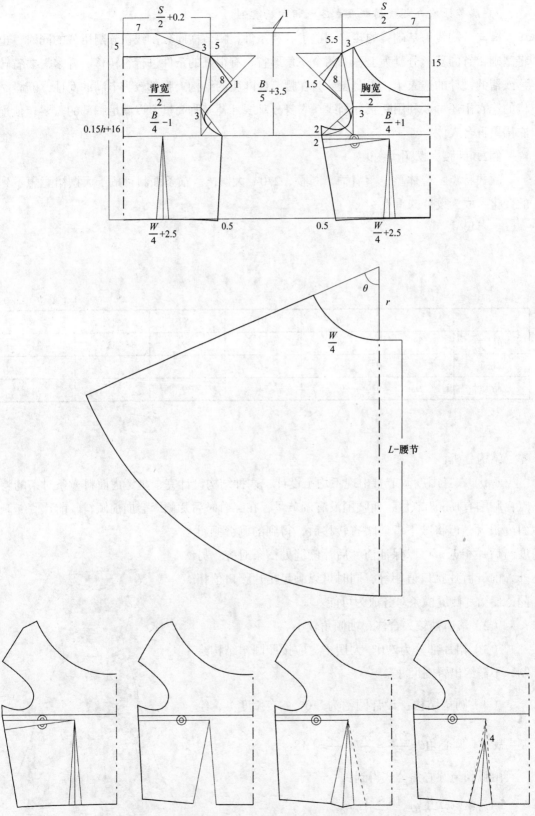

腋下省向腰省转移。利用对称法修正省的边缘线。省尖调整为胸点以下4cm处。

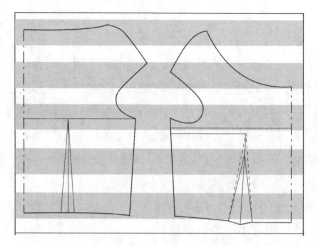

在制作裙装时横条面料有特殊的视觉效果。衣身排料需要将前、后侧缝的腋下点和腰侧点的横条对齐。裙片需要横排料，以突出横向条纹在自然悬垂后的特殊效果。

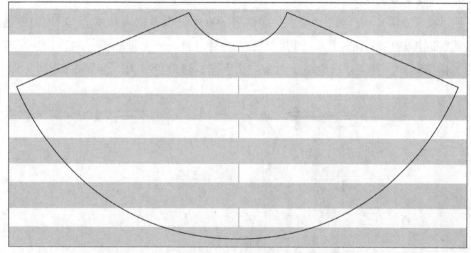

裙片前、后相同。裙片在预裁后需要悬挂24小时，使斜纱向处充分下垂，将多出部分修正，使裙摆长度一致，可保证圆裙下摆的整齐。

图9-4

第二节 力对服装结构的影响

在地球上，任何物体都受重力（地球引力）的作用，重力对服装的影响也是不可避免的。此外，服装各部位之间牵扯力的相互作用也成为影响服装穿着效果的重要因素。"褶"是一个相对的概念，它有各种形式，如当服装的"摆"所放出的量足够大时就形成褶。又如，人体在活动时会使服装在有褶与无褶之间发生变化。因此，有褶与无褶并没有一个严格界限。面料垂性大、易变形，服装成品在穿着后受重力的作用，形状发生改变是不可避免的。重力对服装的影响除款式外，主要由面料本身的刚柔性、织物组织结构、面料的重量等物理性能所决定。

一、重力对服装褶的影响

服装款式中的褶包括面料自然下垂所形成的悬垂褶，以及由人工用不同方法所堆积的褶。褶的设计使得面料的用量增加，重力对它的影响也就加大。重力对不同形式、不同方向的褶的影响是不同的，当褶的方向与重力的方向基本相同时，褶的外形保持得最好。如果褶的方向与重力的方向垂直，重力对褶的外形的保持就是一个负担。如何很好地理解面料及不同方向褶受重力作用的结果？只有对它们的受力情况进行很好的分析，才能更好地利用重力，并在面料的褶与重力有矛盾时很好地解决这一问题。

服装在穿着时受重力的作用自然下垂，面料的薄厚、重量、密度、组织结构、刚柔性等不同，下垂的量有较大区别，从而形成不同的悬垂效果。

1. 纵向褶的受力

服装受重力的作用自然下垂，不同面料下垂的结果有很大差别。如图9-5中是两条同样款式、同样规格的A字裙，一件用厚呢料缝制，另一条是垂感很好的雪纺。穿着后，呢料裙的裙摆奓起，下摆悬垂量小；而雪纺裙下摆的悬垂量很大，出现许多褶。

图9-5

重力作用于面料形成悬垂褶，不论在服装的什么位置，悬垂褶的方向与重力方向相同。在设计上应充分利用悬垂褶，可以形成很好的装饰效果（图9-6）。

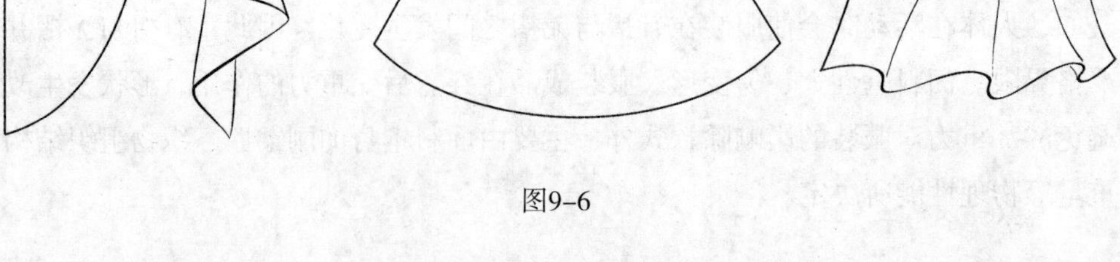

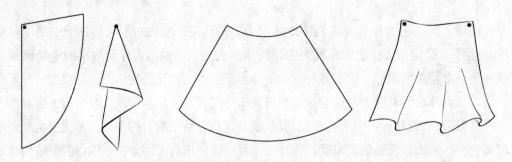

图9-6

2. 横向褶的受力

重力对横向褶的影响相当大，它不同于对纵向褶的作用。在纵向褶的设计中可以很好地利用重力，使设计达到理想的效果；但在横向褶的设计中，重力对它的影响成了一个负担。由于横向褶的牵引力与重力正好垂直，两力的相互作用和影响最大，服装在穿着时，很难保证所设计的横向褶不变形，成品的穿着效果就不理想。因此，在使用横向褶进行款式设计及结构设计时应特别注意重力对成衣外观产生的影响。

面料的受力如图9-7所示，将面料平铺，会保持原样（a）。当将面料垂直悬挂时，由于纺织面料有一定伸缩性，受重力的作用向下拉伸、变形（b）。如果在固定端有横向褶，横向褶受重力的作用很难保持原状（c）。因此在款式设计时，必须同时考虑褶的形式、面料的组织结构、物理特性、工艺手法以及重力对服装的作用，才能使成品达到较理想设计的效果。

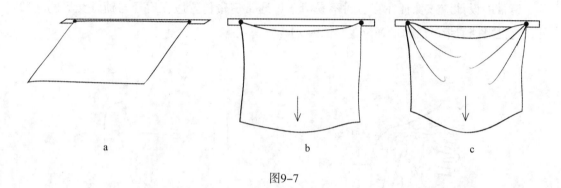

图9-7

如图9-8中的连衣裙腰间分割线处设计了放射状自然褶，上、下及附近的纵向褶与重力的作用方向大致相同，褶的形状保持较好。但腰节附近的褶以横向为主，受重力的作用大，面料变形程度大，相关联的其他部分也会出现不同程度的变形。靠近横向褶的地方下摆会多出一定量，而腰节处应出现褶的地方，褶形不佳，这就是重力的作用使横向褶向下拉拽，将褶量推移至下摆的结果。

所有不固定的横向褶在重力的作用下都会出现这种问题，因此横向褶的设计应特别注意，在工艺上可将褶与里衬固定，但成品效果缺少动感；还可以在款式的设计时，尽可能将横向褶的长度减小，固定位置较近，以减小重力的影响。在面料的使用上，也要视款式要求选择恰当的面料，以达到横向褶的设计效果。

总之，（1）重力作用于服装的每一部分，对褶的形成及作用、不同面料的成衣形态等起着至关重要的作用。款式设计时，需要充分利用重力对褶的作用，使设计达到满意的效果。

（2）纵向褶在重力的作用下，会保持较好的形态。在悬垂

图9-8

褶和摆的设计中，面料的各种物理特性及其褶量的确定与重力的作用紧密关联，因此需要对面料的特性及成衣的效果有很好的理解，才能使成衣达到设计效果。

（3）横向褶受重力的影响很大，因此在设计有横向褶的款式时，应多注意重力的作用，款式、面料、工艺等恰当结合是达到理想设计的关键。

二、肩带及受力分析

女式夏装、内衣、礼服等很多都采用肩带设计，但在结构上肩带的位置则是一个需要结合多方面因素决定的。肩带往往较细，是服装力的作用点，而肩带的位置、方向的确定主要考虑的是受力的方向和放松量与之的关系。

1. 肩带位置的确定

肩带的设计应该保证在穿着时不易滑落，通常肩带位置应在肩峰与锁骨交界的略凹处，这是阻挡肩带下滑的最好位置（图9-9）。

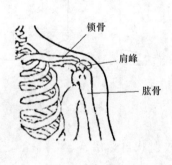
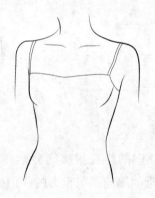

图9-9

肩带在服装上的固定位置同样需要正确设计，如果将肩带设计在如图9-10a的位置，由于面料柔软，袖窿边缘的尖角便无法独自挺立而下垂（图9-10b）。肩带是力在设计位置的唯一作用点，因此必须将肩带设计在转折或凸出的部位，以保证服装被牵扯部位的平整（图9-10c）。特殊款式可以利用力作用的特性，达到特殊的效果。

多数肩带的宽度小于3cm，且前、后肩带为一整体，在肩斜线处没有接缝。在结构制图时，前片肩带的位置和角度确定后，后片肩带的位置就是一个固定的、不能随意更改的值。前、后肩带为一个整体，在肩线处，前、后肩带与肩线的夹角必须互为补角（两角=180°）。如图9-11所示，前片肩带固定在袖窿与领口的转折点A处，肩带在肩线上的位置确定在B点，此时肩带与肩线的夹角为α。后片肩带位置与前片相同，与肩线的夹角为β，此时必须保证$\alpha+\beta=180°$，这样肩带在后衣片上的连接点C就是一个定量。

如果前后肩带独立设计，并没有照顾到角度互补的原则，即会导致成品肩带无法成为一条直线，造成不伏贴的情况（图9-12）。

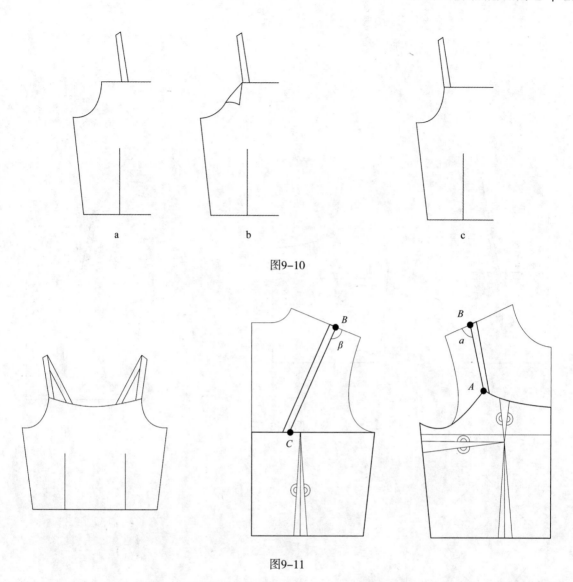

图9-10

图9-11

　　在结构制图时为使前、后肩带与肩斜线夹角互补，可以利用纸样法将前、后片肩斜线合并，再确定肩带的位置（图9-13），这样肩带的角度、在肩点的位置和后片的交点都一目了然。当然，如果肩带使用弹性很强的松紧带，可以不必遵守这个原则，因为松紧带的弹性会自动调节角度。

　　2. **交叉肩带的受力分析**

　　交叉肩带的设计具有独特的视觉效果，交叉部位和方式常见的有前胸交叉、后背交叉或颈部吊带等类型。当肩带为交叉结构时，肩带的受力方向朝向人体的中心轴，颈侧点就成为力的作用点，因此肩带设计应通过颈侧点。如图9-14所示，后片肩带的交叉使得受力朝向后中线，且$\alpha+\beta=180°$。此时肩带会将放松量向中心处拉拽，使后片中心形成悬垂褶。因此交叉肩带设计的服装放松量应尽量小，通常控制在4cm以内。如果服装的放松量较大，也可以在交叉受力部位（后片边缘线）增加松紧带，将松量收回。

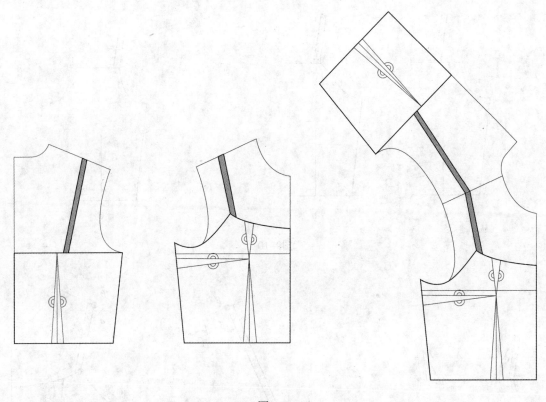

图9-12

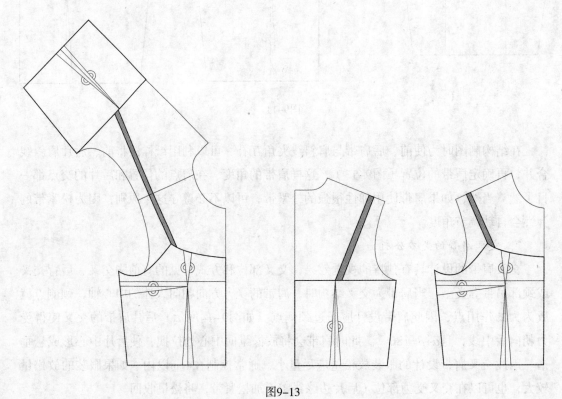

图9-13

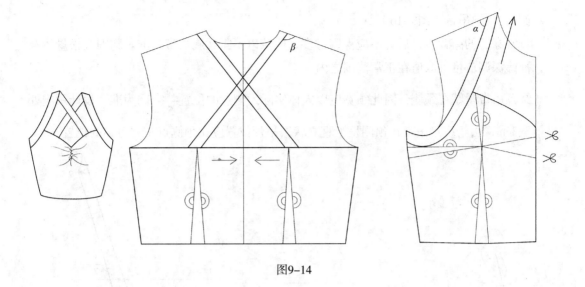

图9-14

　　绕颈款式的吊带设计有两种常见形式。第一种是以纵向为主的吊带设计（图9-15a），穿着时受力方向与所设计的肩带的方向基本一致，所以会较好地保持原形。第二种是前片吊带距离较远（图9-15b），前领窝受到横向力的作用，形成了与交叉肩带在后背所受横向力相同的结果，使两带之间形成悬垂褶，穿着效果受到影响。

　　另外，绕颈式吊带的后片边缘无向上的牵引和拉拽（图9-15c），放松量会向下悬垂，所以绕颈吊带设计的款式的胸围放松量应尽量小，弹力面料的放松量可为负数，或后背增加松紧带，这样可以减小后背边缘部分变形的可能。

　　绕颈款式的吊带设计除以上受力的情况以外，吊带后颈部位的受力可使吊带向颈上部移动，直至与颈部贴合。后片吊带部分的力的作用方向是向前的，此处吊带呈直立状态，所以吊带从前到后即成为平面向立体转化的形态，结构制图应该使用立领的结构形式。

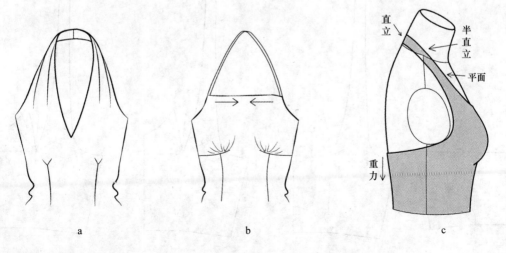

图9-15

例3．绕颈吊带（图9-16）

日常穿着的露背装，后背不应裸露过多，应该以不露文胸横带为准。胸围放松量较合体，袖窿深调节量可取值在正常范围之内。

绕颈吊带紧贴在颈侧，因此领宽应以人体实际颈侧点的位置 $\dfrac{N}{5}-0.5$ 为准。设计颈侧处吊带宽3cm，由于绕颈吊带在颈侧呈半直立状，吊带位置应在颈侧点左右对称的位置。

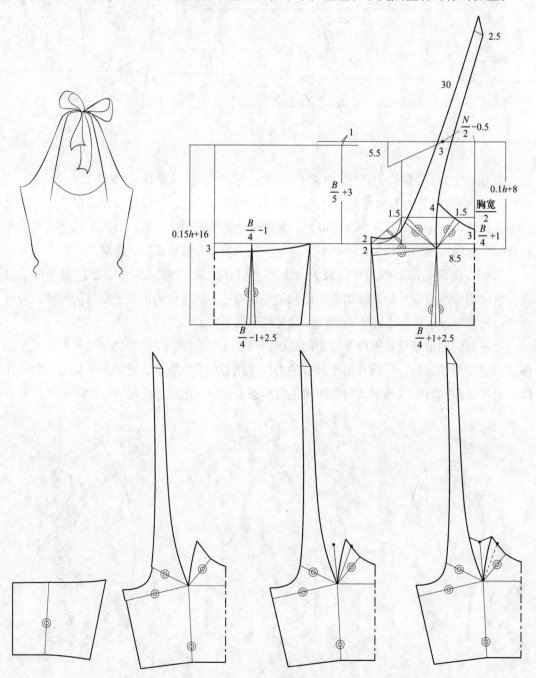

图9-16

三、重力对斜襟款式的影响

斜襟造型设计是女装中常使用的形式，看似简单的款式，但前襟的曲线设计却是一个综合性的问题，曲线位置不同决定了不同的穿着效果。由于前襟曲线的位置与女性胸部的突出位置有直接的关系，曲线位置不同，力对它的影响也就不一样，服装穿着后的效果和平整程度即由这条曲线的位置决定。

如图9-17a所示，前襟曲线是由领宽A、领深B及止口点的位置C等确定，同时还必须考虑斜襟曲线与胸部的关系。斜襟款式的领窝曲线长、弯度大，受重力影响易变形。在结构上，因为人体胸部丰满、突出，因此领窝曲线在胸部突出点（BP）附近时，会自然滑落到胸部以下，使结构发生改变，影响穿着效果。所以，在斜襟款式设计和结构设计时必须综合以上情况确定斜襟的位置。

1. 斜襟曲线在胸部以下

女性人体胸部突出，斜襟设计如果没有考虑到重力的作用，往往得到预想不到的结果，即胸部以下部分的斜襟向下悬垂，出现不应有的褶，斜襟就会出现变形（图9-17b）。

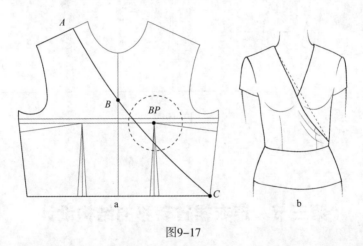

图9-17

如果想要斜襟结构在边缘保持较好的状态，边缘线必须设计在胸部下缘。如图9-18

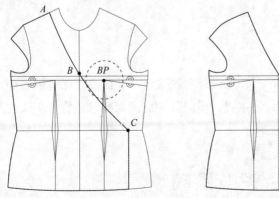
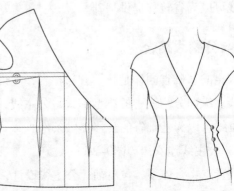

图9-18

所示，在确定斜襟边缘线时，领窝侧点A、领深点B以及边缘线的止点C必须同时考虑、调整。在穿着后领窝曲线不受胸部突出量的影响，可以保持设计效果。

2. 领窝曲线在胸部上缘（图9-19）

胸部上缘是领窝曲线的常用位置，不论款式是否左右对称，胸部上缘的曲线应增加省量，以保证边缘线能包合胸部，使服装有较好的外形，且不致胸部走光。

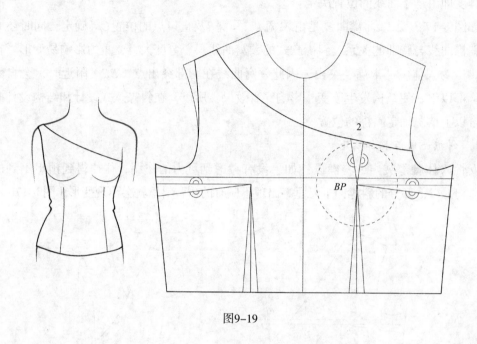

图9-19

第三节 连衣裙省转移的结构设计

连衣裙省转移建立在不同异位省或分割线的基础之上，不同方向、不同形式的异位省及分割线可以为省转移提供基础。

一、省与分割线结合

连衣裙的基础省同样是腋下省与腰省，在设计分割线时，往往要根据基础省确定其位置和形式。纵向分割线中的典型形式是公主线，横向分割线多为腰节或胸部下缘的形式，这些分割线可以为基础省的转移提供条件。

例4. 公主线连衣裙（图9-20）

款式特点：合体型，包肩袖，公主线设计，下摆前短、后长。

参考尺寸：

（单位：cm）

	前长L_1	后长L_2	B	W	H	S	袖长
净尺寸	88	120	86	68	92	39	6
放松量			+6	+6	+8		
成品尺寸	88	120	92	74	100	39	6

结构分析：

包肩袖的袖倾角应小一些，紧包肩部才能达到较好的外观效果。裙身可以利用公主线的分割加大下摆的量，放摆量以腰省曲线的切线为标准。

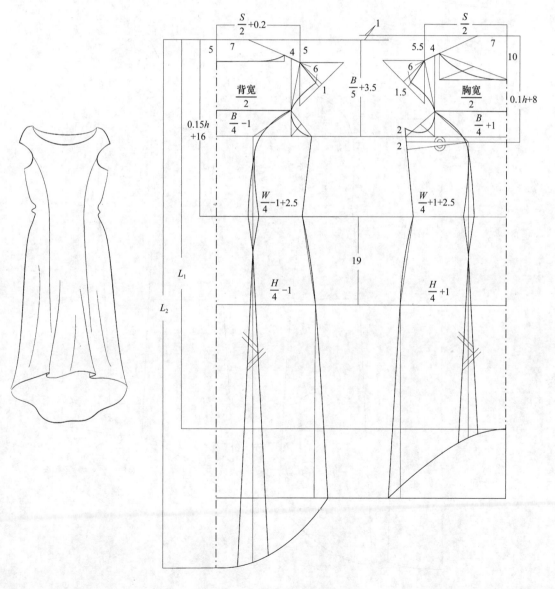

图9-20

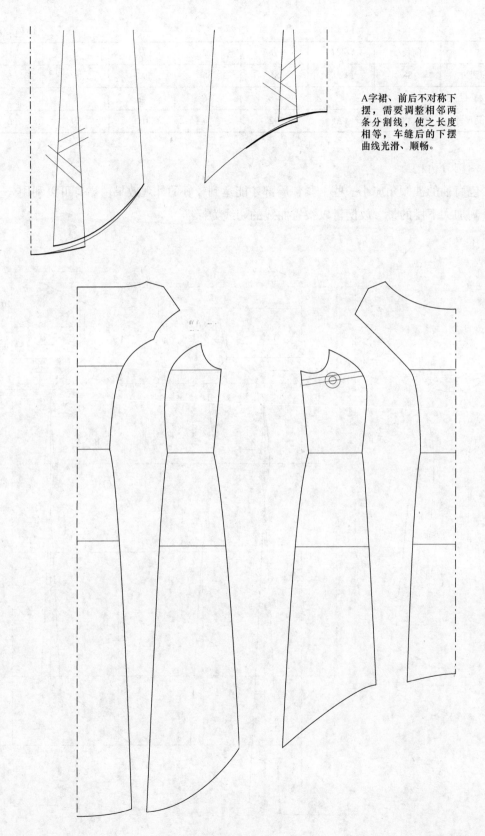

A字裙、前后不对称下摆，需要调整相邻两条分割线，使之长度相等，车缝后的下摆曲线光滑、顺畅。

图9-20

例5. 断腰式连衣裙（图9-21）

款式特点：较合体型，断腰结构，腰节部位分离出4cm腰带结构。前圆领、后小V领。

参考尺寸：

（单位：cm）

	L	B	W	H	S	胸宽	背宽
净尺寸	90	86	68	92	39	33	34
放松量		+8	+8	+8			
成品尺寸	90	94	76	100	39	33	34

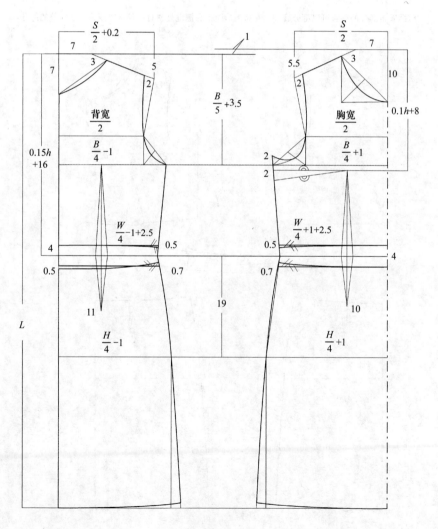

图9-21

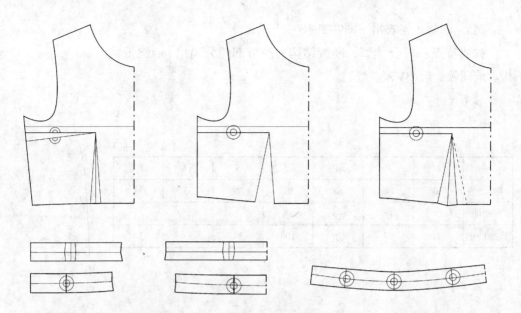

前后腰带部分的腰省可以部分合并，并将前后腰带在侧缝处拼合，使腰带成为一条完整的部分。

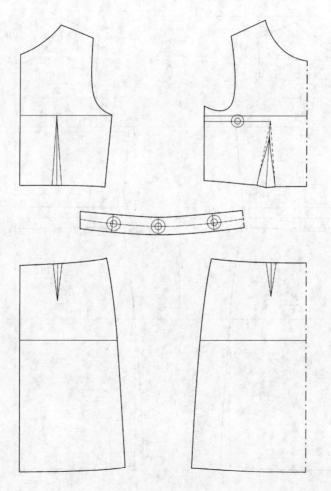

图9-21

例6. 一字领低腰收摆裙（图9-22）

结构特点：合体型。一字领、小短袖。过肩与低腰结合，胸腰之间有纵向分割线，腰两侧设计装饰性袋盖，前后相连为一个整体。侧缝有假兜盖，因此将拉链设计到后中心线处。兜盖、袖口的包边设计与断腰接缝中装饰条成为设计的亮点。

参考尺寸：

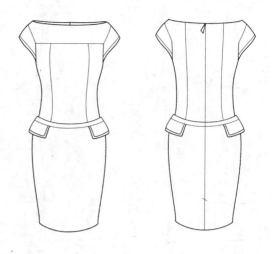

（单位：cm）

	L	B	W	H	S	袖长
净尺寸	95	86	68	92	39	7
放松量		+6	+6	+6		
成品尺寸	95	92	74	98	39	7

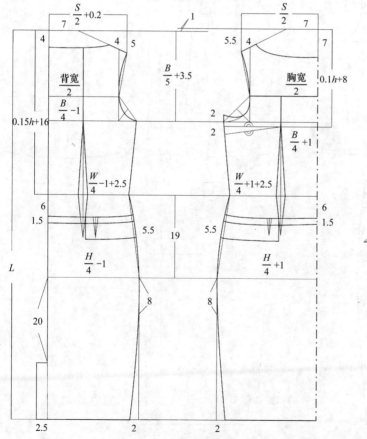

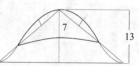

裙片部分的省尖恰在兜盖长度之内，为使裙片部分整洁，将剩余的小省尖转移至兜盖以下。侧缝在臀侧点以下8cm开始收摆，后中心设计开衩，方便行走。小袖在基础袖上取所需长度。

图9-22

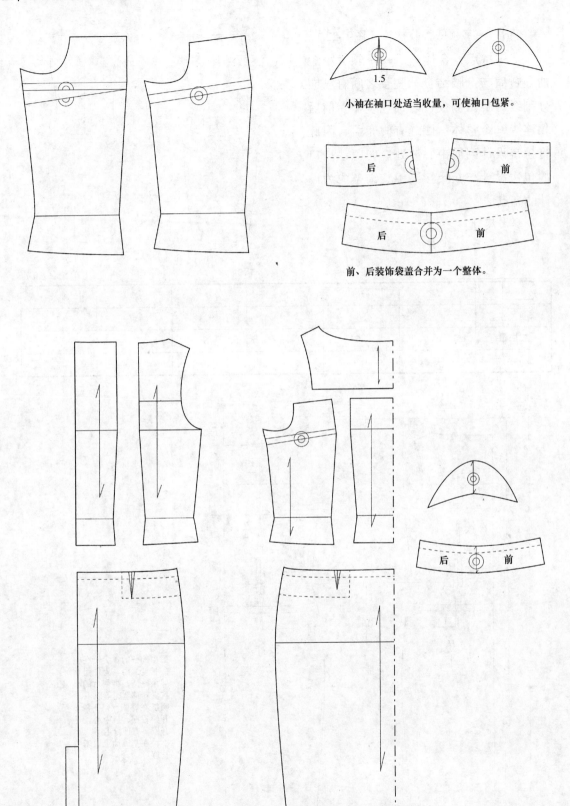

小袖在袖口处适当收量，可使袖口包紧。

后　　前

后　　前

前、后装饰袋盖合并为一个整体。

后　　前

图9-22

二、异位省的结构设计

例7. 异位省不规则下摆连衣裙（图9-23）

款式特点：较合体型，领口设计两条省异位省，异位省的起点位置应该照顾到左、右衣片对称展开后的状态。腋下省与腰省分别向两条异位省转移。肩宽向里收5cm，露出肩头。裙片前短、后长，中线有一对褶。不规则下摆结构需在基础下摆上修正，而前、后下摆的长度差尽量大一些，可以达到较好效果。

参考尺寸：

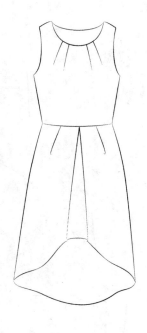

（单位：cm）

	L	B	W	H	S	胸宽	背宽
净尺寸	95	86	68	92	39	33	34
放松量		+8	+8	+12			
成品尺寸	95	94	76	100	39	33	34

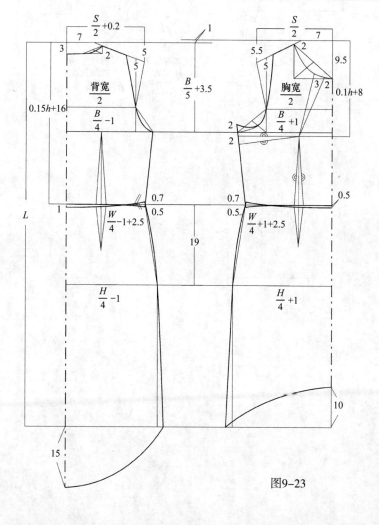

图9-23

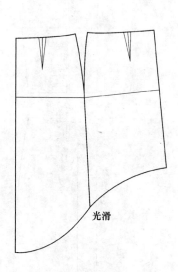

光滑

长短不一的下摆，需要对合侧缝检查下摆曲线是否光滑。

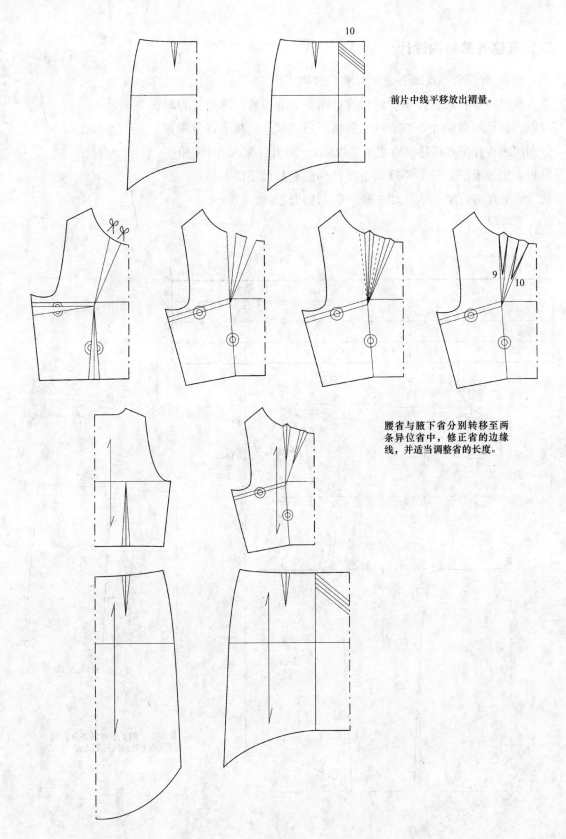

前片中线平移放出褶量。

腰省与腋下省分别转移至两
条异位省中，修正省的边缘
线，并适当调整省的长度。

图9-23

三、其他位置分割线的结构设计

例8．低腰牛仔裙（图9-24）

款式特点：较宽松型，典型的牛仔衣、裙相连的款式，在结构上结合了牛仔上衣和牛仔裙的特点。在胸部、背部的三个条形结构中，为保持中间长条的垂直，腰省分别设计在纵向分割线的两侧，成为单向省。较合体一片袖需要设计袖中线的前倾量。

参考尺寸：

（单位：cm）

	L	B	W	H	S	袖长	袖口
净尺寸	85	86	68	92	39	55	12
放松量		+12	+12	+10			
成品尺寸	85	98	80	102	39	50+5	12

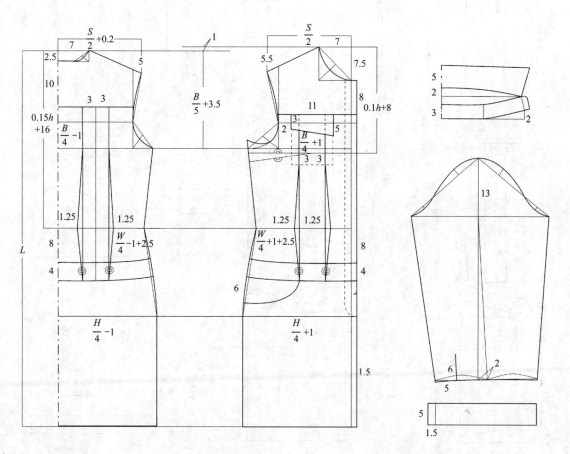

图9-24

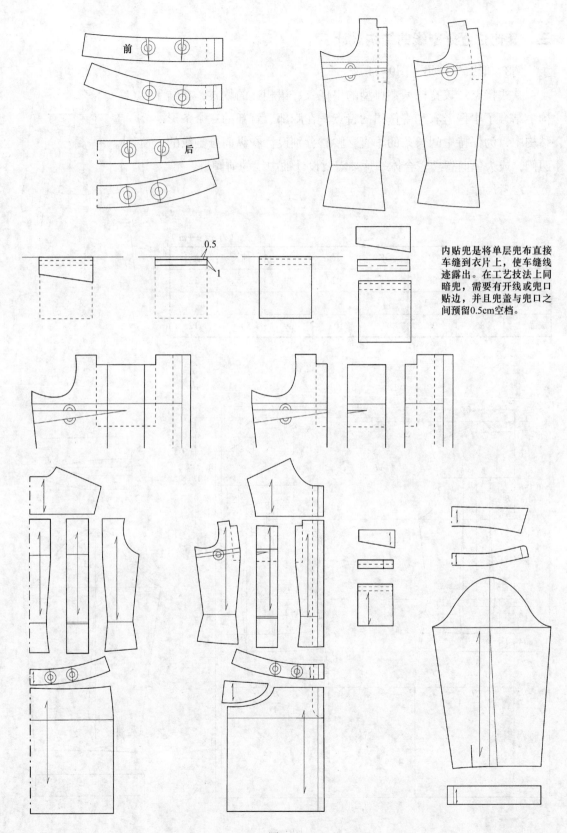

内贴兜是将单层兜布直接车缝到衣片上，使车缝线迹露出。在工艺技法上同暗兜，需要有开线或兜口贴边，并且兜盖与兜口之间预留0.5cm空档。

图9-24

第四节　连衣裙褶的结构设计

连衣裙褶的形式非常丰富，多数成为设计重点。衣身褶的设计主要围绕胸部开展，裙片褶以腰臀部位为重点。结构设计需要抓住基础省的实质，剪开放褶是褶量来源的重要途径。

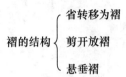

$$\text{褶的结构}\begin{cases}\text{省转移为褶}\\\text{剪开放褶}\\\text{悬垂褶}\end{cases}$$

一、省转移为褶

连衣裙省转移为褶涉及衣身与裙片两部分内容，对于不同的分割，省转移也有不同特点，省转移为褶较上衣要复杂、多元，涉及的内容较多。衣身省转移为褶主要围绕胸部做文章，当然也可以向下摆转移，使下摆放大。

例9. 高腰对褶连衣裙（图9-25）

款式特点：合体型，高腰结构，衣身基础省转移为一个V字形褶。后片袖笼垂直，分割线以下的三角形部分在侧缝与前片相连，构成款式的特色。裙片部分将腰省向下摆转移，形成小A字裙。可以加长为长款礼服。

参考尺寸：

（单位：cm）

	L	B	W	H	S	胸宽	背宽
净尺寸	95	86	68	92	39	33	34
放松量		+6	+6	+8			
成品尺寸	95	92	74	100	39	33	34

结构分析：

（1）高腰款式的横向分割线位于胸部下缘，分割线侧缝处起翘0.5cm。裙片部分以分割线的侧点为基础修正裙片侧缝，达到高腰A字裙的效果。

（2）袖窿较大，应设计袖窿省。前片按照设计确定褶的位置，并将腋下省、腰省和袖窿省均转移至该处，形成所需的褶量。

（3）后片袖窿由肩线垂直向下至三角形裁片，将裁片上剩余的小省转移为倾斜状，与前片斜向褶形式协调。

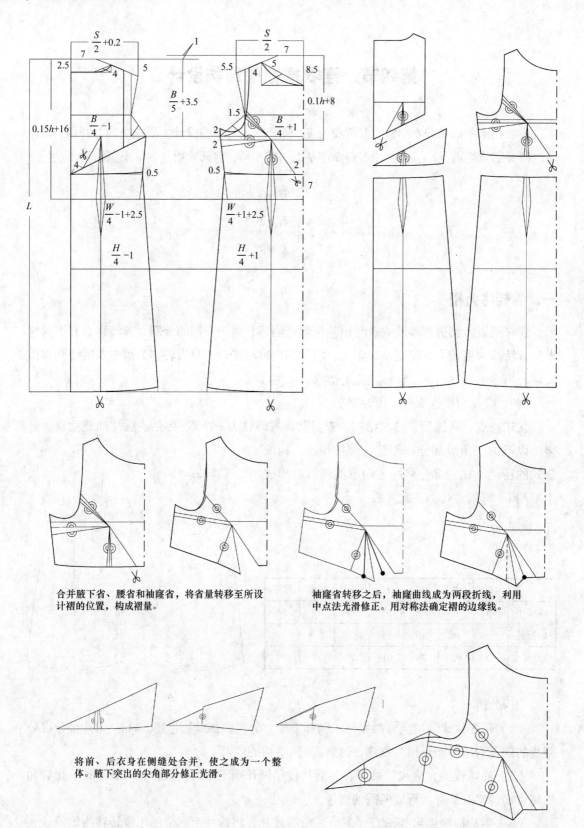

合并腋下省、腰省和袖窿省，将省量转移至所设计褶的位置，构成褶量。

袖窿省转移之后，袖窿曲线成为两段折线，利用中点法光滑修正。用对称法确定褶的边缘线。

将前、后衣身在侧缝处合并，使之成为一个整体。腋下突出的尖角部分修正光滑。

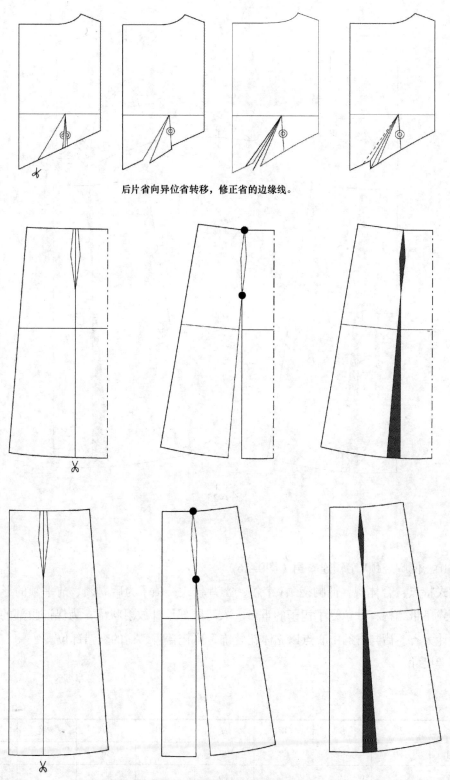

后片省向异位省转移，修正省的边缘线。

将裙片省向下摆转移，所剩余的菱形省转化为裙片的一部分。

图9-25

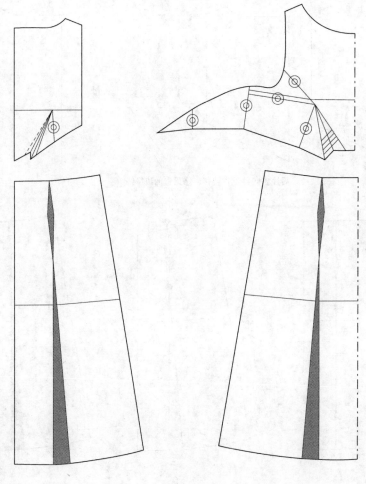

图9-25

例10. 低胸绕颈V字领连衣裙（图9-26）

款式特点：合体型，低胸绕颈V字领，露背款式，领子为后立领、前平领的形式，成为绕颈式吊带结构，并承受了裙子的重量。衣身腰部设计放射状褶，为保证腹部的平坦，裙片设计为省。褶与省的中心点以立体花装饰，可掩盖省、褶的交错部位。

参考尺寸：

（单位：cm）

	L	B	W	H	S	N	胸宽	背宽
净尺寸	120	86	68	92	39	36	33	34
放松量		+6	+6	+6		+2		
成品尺寸	120	92	74	98	39	38	33	34

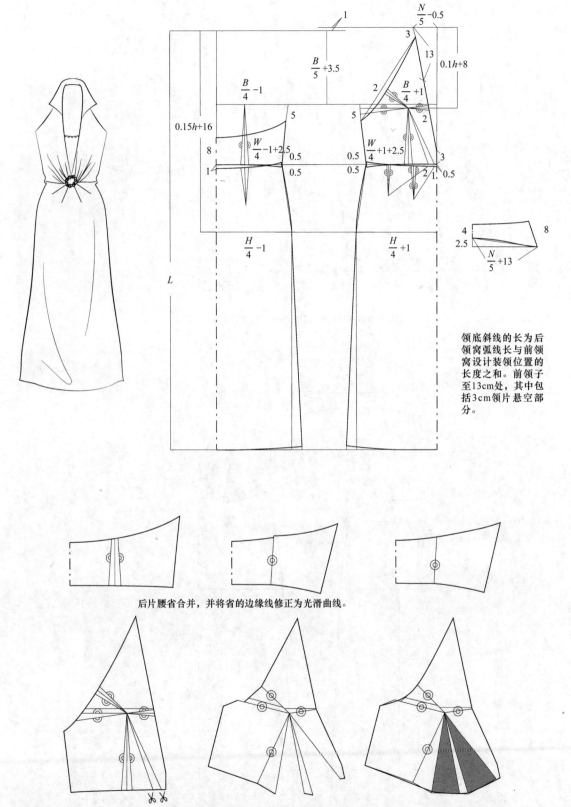

图中文字标注:

$\frac{N}{5}-0.5$

$\frac{B}{5}+3.5$

$0.1h+8$

$\frac{B}{4}-1$

$\frac{B}{4}+1$

$0.15h+16$

$\frac{W}{4}-1+2.5$

$\frac{W}{4}+1+2.5$

$\frac{H}{4}-1$

$\frac{H}{4}+1$

$\frac{N}{5}+13$

领底斜线的长为后领窝弧线长与前领窝设计装领位置的长度之和。前领子至13cm处，其中包括3cm领片悬空部分。

后片腰省合并，并将省的边缘线修正为光滑曲线。

将腋下省、腰省、领窝省及袖窿省分别转移至两条剪开线中。利用中线原则修正省合并后的边缘线以及放出褶量后的边缘线。

图9-26

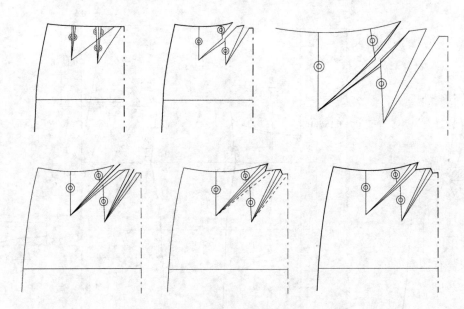

裙片的腰省向异位省转移，并依对称法修正省的边缘线。

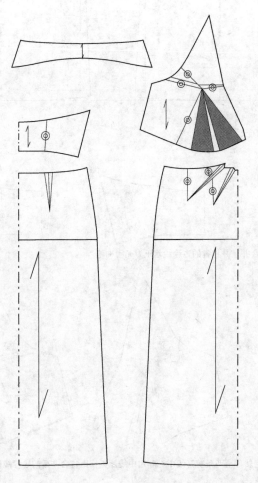

图9-26

二、剪开放褶的结构设计

许多连衣裙的褶并不能由省转移而来，有些是所转移的量无法达到设计要求，还有些褶与基础省无法建立有效的联系，因此需要剪开放出褶量。剪开放褶可以追加省转移所不足的褶量，还可以在没有省的部位放出褶量。

例11．高腰吊带连衣裙（图9-27）

结构特点：较合体型，吊带裙，肩带宽3cm，在肩线处车缝拼接，因此不需考虑前后肩带的夹角问题。高腰结构，高腰至胸部下缘。胸部设计中线褶，胸片领深为胸宽线处，裙片为自然褶。裙子为略收腰状态，因此，可以在腰侧收1.5cm即可达到所需腰部的外形。裙片放少量褶，即要有褶的形式，又不能因为自然褶而蓬起，影响外观。

参考尺寸：

（单位：cm）

	L	B	H	S	胸宽	背宽
净尺寸	90	86	92	39	33	34
放松量		+8	+10			
成品尺寸	90	94	102	39	33	34

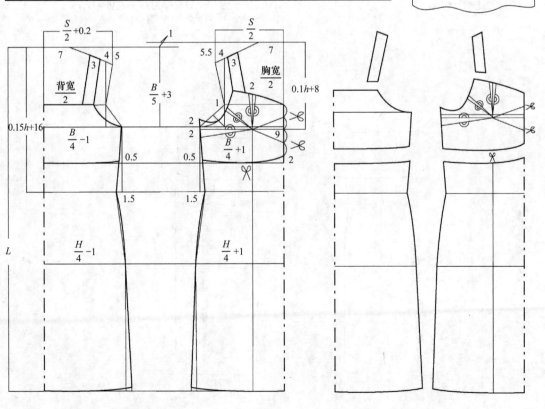

图9-27

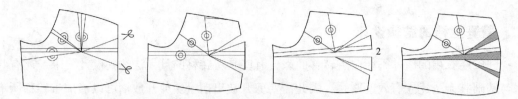

腋下省、袖窿省和领窝省分别转移至中线的两个剪开线处，成为中线褶的基础。由于省转移所得到的褶量不足设计量，需要剪开追加2cm褶量，共同组成中线褶的褶量。这个追加量在胸点附近也增加了余量，超出了人体胸部的凸起量，抽褶后使胸部出现悬空，因此这种形式的放褶，褶量需要控制得较好。

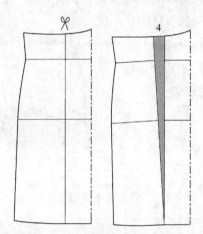

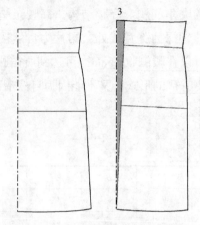

裙片沿剪开线放出4cm褶量，此处所放褶量不能太大，以免抽自然褶后腹部凸起过大，而影响外观。

后裙片的褶设计在中心线，左右对称，展开后褶量为6cm。此处的褶量同样不能太大，以免抽褶后的凸起影响后背的曲线，缺少腰凹与臀凸对比。

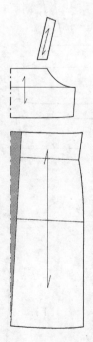

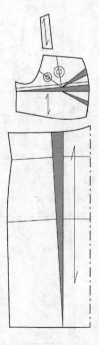

图9-27

三、悬垂褶结构设计

例12. 不对称披风式连衣裙（图9-28）

款式特点：较宽松型。披风结构，一字领。左右不对称款式，右侧略显腰身的款式，只需在侧缝处适当收腰。左侧披风式袖子的中线是将肩斜线延长得到。两种面料结合，要注意分割比例与曲线的协调。

参考尺寸：

（单位：cm）

	L	B	W	H	S	胸宽	背宽	袖长
净尺寸	95	86	68	92	39	33	34	40
放松量		+10	+10	+12				
成品尺寸	95	96	78	104	39	33	34	40

结构特点：

（1）披风与裙身是连为一体的平面结构一侧，不需腋下省。右侧为正常无袖结构裙身，保留腋下省。

（2）为使这个平面结构很好地转折至体侧，在腋点以下10cm处缝合侧缝。

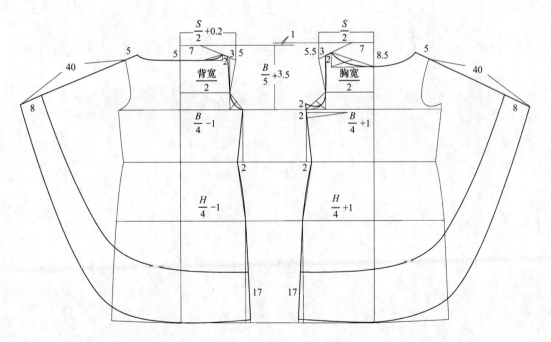

图9-28

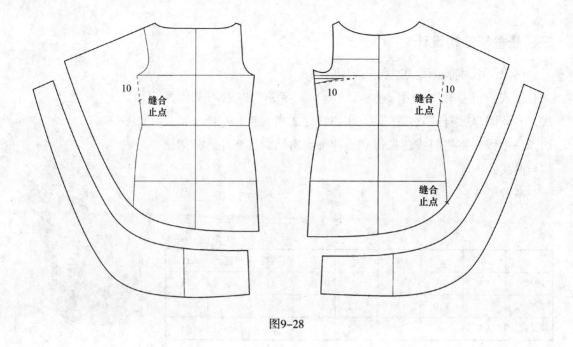

图9-28

课后思考题：

1．你对"连衣裙是最能体现女性特质的衣装"有怎样的看法？

2．根据每节内容，设计相应连衣裙款式，并进行结构分析、绘制结构图。

基础理论——

大衣、风衣与连衣裤结构设计原理

课程名称： 大衣、风衣与连衣裤结构设计原理

课题内容： 大衣和风衣同属于衣、裙相连的结构，但款式设计与连衣裙有较大不同，从而形成了特有的结构设计方法。在结构设计上，连衣裤结合了上衣与裤子的结构原理，重要的是在腰节的上下连接处，连衣裤有独特的结构形式，腰节成为衣身与裤子的过度，其围度调节量、腰省值的确定以及立裆深度的增加量成为连衣裤的重点与难点。

课程时间： 12课时

教学目的： 掌握大衣和风衣的结构特点，肩线修正，兜的形式、位置以及细节设计，掌握大衣和风衣褶与省的结构设计原理。了解连衣裤的结构类型，基本掌握连衣裤结构原理，能准确定位腰省及围度调节量，对不同风格连衣裤的立裆深度能准确选取。

教学方式： 理论讲授

教学要求： 1. 对大衣、风衣结构的基础理论应有较为详细的分析，掌握大衣、风衣不同类型的分类原则。掌握大衣、风衣中省与褶的理论基础，并能较准确地完成结构设计。

2. 了解连衣裤的主要类型，基本掌握连衣裤的结构。

第十章　大衣、风衣与连衣裤结构设计原理

第一节　大衣和风衣的结构设计原理

大衣与风衣是女性秋冬季节重要的服装类型，从款式上讲，有淑女型、职业型、休闲运动型等，从宽松程度上讲，可分为合体与宽松两类。大衣与风衣在结构上没有大的区别，由于女式风衣是从男式风衣发展而来，因此传统女式风衣具有男装的个性，分割线、装饰、明线工艺等有很强的男装特征。风衣的面料较薄，贴兜、复肩、各种带襻等往往成为设计重点。大衣面料多采用羊绒呢、羊毛呢或化纤仿呢等材料，面料厚实，款式相对简练，多以分割线、廓型为设计重点。

一、大衣、风衣放松量的设计

大衣、风衣的放松量与连衣裙同样是以胸围为放松标准，不论臀围、下摆的放松量有多少，胸围处合体的大衣、风衣，即为合体型。胸围较宽松，而下摆较小的O形款式，同样成为较宽松型（图10-1）。

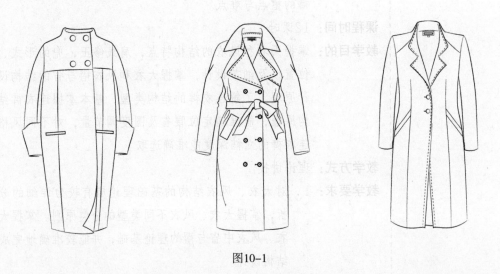

图10-1

大衣、风衣需要套穿在贴身服装外面，因此放松量要大一些，具体放松量标准还应视

当前流行趋势而定。近些年大衣、风衣也与其他类型女装一样较为合体，所以放松量标准也相应较小（表10-1）。

表10-1

（单位：cm）

合体程度	合体型	较合体型	较宽松型	宽松型
放松量	≤8	9～14	15～20	≥21

二、大衣、风衣肩部曲线的修正

大衣和风衣所使用的面料多数较厚实、挺硬，随体性差，在结构设计时，需要进行局部调整。

大衣、风衣与相似类型的女上衣在结构上并没有本质的区别，同样，大衣与风衣结构也是衣身的延长或衣身与半身裙结合的形式，与连衣裙有相同的结构、分割、省转移、褶等的结构特点。当然，风衣与大衣也有自己的独特结构形式，在其他类型的服装中使用得较少，如风帽、复肩等。

秋冬大衣、风衣所使用的面料较为厚实、挺硬，不易随人体外形变化，因此结构要求更加精细。人体肩线是一条略向前弯曲的曲线，对于大衣、风衣而言，需要对肩线进行修正，使其更加符合人体肩部曲线。

吃量与车缝线的关系：当车缝线为直线时，两条长度相同的面料车缝后，其车缝线为直线。而当两块面料长度不等时，吃量会使车缝线弯曲，形成向较短一侧的倾斜。

人体肩部曲线前倾，肩斜线应与人体一致，因此可以利用车缝的吃量来满足这个特点。即将后片肩斜线加长0.3～0.5cm，车缝时将这个量吃进，可以使肩线自然前倾，达到与人体肩部曲线相似的目的。（图10-2）

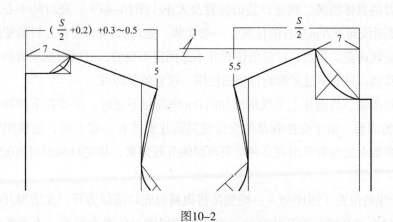

图10-2

为使后片肩线吃进后的肩部曲线美观，在结构设计时，可以将肩线修正为有很小弯曲的曲线形式，使之更加符合人体（图10-3）。

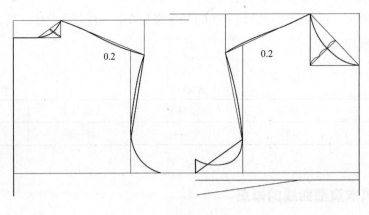

图10-3

三、口袋结构设计

外衣多数都设计衣兜，大衣和风衣的兜往往成为设计的重点。兜的位置、大小及款式成为大衣和风衣结构设计的重要组成部分。

1. 兜口的位置及大小

（1）兜口的位置及大小：大衣、风衣的口袋具有实用性，口袋的大小及位置需要根据手的活动范围、大小等因素确定。口袋的确定需要综合以下因素：

① 人的上肢向前弯曲，掏兜时手向前，因此口袋的位置应该根据手臂弯曲的舒适位置确定。

② 兜口的大小应该根据手的大小以及手抓一定物品时的围度所确定。

③ 口袋的深度则以手掏兜至兜底舒适为准。

④ 兜布应较兜口大，尤其是前面，以手放入兜内向前倾斜的状态为准。

根据手臂的具体情况，确定口袋的位置及大小（图10-4a）：兜口的中心点在胸宽点向前2cm、腰围线向下7cm左右的位置；一般女装，兜口长14cm左右。斜插兜的兜口应以该点为中心旋转确定。当然，口袋的位置并不是固定不变的，可以根据服装的具体情况上下左右适当移动，只要不过多影响口袋的使用、视觉效果即可。

女性胸部丰满，当前片上平线所增加的1cm胸高量不足时，需要在下摆补充一定量，以满足胸部的需要。由于女性胸部的支撑使得前片整体有一定上提，使横兜口无法保持水平，因此多数女装为避免出现这种结果而影响外观效果，将兜口侧面提高0.5～1cm（图10-4b）。

（2）开线的位置（图10-5）：挖兜是将面料的兜口部位剪开，并增加开线以包裹面料毛边。袋口有双开线与单开线之分，双开线要以兜口位置为标准，上下各设计一条开线，以保证兜口的位置不变。单开线兜的开线设计在兜口位置的下方。

（3）兜口与侧缝：兜口侧面应距衣片侧缝2cm以上的距离。挖兜的开线及贴兜的兜

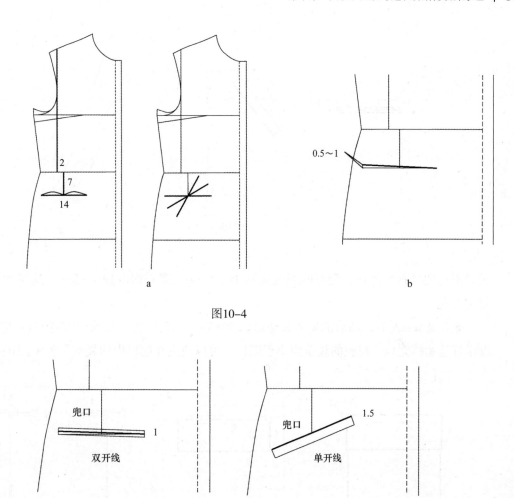

图10-4

图10-5

布较厚实，距离侧缝过近，会影响侧缝的缝合及穿着效果。如果兜口距侧缝小于2cm，可以适当调整兜口位置，或将开线或兜布直接通向侧缝，成为设计的特色（图10-6）。

（4）兜布与袋盖：暗兜有挖兜和夹缝兜两种，且只有兜口及兜盖露在外。

大衣和风衣的挖兜形式多种多样，如图10-7所示，平兜的兜布左、右应该比兜口大2cm，以满足手入兜时的舒适度。单开线宽1.5~2cm，斜插兜的兜布上角为圆弧，以避免直角下垂影响使用及外观。斜

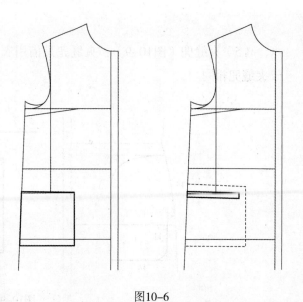

图10-6

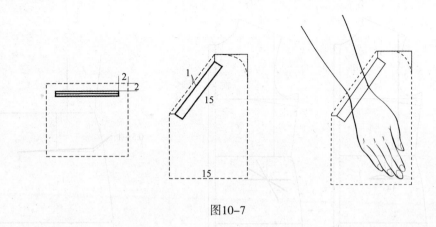

图10-7

　　插袋不论兜口斜度如何，兜布的宽度应不小于15cm，兜布深度12～15cm，这样才能保证使用方便。

　　兜盖宽5cm左右，贴袋的袋盖在兜口以上0.5～1cm处固定，且较兜布宽0.2cm左右，可以很好地遮挡兜口。挖兜的袋盖要小于兜口，可以使夹在兜口中的袋盖平整（图10-8）。

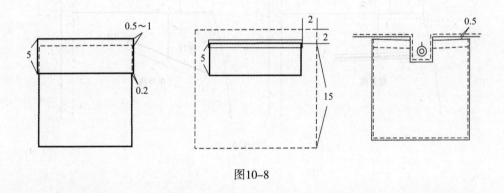

图10-8

　　（5）夹缝兜（图10-9）：夹缝兜是借用衣片分割线设置兜口，兜布及缝制工艺与裤子夹缝兜相同。

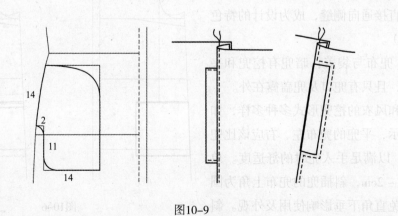

图10-9

2. 不同款式兜的结构设计

兜的原始作用是装东西，功能性第一，这就决定了兜的位置和大小必须符合人体工程学的要求。但近年来兜的装饰作用越来越强，有的兜装到了裤角或后背，这样的兜基本上没有使用功能，装饰成为它的主要目的。兜的多样性设计使它的装饰性加强，在许多休闲类的服装上各种新颖的兜成为设计的主题。贴兜是近几年伴随户外装的流行而重新流行起来的一种兜的形式，从款式到工艺都有许多创新和改进。立体兜的设计和使用更加广泛，装饰性也更强，使其在整个服装中成为设计的重点（图10-10）。

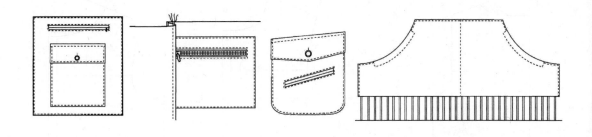

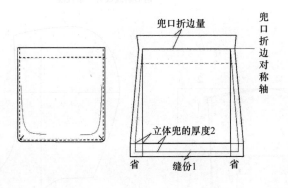

立体兜1：兜口为平面、兜底为立体的形式。兜的下部分要增加2cm兜的厚度，两侧逐步增加，形成上小、下大的兜布形状。

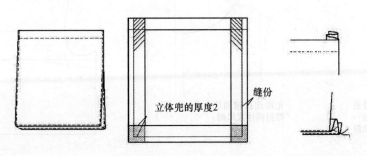

立体兜2：兜的上、下均为立体状，平行放出兜的厚度2cm。在车缝时，兜口的厚度量需要固定。

图10-10

四、风帽结构设计

风帽常使用在休闲、运动类服装上，也是多数羽绒服的基础结构。风帽有两片式与三片式两种结构形式，三片式是由两片结构将脑后部分分离出条状结构而成。因此两片式风帽是风帽结构的基础（图10-11）。

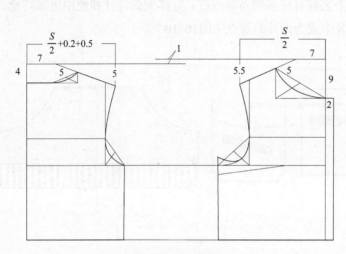

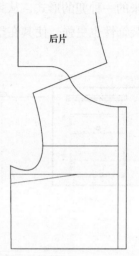

以衣身领窝为基础绘制风帽。

将后片衣身的领窝侧点与前片相对合，前后肩线成为一条直线。

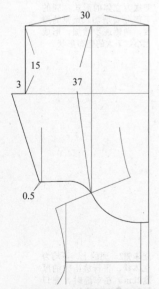

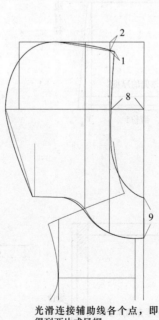

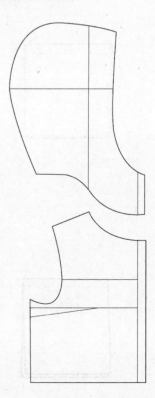

测量颈侧点至头顶的长度以及颧骨至后脑中心的长度，以这两个值增加一定放松量作为风帽的制图基础。以前后领窝为基础按照数据确定基础线。

光滑连接辅助线各个点，即得到两片式风帽。

图10-11

例1. 复肩式风衣（图10-12）

款式特点：较宽松型，传统风衣、复肩结构，领型为驳领与男式衬衣领结合的综合领形。筒式衣身，后中线增加开衩，使行动方便。双排扣，单开线斜插兜，袖口装饰带襻。

参考尺寸：

（单位：cm）

	L	B	H	S	袖长	袖口
净尺寸	100	86	92	40	55	14
放松量		+16	+18			
成品尺寸	100	102	110	40	55	14

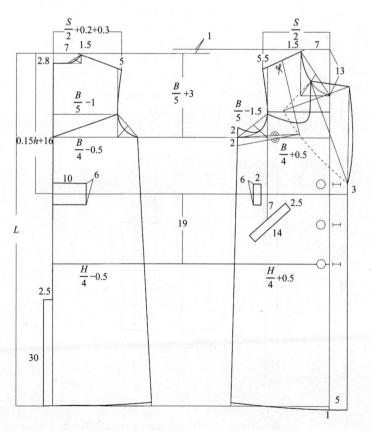

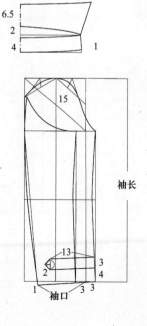

图10-12

结构分析：

（1）较宽松款式，围度调节量可适当减小至0.5cm。

（2）后片复肩的宽度应超过背宽线。如果复肩宽度在背宽线以上，由于肩胛骨的支撑会使复肩参起，外观效果受到影响。传统风衣款式，袖子使用欧式西装袖结构。

（3）腋下省转移至肩线，前片复肩可将其遮挡，使整个设计更加干净。

（4）宽搭门结构需要综合考虑领深、扣子的位置以及搭门宽度等因素。由于需要系腰带穿着，为不使腰带压住扣子，最上一粒扣子应该在腰节线以上至少2cm，此处设计最上一粒扣在腰节线以上3cm处。

（5）外衣的开衩位置没有限制，以外观比例及人体活动方便为准设计开衩的长度。

（6）设计腰带宽4cm，串带宽为6cm，较大的空间可使腰带穿行、抽拉方便。后片串带设计较宽，装饰作用明显。

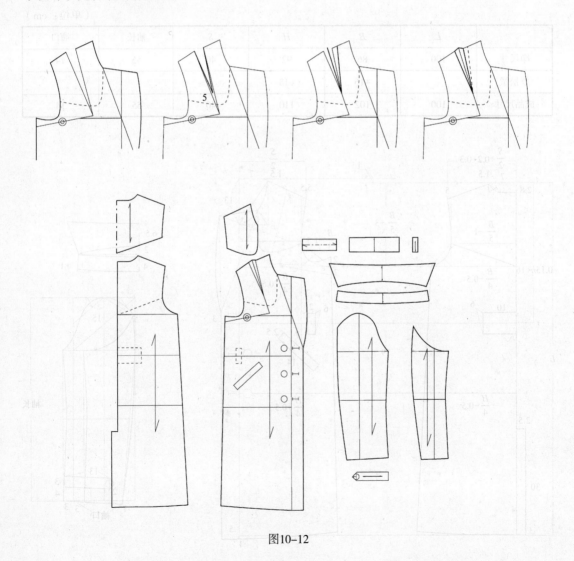

图10-12

第二节 连衣裤的结构设计原理

连衣裤即衣身与裤子相连的服装类型，衣、裤相连的基础是上装与裤子在腰围附近连为一体，其结构原理结合了女装衣身与裤子的特点。

连衣裤与连衣裙在结构上的最大区别：第一，裤子后片有后翘，腰口曲线呈倾斜状，衣身与裤片相连，必须以这条倾斜的腰口线为基础，因此连衣裤后片衣身部分为倾斜状。第二，连衣裤在穿着时受到裆的牵扯，坐与活动都会受到一定限制，因此连衣裤的立裆较一般裤子深，以满足正常活动的需要。

一、连衣裤的结构设计原理

1. 衣、裤围度调节量的调整

女性人体上身胸部丰满使得衣身围度前片大于后片，因此有前、后片调节量存在，即胸围公式中前片胸围=$\frac{B}{4}$+1，后片胸围=$\frac{B}{4}$−1。而裤子却相反，丰满的臀部及活动量使得后片臀围=$\frac{H}{4}$+1，前片臀围=$\frac{H}{4}$−1。女性衣身与裤子的围度调节量正好相反，但如将衣身与裤子连接为一件完整的连衣裤时，这些矛盾必须解决。

宽松款式的连衣裤前、后片可以没有调节量，突出的胸部和丰满臀部都可以在宽松的衣裤中，不会受到过多的阻碍。当连衣裤较为合体时，应适当增加调节量，但必须经过认真思考才能合理确定，而使连衣裤穿着舒适。对连衣裤来说，胸围与臀围之间有腰围相连，可以通过腰围来协调胸围与臀围。

女性人体腰围前、后围度差并不大，在连衣裤的结构中可以忽略这个差量，即腰围不设计调节量，作为一个中间值，用以调节胸围与臀围的值。

连衣裤结构难点在于衣身与裤子之间的调节量的矛盾，在直身结构与断腰结构中，调节量的处理方法不同，直身结构通常没有调节量，断腰结构胸围与臀围有余地对上、下进行调节，但调节量较一般女装小。

2. 裆深的调整

裤子的裆深受臀围放松量的影响很大，同一个人体，裤子臀围放松量不同，裆深的值也不同。裤子的款式与裆深往往成正比，即宽松的裤子裆较深，而瘦的裤子裆较浅，对于连衣裤来说，也有同样的规律。

连衣裤的着力点在肩部，当人体坐或下蹲时，有裆部的牵扯，后身会受到较大阻力。因此，连衣裤的裆深需要满足正常情况下的坐和蹲等动作，因此裆深值较普通裤子大。

一般裤子的裆深值=$\frac{H}{4}$+调节量，臀围放松量在4~12cm之间时，调节量为0，小于

4cm时调节量为正数，当调节量大于12cm时，调节量为负数。特殊需求的裤子可视款式调整调节量的大小。

连衣裤裆深的基础公式仍为$\frac{H}{4}$+调节量。多数人体净裆深=$\frac{H^*+4}{4}$，坐和下蹲时后裆所需增加3~5cm，则连衣裤的裆深=$\frac{H^*+4}{4}$+3~5cm=$\frac{H^*+16~24cm}{4}$，其中16~24cm成为裆深的预定活动量。也就是连衣裤的臀围放松量在临界值16cm以下时，需要增加一定量以补充裆深的不足。裆深在24cm以上时，可适当减少裆深，以免裆部过深影响正常活动，所以立裆深调节量=$\frac{（16~24）（预定活动量）-臀围放松量}{4}$。

如臀围放松量=12cm，裆深调节量=$\frac{（16~24）-12}{4}$=1~3cm，此时应视连衣裤的款式及类型、活动量大小等确定调节量的具体值。

二、直身式连衣裤与断腰式连衣裤的结构分析

1. 直身连衣裤的结构分析

在直身结构的连衣裤中，衣、裤在腰节处连为一体，三围的围度调节量需要一致，才可以解决所存在的矛盾。因此，直身式连衣裤的三围调节量都取值0，即没有调节量。

后片衣身结构需要在裤子倾斜的腰口线上制图，衣身结构没有变化，但所有线段均呈倾斜状，基础公式及结构没有原则区别。

例2. 连衣短裤（图10-13）

参考尺寸：

（单位：cm）

	L	B	H	S	袖长
净尺寸	75	86	92	39	22
放松量		+16	+16		
成品尺寸	75	102	108	39	22

结构分析：

（1）腰侧抽松紧，不需要腰围值。在裆深调节量公式中，臀围放松量达到所需最小值，按照款式需要，裆深不增加调节量。

（2）首先绘制短裤的结构图，腰口前中心点收2cm，侧缝与臀围相同。后片腰侧点为裤脚侧点与臀侧点连线的延长线。

（3）裤口的修正：前后裤口均收2cm，前片内缝延长0.5cm，使内缝与裤口线垂直。

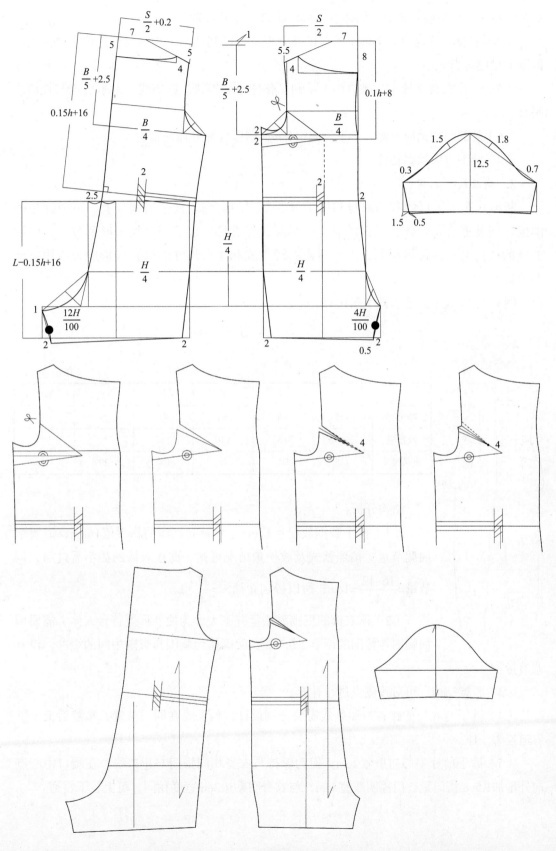

图10-13

后片内缝延长至与前片相等，同样修正裤口曲线，使夹角为90°。

（4）衣身的结构图应在裤子腰口的基础上进行绘制，由于胸围放松量较大，袖窿深的调节量应适当减小。

（5）后片衣身在裤子后腰口线上绘制，整体呈倾斜状。胸围线、上平线均与腰口线平行。

（6）腰部的褶倒向外侧，上下均固定4cm，褶以外部分抽松紧。

（7）腋下省向袖窿转移。

2. 断腰式连衣裤

断腰式连衣裤可以利用衣身与裤子分开制图的有利条件适当调节上、下两部分的围度，使其更符合人体及款式的需求。断腰式连衣裤可以适当增加围度调节量，但调节量的值仍然受到许多限制，因此对连衣裤款式和参考尺寸的认真分析成为结构设计的前提。

例3. 断腰式七分连衣裤（图10-14）

参考尺寸：

（单位：cm）

	L	B	W	H	S	裤口
净尺寸	115	86	68	92	39	20
放松量		+8	+10	+12		
成品尺寸	115	94	78	104	39	20

结构分析：

（1）裤子臀围放松量12cm，小于立裆深的临界值16cm，需要增加调节量。按照款式及放松量情况可知，此连衣裤的裆不需过深，调节量=$\dfrac{16-12}{4}$=1cm，所以得到立裆深=$\dfrac{H}{4}$+1。

（2）连衣裤的三围放松量并不大，为使外形更符合人体，需要增加胸围与臀围的调节量0.5cm，腰围作为胸围与臀围中间的缓冲，没有调节量。

（3）断腰结构，可对腰侧点进行补充。

（4）裤子与衣身的腰省按照款式需要分别设计，但需要在同一位置，车缝后上、下省道连为一体。

（5）裤子前片中心向里收2cm，但为保持与衣身相同搭门与止口线，在腰口中心点向外增加1.5cm搭门量，门襟明线宽3cm，与衣身明贴边3cm宽度相同，可上、下贯通。

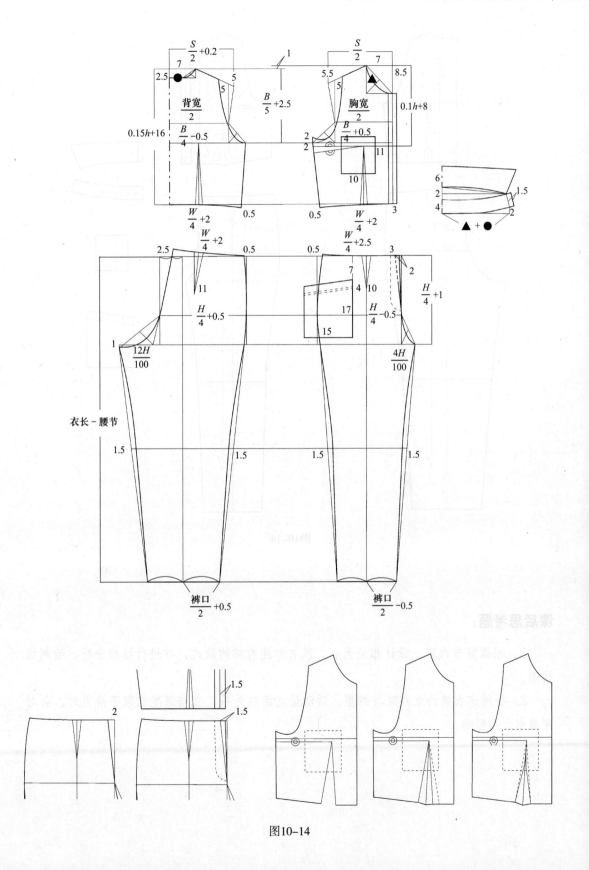

图10-14

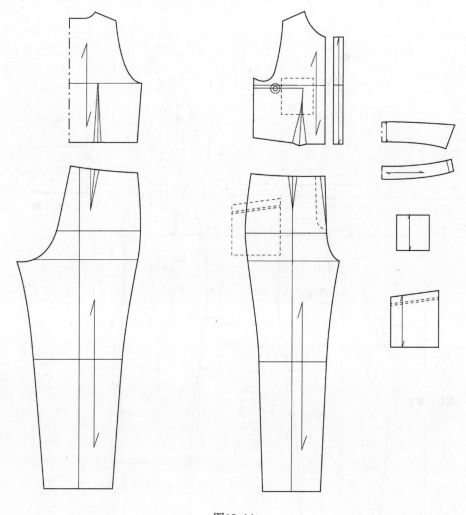

图10-14

课后思考题：

1. 根据每节内容，设计相应大衣、风衣和连衣裤的款式，并进行结构分析、绘制结构图。

2. 分析连衣裤的立裆深与裤型、活动量之间的关系，立裆深度选取不恰当时，会对穿着有什么影响。